国家出版基金项目
NATIONAL PUBLICATION FOUNDATION

第五辑（1937—1949）

祁门红茶史料丛刊

康　健◎主编
王世华◎审订

安徽师范大学出版社
ANHUI NORMAL UNIVERSITY PRESS

· 芜湖 ·

图书在版编目(CIP)数据

祁门红茶史料丛刊. 第五辑, 1937—1949 / 康健主编. — 芜湖: 安徽师范大学出版社, 2020.6
ISBN 978-7-5676-4603-2

Ⅰ.①祁⋯ Ⅱ.①康⋯ Ⅲ.①祁门红茶-史料-1937—1949 Ⅳ.①TS971.21

中国版本图书馆CIP数据核字(2020)第077035号

祁门红茶史料丛刊 第五辑(1937—1949)   康 健◎主编   王世华◎审订

QIMEN HONGCHA SHILIAO CONGKAN DI-WU JI(1937—1949)

总 策 划:孙新文	执行策划:祝凤霞 牛 佳	
责任编辑:祝凤霞 牛 佳	责任校对:郭行洲	
装帧设计:丁奕奕	责任印制:桑国磊	

出版发行:安徽师范大学出版社
　　　　　芜湖市九华南路189号安徽师范大学花津校区

网　　址:http://www.ahnupress.com/
发 行 部:0553-3883578　5910327　5910310(传真)
印　　刷:苏州市古得堡数码印刷有限公司
版　　次:2020年6月第1版
印　　次:2020年6月第1次印刷
规　　格:700 mm×1000 mm　1/16
印　　张:27
字　　数:501千字
书　　号:ISBN 978-7-5676-4603-2
定　　价:80.00元

如发现印装质量问题,影响阅读,请与发行部联系调换。

凡 例

一、本丛书所收资料以晚清民国（1873—1949）有关祁门红茶的资料为主，间亦涉及19世纪50年代前后的记载，以便于考察祁门红茶的盛衰过程。

二、本丛书所收资料基本按照时间先后顺序编排，以每条（种）资料的标题编目。

三、每条（种）资料基本全文收录，以确保内容的完整性，但删减了一些不适合出版的内容。

四、凡是原资料中的缺字、漏字以及难以识别的字，皆以□来代替。

五、在每条（种）资料末尾注明资料出处，以便查考。

六、凡是涉及表格说明"如左""如右"之类的词，根据表格在整理后文献中的实际位置重新表述。

七、近代中国一些专业用语不太规范，存在俗字、简写、错字等，如"先令"与"仙令"、"萍水茶"与"平水茶"、"盈余"与"赢余"、"聂市"与"聂家市"、"泰晤士报"与"太晤士报"、"茶业"与"茶叶"等，为保持资料原貌，整理时不做改动。

八、本丛书所收资料原文中出现的地名、物品、温度、度量衡单位等内容，具有当时的时代特征，为保持资料原貌，整理时不做改动。

九、祁门近代属于安徽省辖县，近代报刊原文中存在将其归属安徽和江西两种情况，为保持资料原貌，整理时不做改动，读者自可辨识。

十、本丛书所收资料对于一些数字的使用不太规范，如"四五十两左右"，按照现代用法应该删去"左右"二字，但为保持资料原貌，整理时不做改动。

十一、近代报刊的数据统计表中存在一些逻辑错误。对于明显的数字统计错误，整理时予以更正；对于那些无法更正的逻辑错误，只好保持原貌，不做修改。

十二、本丛书虽然主要是整理近代祁门红茶史料，但收录的资料原文中有时涉及其他地区的绿茶、红茶等内容，为反映不同区域的茶叶市场全貌，整理时保留全文，不做改动。

十三、本丛书收录的近代报刊种类众多、文章层级多样不一，为了保持资料原貌，除对文章一、二级标题的字体、字号做统一要求之外，其他层级标题保持原貌，如"（1）（2）"标题下有"一、二"之类的标题等，不做改动。

十四、本丛书所收资料为晚清、民国的文人和学者所写，其内容多带有浓厚的主观色彩，常有污蔑之词，如将太平天国运动称为"发逆""洪杨之乱"等，在编辑整理时，为保持资料原貌，不做改动。

十五、为保证资料的准确性和真实性，本丛书收录的祁门茶商的账簿、分家书等文书资料皆以影印的方式呈现。为便于读者使用，整理时根据内容加以题名，但这些茶商文书存在内容庞杂、少数文字不清等问题，因此，题名未必十分精确，读者使用时须注意。

十六、原资料多数为繁体竖排无标点，整理时统一改为简体横排加标点。

目 录

◆一九四三

◆一九四四

◆一九四六

◆一九四七

◆ 一九四八

◆一九四九

一九三七

祁门的红茶

程世瑞

采茶

"农村四月闲人少，采罢蚕桑又插秧。"初夏的时间，正是农家忙碌的日子，但是，在祁门县的农村里，却恰好是采茶的时候。

当每年谷雨初过，杜鹃花开遍满山野的时候，在祁门，是茶市（注一）到了！这一个不满十万人口的县份里，顿时增上二十余万的工人。他们多有来自千里外，男的、女的、老的、幼的，操着十数县的口腔，像蚂蚁也似的向着祁门县境界内移动。这多是一些采茶和制茶的工人。

每天的早晨，东方还只刚泛出鱼肚色来的时候，采茶雀（注二）已一声声的从远山里呼唤了！四野还给浓的雾气遮隐着，大路上便有了人们的行动。在依稀的曙色里，我们可以辨出是一队队的成群妇女们，她们用青花的布巾儿，包裹着那脑后垂着大髻的黑发，腰下横系着一只大布袋，背上挂着一只大竹篮，篮里放着一张丁字形的木凳子，脚上穿着包裹着笋箨的草鞋。一面走，一面笑着谈。不时从怀中拿出米粿（注三）来，大口咬着吃，纷纷的向着高峻的山岭上攀着走上去。

清锐的鸟声，从树林深处发出来时，朝雾已纷纷的散去了！露出一轮如洗的朝阳，照着满山的树叶，露珠灿烂，分外光辉。只见远远高山顶上，黄土底地植着一丛丛的茶叶，好像生着癞痢人们头上的模样。一些采茶的妇女，各自拣着浓密的茶丛，把她们带来的那张丁字凳儿，插入土中，再把竹篮放在身旁，开始坐下，像机械般的把那两只手，不住的把那茶树上的嫩绿枝儿，一把把的采下抛入篮中。这株完了，再换一株。等到她们的篮中，都高高的满了时，太阳已渐渐的移到天中心来了！只见她们有时疲乏了，高伸起那两只富有康健美的手，向天空伸了一个呵欠，口里随唱出悠扬的歌声，同时附近的侣伴们，也都附声的唱和起来。这音调传到别山峰，渐渐逗得四下里的歌声都起来了。

"三月采茶茶发芽，姊姊采茶上山岩；头上梳着盘龙髻，脚底穿着绣花鞋。"

"正月梅花迎雪开，二月杏花送春来，三月桃花红夹白，四月……"

歌声未歇，笑声又起，渐渐谈到革命军和矮子鬼开仗，东家夫妻不和睦，西家……这都是她们闲谈的好材料。

中午了！一个中年的男子，肩上横着一根扁担，一头挂着一杆秤与两竹筒茶，一头用布袋盛着午饭。一步步的走上山来，在落平处的树阴底放下。那些采茶的妇女看见了，都一窝蜂的跑到跟前来。抢着把布袋打开，把菜碗拿出来，放在平地上，然后都纷纷的争着盛饭吃。那个中年的男子，独自把各人的茶叶，拿来用秤称了，倾入袋中，在怀中取出铅笔与折子来，在每人的名下，记上采茶的重量。然后看着她们把饭吃完，扣上袋口，挑着下山去了！这时她们再重新拾起空篮子，依旧采摘起来。渐渐看着那一轮太阳，坠下的山，化作满天的红霞。远远村庄里人家，屋顶已飘荡出炊烟来了！山上的茶丛，已由新绿而变成黯黑色。她们才携着满满的竹篮，恋恋不舍的离开高山，完结一天辛苦的工作。

毛茶

太阳渐渐把树影儿晒成正圆形时，辰光已是中午了！一些中年的男子们——茶工，一个个挑着新鲜嫩绿的茶叶，从山上回来。走到一处平坦上，把担子放下，从屋子里拿出竹垫（注四）来，铺在地上，然后再把袋子里的茶叶，倾入垫中，用木钯子钯平了，阳光直射在上面。他们再走入一个临时架就遮阳光的棚子中，或是人家屋檐底，里面放着一只大木缸，他弯下腰去，把白布给缸拭净了，再走出棚来，静寂寂的等候太阳光把茶叶晒软了！伸手一探，知道到了时候，便很快的把那叶子收集起来，一齐倾入缸中，然后他把鞋袜脱光了，拭净了脚，跳入缸中，两手扶着缸沿，把两只脚，用力加劲的把那茶叶踏起来。这一点，你不能不佩服他们具有特殊的本领了！因为在你看去，好像是很容易做的一件事，可是在这踏踩的当儿，既要用力，又不能把叶子弄碎，而要使那松散的嫩叶，跟着脚儿捲成一团，这真是件难事儿。然而他们踏得却很不费力。十数分钟后，叶儿已渐渐出汁了！一张张的叶子都捲了起来。透出阵阵的香味，令人们有一种说不出来的愉快。这时候，他跳出缸来，把那踏成的叶子，再拿起平铺在日中，让太阳晒了一会，再取起倾入布袋里去，紧紧的把袋口扣起来，放在阴处，让他发酵。经过半句来钟，始从袋里取出，青青的嫩叶，已变成猪肝色的红茶了，这就叫做"毛茶"。但是这不过是初步的成功，并且非常的潮湿。毛茶制成后，再放日中曝十数分钟，便捐起拿上茶庄去卖，茶农与茶叶的关系，这是最后的一幕了！

在一间很整齐的房子外，不，或者也许是一间祠堂或庙宇，门外贴着一张红纸的长条，写着："××茶号××村分庄收买干枝细嫩红茶"的字样。屋子里面，很简单的放着两张长形的桌子，一横一直，排成一个商店式的柜台模样。两边柱子或墙壁上，悬挂着一个千斤（注五），另外贴着许多的布告：

"祁门县政府，为抽收茶厘事（注六）……"

"祁门县教育局，为抽收教育经费事……"

"本村保卫团，为抽收保卫捐事……"

"本部联保办公处，为抽收保甲经费事……"

"本……为抽收……"

每天到了下午三点钟的时候，你看那些大担小担的茶叶，都纷纷的集中到这茶庄的门首来；直等到外面没有空隙的地方，那两扇门才开开了！柜台里坐着一个年轻的管账先生，靠着柱子千斤傍，站着一个扶秤而立的看货的。在这时候，嚣扰的人声，开始嘈杂起来。一些卖茶的农人，都纷纷的挑着担子朝里挤。争着拉扯那位看货的先生，尽先检看自己的茶叶，以期卖得最高的首盘（注七）。可是那位富有经验，而摆出老门槛的样子看货者，他依然是那样很从容的，挨着一袋袋的看过来。

他一手拿着一个竹子编成的盘子，一手从每一袋子的中心，摸出一把茶样来，放在盘子上，用那灵活的手法，把盘身很敏捷的一摇，那一把把的湿茶叶子，便很匀净的散开了！他再用他那尖锐的嗅觉，向盘子里一嗅，把一张的茶叶，仔细检阅了一下，开始从茶的本身上，评出色、味、香、质制工、掺杂等的好歹来。凭这多年所得的经验，使对方折服了，才伸出五个手指，作一作势，表示他所肯出买的价格。接着又是一阵的争论。假设看货者缺乏经验时，往往有挨卖方打骂的可能，因为他对茶叶本身，太没有认识清楚了！

夜幕渐渐地展开了！炊烟已从各家屋顶上飘起来，剩下几个茶叶没有卖出的农人，垂头丧气的对着那位看货者作哀求，因为庄上货已收满，吊秤（注八）的时间已到了！而事实又不能允许他们到第二天（注九）。不得不在贱价下，加上七折八扣的抽去捐税，忍痛卖去他们的茶叶。换着那几张花花绿绿的钞票，算是他们一年辛苦的代价！

红茶的加工

在夜幕初张，华灯刚上的时候，各茶号里，已到了极度忙碌的时候了！分设在各村收买毛茶的茶庄，都纷纷的把所买进的叶子，大担小担的着人挑送来，转瞬间，那中间的空屋里，已给毛茶铺满了！前面刚刚的稍为静了点下来，后面的空气又紧张起来了，烘厂里，柱子上高高悬着明亮的菜油灯，地上的火炕，一齐都烧起熊熊的炭火，炕上放着一笼笼的湿茶叶。屋里的热度，总在一百三四十度以上，更加四下里密不通风，门上又下着加厚的门帘，空气非常的干燥。七八个遍身赤膊的工人，纷纷的在把茶叶一笼笼的抄动。然而时间过早，容易使茶叶有草气；但烘时一晏，茶叶又生出焦味了！这种火候的迟早，相差总在分秒之间，恐怕连寒暑表亦分不出度数来，这时候，所依赖的就是那掌烘的了！他凭着十数年的经验，与及那个敏捷的鼻子，能辨出火候的迟早，丝毫也不会差错的。最可怜的就是这些烘茶的工人，他们站在那高热度的火焰里，全身流着乌黑的汗，不到五分钟，便要跑到外面换一换气，没有半分钟又要跑进烘厂里来，日夜没有片刻的休息，朝夕与那火炕相周旋。

茶叶烘燥后，开始输送到拣楼上去。那拣楼上放着七八块拣板，每一拣板坐着六个拣茶的女工。她们在天色刚明时，便鱼贯般的进号来，天黑了，才回到宿舍去。有时还要拣夜工，那是另有工钱的。

她们百分之八十，是自休宁县来的，普通年龄都只有二十来岁的光景，虽然也有老的或幼的在其中，那不过是极少数罢了！本地人普通都把拣茶的喊做"休宁佬"，这正表示她们与她们——采茶者的不同。

当她们在拣茶叶的时候，真是怪有趣的。你看她们高高的捲起两只袖子，两手不停的把那茶内的粗大茶梗或黄叶儿，拣起来向着怀中抛。那声音，我没有再好的譬喻来形容它，好像数百只雄鸡，在那里抢着啄食一般的模样。

她们一面拣，一面谈笑，疲乏了的时候，也会从口中唱出几声山调儿。惹得旁边看拣和那些筛茶的工人，都嘻得张开大口。这风味，与采茶的情形又显然不同了！

茶拣净后，再度送进烘厂里。等到烘燥送出来时，便交给筛茶工人了！这些工人，都是来自江西湖口县，或婺源县；完全没有本地人，他们都是师父带徒弟，差不多全是采取包工式的。当他们接到二烘（注十二）茶叶的时候，很从容的把那些粗大的茶叶，放在筛床里，不慌不忙的慢慢筛者。经过一套筛，二套筛，三套筛，筛眼一套比一套的缩小，茶叶也跟着一次一次的磨细。到最后时，茶叶只好有珍珠那么的状况了，而且磨得极端的匀净。再把它放入风箱中，徐徐扇去灰和末子。复又送入烘厂里加一次火，便开始打干堆了！

红茶到了打干堆时，也就是红茶全部成功的手续完毕了！掌号先生商同老板，拣一个黄道的吉日子，天还没有亮，全体的人员，都开始动员；老板与及掌号的，为尊重起见，还得穿上马褂和长衫。然后恭而敬之的把三烘（注十三）成功的红茶，全部堆在干堆房里。拌匀净了，便装入箱中。箱子是用枫板制就的，长约三尺，阔约二尺余，高度与阔度同，颇坚固。里面再加一层铅胎，又一层纸胎，把茶叶装入压紧后，一层层的封上，丝毫不使走空气。木箱外面，再糊上一层鲜红色的封面纸，加上一层油，数十天的所忙碌的红茶，至此全部完全了！

朝阳从东山顶上探出头来时，日光才进茶号内。照着那一箱箱糊着红纸，抹着油漆，写着鲜艳夺目"祁红"两字的名著全球的——"祁门的红茶"，只待运到上海，待价而沽了！

茶号里的一瞥

在祁门，无论你跑到乡下任何村庄子里去，总有一二所或多至五六所很高大而整齐的房子，触入眼帘。较一般普通的房屋，显然来得特殊点，正表示它的地位的不同。这是一般小企业者，所建筑的茶号。平常是"尘封蜘网，鼠雀作巢"。可是每年到了春末夏初，茶市之间，便异常的热闹起来了！灯光人影，彻夜连宵，一跃而成农村的中心。在最发达的时候，曾有二百家以上。但大半都是股份公司的组织。能够独资开办的，那不过只有百分之一二罢了！平均每家茶号内的资本，都不过只有七八千元左右，因此需要大宗借入资本来援助，所以茶栈（注十）又应时而产生了！而茶号因为居于负责的地位，处处都要受到茶栈的剥刮与条件的束缚。在售货的，竟没有丝毫的自由。我要把这一层黑幕详细的叙述，这篇幅就未免牵引得太长了！现在我还是继续把红茶的生产与制造经过，再接着说下去吧！但是关于茶叶最紧要的一个阶段，还是茶号。所以，我现在把茶号内部构造的情形，先把它来分剖解说一下吧！

大概每一家茶号里，都可分为账房、门庄、干堆房、烘厂、毛茶堆放处、拣楼、打筛房等部分，另如拣茶女工宿舍、制箱厂、制铅胎厂等，大多另设在外面的。

假是你要去参观一家茶号的话，当你首先走进茶号的大门，接触眼帘的，便是一个普通商店式的大柜台。里面却不像商店乱七八糟的陈列着许多货物，而像会客室般的布置着。也摆着许多古玩和书画，这里便叫做门庄。一般来宾和本号的高级职员，都常在里面休息。柜台内面通到账房。门上贴着一张"闲人莫入"的纸条，表示这是一个极端机要的所在。假是你不走进柜台里而一直的向着里面再进去，中间便是一间空大的厅屋，地上铺着密密的地板，这是堆放毛茶的所在。也许在这里左角或右角上，你可发现一间三面装壁而空着一面的房子，这便是干堆房了！再进去就是烘厂。烘厂是一间密不通风的房屋，要是壁上有一丝细缝，都要用纸把它糊住了！光线当然是很弱。地上排着一行行的土畦，畦上挖着许多圆形的火炕，直径约有一尺来宽，深度约在七八寸左右。每一畦上，横列两炕，长则数十炕不等。每一火炕上，都放着一个烘笼。我们可以从烘笼多寡上面，看出这个茶号范围的大小来。走出烘厂来，由两旁梯子上楼去，便是拣茶处与筛茶作场。在这里你可看见一块块丈来长、六尺宽的大木板，摆着在那里，木板两旁放着两张矮矮的长凳，这是拣茶女工的坐处。另外有一处放着筛床、风箱等物的地方，那是筛茶的作场。每一茶号里的楼上，大多分别前后楼。前楼拣茶，后楼便是筛茶，决不混乱的。其他像制箱、制茶箱铅胎等处，因为另有地址，恕我不详细的叙下去！大概每一个茶号构造的轮廓，大都是如此的。关于茶号内部工作人员的系统，为使读者明了起见，再列表（图）如下：

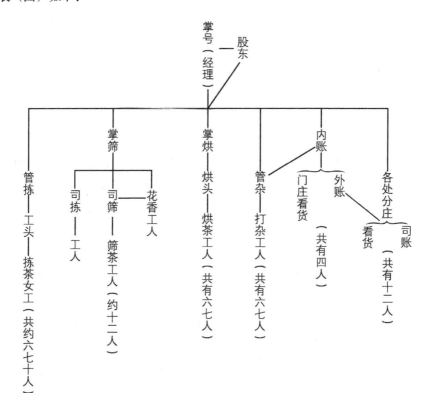

注一：祁门人称采茶时为茶市。

注二：在祁门三四月间，有一种鸟，叫声："摘茶，摘茶!"

注三：以米磨粉所制成，中包蔬菜，以作采茶工人之早饭或午饭，图其简便。

注四：以竹编成，长约二丈，宽约一丈，铺于地下，作晒茶之用。

注五：□制长条，钉于梁上，用以挂茶者。

注六：凡茶农卖茶，由茶庄代各征收机关，抽取茶金百分之几，大多在百分之二十以上。

注七：茶庄初收买毛茶时，价格甚高，数分钟即逐渐跌落，前后相差，几及一倍，故茶农称先卖者价为首盘。

注八：茶庄不收买毛茶时，将秤吊起，故谓不买为吊秤。

注九：毛茶甚湿，时间过久，即变腐败，一文不值。

注十：茶栈系专放款于茶号，该号所出之茶，即由该茶栈代卖，抽收佣金及取息甚高，事事剥削茶号者。

注十一：即经理之俗称。

注十二：毛茶烘干为一烘，拣净再烘为二烘，筛细再烘为三烘。

注十三：见注十二。

《农村合作》1937年第3期

本年祁红实行统制后之不完善处及其补救办法

晚　芳　　衣　芸

本年祁红实行统制后，效果显著，彰诸事实，第初创伊始，不完善处，势所难免。兹就管见所及，列举数端，更简述其补救办法，是亦刍荛之献也。

Ⅰ.贷款办法。

a.贷金额与箱数之比例不一。

例如做二百箱者，其贷款额有五千元、六千元或七千元之差别，此种现象，既使每箱成本之不划一，更能影响及茶之品质有所差异。

b.无精密之成本预算。

茶号申请贷款，并无精密之制茶成本预算，致贷额无所根据，而有过与不及之弊。

c.贷款茶号之保证人责任太大。

同一保证人，而所保证之贷款茶号有达数十家之多，金额数十万元之巨。设有差池，保证人之责任过大，颇为危险。

Ⅱ.茶号方面。

a.茶号自资不足。

茶号自资短少，或竟空头，全依赖贷款以经营，交箱时每发生箱额不足情事。设沽得善价，尚不致影响贷款之归还；否则，势必不能偿清。

b.抑压山价。

茶号有因仅赖一部分贷款以经营，而欲达箱额之足数，惟有出诸抑压山价一途。于是茶农大受压榨，出品亦因之以粗放。

c.投机心理。

茶号因款自贷来，以为箱数交足，即可了其责任，对于毛茶之收进既滥，且复制造随便，敷衍从事。

d.各茶号出箱日期不一致。

收茶之时，其资金充足者，每出高价赶先收进，赶早制造，其资金不足者则故事迟延，以待山价之低降；或以设备不周，而延长其制造日期。有甲号之二批已运出，乙号之头批尚未竣事，遂造成各批出箱日期不能一致。

Ⅲ.运输方面。

a.车辆不敷应用且无完备之堆栈。

茶之生产时间性至暂，市场销售则以赶早为先，故出货时形成拥挤形态，本年运输车辆不敷支配，致有茶箱滞积，堆储无地，暴露路旁数日之实事，不特失去市场脱售俏价之时机，且茶受雨露多潮霉，损失何可言哉？

以上诸端，仅荦荦大者，而亦系亟须改进之处；兹请述其补救办法。

（以上衣芸述）

Ⅰ.设立省办模范精制厂。

依据现实，要救济祁门茶农，复兴农村的话，这的确是个根本的办法。贷款茶号，这都不是对症的药方。对于茶农无甚利而有弊的。今政府有心复兴祁红，不妨，有钱从此点着想一下。

a.厂所——总厂一所设于祁门城内，注重精制，于重要产茶区域设一分厂，收买毛茶及打毛火工作。

b.经费——由地方银行筹划，并主持。

c.人员——须由担保，并富有经验而能努力从公者。

Ⅱ.改良私办精制厂。

在省办精制厂未健全以前，私营的是不能一时取消，那只好想出办法。目的不使茶号太肥，亦不使之过瘦，而能增高品质经营合理。是以茶号更应该。

a.茶号应行登记。

b.茶号自筹资本须有保证。

c.茶号贷款占自筹资本及茶箱数的比例应规定。

d.实行派人监督。

Ⅲ.养成干部人员。

以上两项如果实行，在在须人，故干部人员至关重要，人才不足，虽有经济亦徒叫奈何。

a.目的。

b.招收。

c.训练时限。

d.训练阶级。

e.训练方法。

f.训练所在。

g.训练时的待遇。

h.训练后的出路。

（以上晚芳述）

以上虽为目前之补救办法，实亦树本固根之计。至于详细计划，当另文申述，兹不赘。

《安农校刊》1937年第2期

对外茶叶贸易革除陋规

实业部为减轻国茶成本，推进外销起见，特令中国茶叶公司，对于茶叶贸易原有各种迹近陋规之手续费用，应即一律革除，以树楷模。至其他茶叶有取收陋规费用者，并令由该公司详查具报，以凭核办，藉资改进。

《汉口商业月刊》1937年第2卷第1期

茶　业

汉口经营茶叶之行业，可以分四种：一为茶叶贩运业，专门向产地收买转售与茶叶出口业。二为茶叶出口业，专收茶叶转运出口，销英俄等国。三为茶叶行业，则专居间介绍。四为茶叶店业，销路以本市居民及乡客为限。二十二年春，天气清和，红茶出产甚佳，加以印度、锡兰限制生产，英俄销场转旺。故随到随销，完全售罄，毫无存底。自二十三年春茶上市，销路颇广，价格相宜，稍获余利。子茶、秋茶当采办之时，互相竞进，将山价遂渐提高，及至出售之际，因产量过剩，供过于求，不得不廉价倾销。于是春茶利益，不独化为乌有，且受重大损失。现在本市红茶，尚存一万余箱，目下价格跌至每担十七八元，尚属无人过问。求售维难，又老茶因红茶加高，老茶山价亦因之昂贵。而俄商协助会洋行，以老茶系该行独家生意，别无销路，始而乘机压价，继而吹毛求疵，退货不收。所售茶款，又久延不交，栈租息金，种种亏累，通鉴筹算，约耗成本将近三十万元。故茶叶出口业，除春季稍有赢余者外，亏折者约十分之四，至于茶叶行业则有亏无赢。茶叶店业，因市面萧条，乡客销路减少。亦有亏无赢，仅茶叶贩运业，于春间稍有获利者。但秋季亏折之家，仍较高一倍，大部分则可保持平衡状态。此二十三年汉市茶业之情形也。

《汉口商业月刊》1937年第2卷第8期

皖祁门设茶叶改良厂

皖祁门茶叶改良厂，早已全部告成，新式机械亦装妥，本年起，提倡科学制茶，作大规模之经营，所需资金已商由财、建两厅介绍地方银行借贷，将来该厂发达当可预料。

《农村改进》1937年第1卷第4期

祁门茶业改良场落成

皖祁门茶业改良场全部落成，新式机械亦已装妥，本年提倡科学制茶，作大规模之经营，资金由地方银行借贷。皖南北茶税，财厅规定标准，按产区及销场分征，计洋庄茶每百斤四角五分，本庄每百斤九角七分，花香一角四分，泾太春茶二元二角，茶梗茶灰亦征九分，因计划周密，将超过十五万元原额云。

《商专月刊》1937年第1卷第5期

祁门茶业改良场落成

皖祁门茶叶改良场，全部告成，新式机械亦装妥，本年提倡科学制茶，作大规模之经营，所需资金，已商由财、建两厅介绍地方银行借贷，皖南北茶税，业经财厅规定标准，按产区及销场分征，计洋庄茶每百斤四角五分，本庄每百斤九角七分，花香一角四分，最高者为泾太春茶二元二角，茶梗茶灰亦征九分，因计划周密，将超过十五万元原额。（十九日中央社电）

《国货月刊（广州）》1937年第3卷第11期

祁门茶场提倡新式机械制茶

皖祁门茶业改良场全部告成，新式机械亦装妥，本年提倡科学制茶，作大规模之经营，所需资金已商由财、建两厅介绍地方银行借贷。

《湘农（长沙）》1937年第2卷第4—5期

祁门茶叶合作社谋改良红茶

祁门县茶叶产销合作指导专员刘树藩君，日前来沪接洽卖茶、贷款、买机（器）等事宜。昨据刘君语记者云：安徽省农村合作指导员驻祁门办事处，系早于二十三年成立，而茶叶产销合作社，则系于二十五年成立，今年共在祁门办理三十九社，由交通银行放款二十八社，共十八万元余，中国农民银行放款十一社，共八万余元。今年产区虽尚由人工采制，但以监督较为严密，故品质已有改良。祁门一县本年共计产茶八千五百箱，现已运沪者约五千箱，其余亦将陆续运送来沪。因其品质改良，价值亦较高三十元之谱（去年每箱二百七十元，今年售至三百元）。去胃以英美为大宗，尤以伦敦销行较畅，出口商则由怡和银行收买运出，惟洋商现尚勒价不收，以待茶商减低卖价。按诸事实，每年出口红茶，约计四万箱，即海外年需四万箱之中国红茶，而今年以采茶时适值阴雨关系，"萎凋"受损，祁门、至德、浮梁等产茶区域，合并仅产红茶（普通统称祁红）约四万箱，除国内销售外，出口实呈供不敷求之象。查祁门茶农所最感痛苦者，约有三项：（一）茶商压迫。每年因上海茶商贷款关系，事实上债权人遂有抑价收买之优先权利。现自茶叶产销合作社成立后，此项痛苦，已可解除。（二）运输困难。因交通之太不方便，天雨被阻，公路局车辆不够又被阻，而今年更因中央信托保险部之保险问题，迟迟未决，尤其迟延运沪之一因。（三）天气不佳。茶叶采撷后，其叶色青而质硬，必须在太阳光中曝晒，名为"萎凋"。今年采茶之季，适值阴雨连绵，仅能在"摊青房"中，听其自然萎凋，时闻色质都蒙损失。故本人此次来沪，负有三重使命。（甲）售卖已产红茶（情形略如上述）。（乙）向银行接洽下半年贷款，按祁门现在筹设"祁门县合作金库"，俾一方面负责向银行贷款，一方面负责转贷与合作社，并另设一"全县合作联合作"，以资互通声气，将与合作金库同时成立。至于向银行贷款数目，因合作金库关系，颇有伸缩性，事前不能肯定。（丙）购买机器。现正准备向英国或德国购办三种机器：（一）发酵机；（二）揉搓机（俗名捲条）；（三）萎凋机，听说上海并有华商制造机器公司，自造此项机器，总须俟看过"样子"后，再定向何处购买。惟购办机器之后，一般仍主张人工跟机器各半采制，因机器采制以形色胜，而人工采制以香味胜，不愿偏废云云。

《四川经济月刊》1937年第8卷第1期

祁门茶场本年起改组

徽属祁门茶叶改良场，创始于民国四年春季，迄今已有二十二年，国内茶叶研究试验机关，当以该场历史为最久。近年当局鉴于茶场使命之重大，莫不努力改进。去年又经省府财、建两厅与实业部会商，议定本年度改组办法十条，至今年起，由省商承实业部负责办理，经费确定为六万元，省担任三万元，业经实部转报行政院核准照办。其改组办法：（一）祁门新旧两茶场自二十五年度起，由皖省府商承实部负责办理，关于技术部分，实业部得随时派员指导。（二）二十五年度祁场工作计划，及经费预算，由皖省府编拟，由实部派员参加意见。（三）二十五年度祁场经费，确定为六万元，由实部补助半数三万元指定作事业费用，举凡薪俸及办公费概在省费项下开支。二十六年度预算，在二十五年度终了前三个月，由部省另行商定。（四）祁场经费收销，另具副本，报部备案。（五）祁场制茶盈余，指定作祁场基金，或供扩充特殊事业之用。（六）祁场场长，由皖省府任免，报部备案。（七）原有全经会农业处，在祁门所办之合作事业及人员，归皖省府接收，酌量办理。（八）祁门新场，所有制茶机械，仍属部有，如祁场不用时，实业部可商得皖省府同意，迁移他处。（九）实业部关于茶叶问题，得提交皖省府转饬祁场，负责研究。（十）由皖省府规定之祁场各项工作报告，除呈报皖省府外，应附副本，转部备核，实部得随时函请皖省府转饬祁场具送临时报告。兹财、建两厅根据上项办法，签呈省府会商改组，刻经省府提交五九一次会议通过，如拟办理。（二月三日湖南大公报）

《农业建设》1937年第1卷第2期

考察皖赣两省红茶革兴报告
及湘省红茶应行改善意见

湖南农林委员会　　刘宝书

茶为我国特产之一，有二千余年之历史，十六省广大之面积（如湖南、湖北、安徽、江西、浙江、广东、福建等省产茶最多，次如四川、广西、云南、贵州、江苏等省，其他陕西、山东、甘肃等省，亦有数县产茶），为国人必不可少之饮料，在国际市场，亦且占有重要之地位。七十年前，全世界需要之茶，皆仰治于我国，至1903年，出口数量，犹为各国之冠，自是以后，贸易市场年渐减少，昔居世界第一位之华茶，行且退列于新兴茶产名区爪哇之次，天赋特产，顿成落伍。然华茶输出虽减，而世界各国需要茶量，则年见其增，因之贸易范围，日益扩大。考其衰落之原因，由于印度、锡兰、日本、爪哇茶量增加，极力推销，有以致之；而国人之固步自封，墨守成法，茶商之不能团结，外情之不能熟悉，更加以运输之困难，宣传之不力，循至于茶园荒芜，生产低落，品质不良，信用消失，为其致败之主因。然华茶天赋之优点，有非他国所能及者，盖有三焉：其一，华茶质性纯和，无害于胃；其二，华茶独具芳香，有涤烦清心之功；其三，华茶单宁酸少，虽经久泡制，犹可饮而无害。印度、爪哇茶酸，皆多于我国，饮时须掺牛乳，以减酸性，但一经掺乳，则原味俱失。是我茶产之优，远非他国所及。故印度、锡兰茶商，恒以华茶掺入发售，以提高其品质，增高其价格。今则几陷危急，实非其本质之不良，而政府与茶农茶商，实有积极挽救之必要。上年皖省政府鉴于祁红之衰落，谋急起直追之道，与赣省合作，共图恢复集中人力财力，数月之间成绩卓著，影响所及，中外震动。宝书奉命考察，用将分别陈述其革兴之程序如次，而以改善湘省红茶之意见终焉。

一、皖赣红茶之情形与其过去之背景

皖赣红茶，有祁红、宁红、河红三种。祁红产区，为皖省之祁门、至德，及赣省之浮梁等三县，宁红产区，为赣省之修水、铜鼓、武宁等三县。河红为赣省铅山等县所产红茶属之，其茶之色、香、味三者，均至极美，为国内各红茶所不及，在国际市场，占优胜地位，为嗜好红茶人士所珍视，每年出产装箱出口，运销欧美，已有六七年之历史。其最盛时期，出口数目年达五十余万箱之多，近则每况愈下，年衰一年。祁红年产仅六万箱，宁红一万箱，河红则完全销减，究其原因，固为印度、锡兰、爪哇、日本等红茶之新兴向上，夺去销路；而国内茶号茶农资力之薄弱，组织之缺乏，一听中间商人之操纵、盘剥、欺朦，遂致属蹶不振，莫可挽救。其中流弊之最著者，约有数端：

（甲）增高成本。皖赣茶号，本无资金，但于制茶时季，不能不有现金周转，中间商人，利用时机，先期向银行钱庄，息借款项，重利转贷茶号制茶，茶号因借款关系，其已装制之茶箱不能不受此辈中间商人之拘束，如祁红、宁红不论其产区何在，一律须在九江交货，转运上海，由此转折，其须增加时日，多费运资，自所必然。售茶之后，开列栈单，除正用金外，所列各种名目，达二十余种之多，剥削巧取，竟占茶价百分之十以上，于茶之成本增高，茶号不能不因之损失。

（乙）淆乱品价。此辈中间商人，又以茶号之茶箱，操诸其手，各图私利，互相竞争，故于茶市开盘收盘时，每箱茶价，相差恒达百元上下，又因以低等茶品，而售高价，优等茶品，而售低价，如此不持有损茶号血本，并失国际信用。

（丙）损失意外。商品运销，原取迅速，皖赣公路，所在多有，祁红本可不经九江转达上海，此辈商人，均将茶箱运至九江转运，其于安全问题，毫未顾及，其间因产区较远，中途遭逢意外，层出叠起，如去年祁红，在鄱阳湖中，沉覆二千余箱，损失在二十万元以上。

（丁）引起投机。设某年茶市较佳，茶号获利，次年除正当茶号外，投机者闻风兴起，纷纷借款制茶，中间商人，竟有兜揽，转贷资金，重利盘剥。制茶者多，毛茶价格，因之抬高，而制茶之成本，亦因之俱增，一旦装箱出口，供过于求，势必销疲跌价，于是茶号，大受损失，而茶农无知，偶因上年毛茶之有利，遂至第三年中，大量摘茶。投机茶商，因遭先年之损失咸销声匿迹；正当茶号，至是不敢大量制造，毛茶虽多，而收买者甚少，其价多跌，茶农乃蒙损失。而茶号以毛茶之跌价，因亦稍获微利，至第四年而投机者，又纷起矣。如此循环，茶农茶号，两蒙损失，而彼中间商人之利息酬金，与其他各种之剥削，固无损也。

二、皖赣两省政府对于红茶失败之觉悟与其改革

皖省农产，除以米谷大量出口外，次为红茶。皖省以祁红著名之故，其人民直接间接，衣食于茶业者，不知凡几，而各省之茶店，亦多以徽人经营之，其事业之

伟大，由此可知。近年以来，外因印度、锡兰、爪哇、日本茶之推销，内因上述各种弊端之日增，复以中间商人之多方盘剥，直接间接，遂予以红茶运销之不利，而茶农茶商俱蒙其害，于是皖省政府，始渐觉悟，力图复兴，去年全国经济委员会，及实业部，亟谋祁红之改进，将皖省设立之祁门茶业改良场，增加经费，扩充设备，积极研究茶树之种植，与制造之改善；然于茶业兴衰关系最切之运销方面，尚未顾及。本年二月全国经济委员会，召开茶叶技术讨论会于安庆，皖省建设厅，提出"组织祁红运销委员会利用茶号放款收茶以利特产"一案，各地茶业代表，及各专家，对于此案极表赞同，通过原则。会后皖省政府，以赣省红茶运销情形，适与皖省同一环境，乃派员与赣省政府商洽进行步法，时适赣省因中间商人，对宁红不肯放款，正谋救济，至是两省意见，不谋而合，遂决定扩大救济范围，为祁红、宁红两种，而设"皖赣红茶运销委员会"专司其事。此皖赣两省政府，对于红茶复兴之缘起也。

三、"皖赣红茶运销委员会"之任务，与其工作之内容，及其所收之成效

皖赣两省政府，以两省红茶既处同一环境，其挽救之方法，亦无二致，商讨结果，两省政府乃制定皖赣红茶运销委员会章程十三条，及皖赣红茶运销委员会二十五年营业计划纲要，同时公布施行。兹录该会之任务，与本年度业务纲要如次：

（甲）皖赣红茶运销委员会之任务

1.关于指导种茶制茶之改良事项

2.关于介绍贷款及保证售用事项

3.关于便利运输事项

4.关于推广销路事项

5.关于调查宣传事项

6.关于其他改进事项

该委员会委员，由皖赣两省政府，会同分别委聘王印川、杨绵仲、刘贻燕、郭秉文、徐庭瑚、许士廉、张轶欧、谢家声、钱天鹤、蔡无忌、程振基、萧纯锦、邹秉文、吴觉农、胡浩川、张宗成、王世颖、赵连芳、陈启东、吴林柏、凌舒谟、董时进、方君强等四十七人为委员。

（乙）上春二十五年度业务纲要

1.产额：祁红六万箱，宁红二万箱。

2.贷款：祁红每箱贷银三十元，六万箱，共需一百八十万元，除各茶业介绍已由安徽地方银行与交通银行合放银五十万元外，尚需一百三十万元，由运销委员会介绍银行，以低利贷与祁浮、至德合格登记之茶号，而担保其信用。宁红每箱贷银十五元，二万箱，共需三十万元，由江西省政府介绍裕民银行全部贷款，其贷款手续，由裕民银行与宁茶复兴委员会商洽办理。

3.运输：九江、安庆、屯溪三处设运销分处，接收各茶号所制祁红、宁红，负责转运上海。

4.销售：设总运销处于上海，所有两省祁红、宁红，均由该处统一销售，并筹设分销处于国外伦敦等处。

（丙）工作程序

1.登记茶号：该会于贷款之前，先行登记茶号，以资甄别，其规定标准有三：（1）为有资本三千元者，（2）为能制茶二百箱者，（3）为经理制茶有五年以上之经验者。凡茶号非具此三项条件，不准登记。其意盖在扶植正当茶号，使投机茶商无从活动，因鉴于往昔，茶号贷款，全由上海洋庄茶栈借放，重利盘剥，抽提陋规，放款愈多，获利愈厚，因之放款漫无限制，于是茶产区域之土劣，多得临时开设茶号，设法贷款，全系临时投机性质，鲜有视此为职业者，故于领款之后，或仅转贩毛茶，从中渔利，则制茶成本因之提高，即或临时租赁房屋及制茶用具，勉强制茶，亦为设备不完，技术不精，致减低茶叶之品质，其影响于祁红之发展更大。该会上年其经审查合格之茶号，在祁门凡一百二十八家，浮梁六十八家，至德四十八家。

2.准备贷款：茶号经审查合格后，即须提出担保品之证件，或央请该会规定之保证人，出具保证书，申请贷款。各茶号之贷款额，规定祁门、浮梁两县茶号，每箱贷款三十元，至德每箱二十元，其贷款额约合其成本之六成。审查委员会，于接到茶号申请借款书及保证书后，并更审核其资本，与最近五年内制茶之成绩，而核定其能制茶箱数，及应予贷款数额，经登记专员，复核转呈运销委员会核定后即通知放款机关，按照核定数额，放给贷款。本年祁浮至德三县，茶号贷款，经该运销委员会，与安徽地方银行，订立协约，由地方银行认八成，运销委员会搭放二成，共放出一百四十九万九千零五十元。贷款利息，规定月息八厘，较之茶栈所定之利率，减低一半。其他各方，如有自动投资，惟其利率，不能超过该会规定之标准，且除利息以外，不能抽取任何费用，更不能与运销委员会一切规定相抵触。

3.制茶监督：运销委员会，对于办理茶号登记，及贷款各事后，即准备为之监督制茶，因茶产之多寡，品质之优劣，以及贷款之安危，咸系乎此，关系既属重要，监督自应严密，除责成各保证人，严密监视茶号制茶，切实履行登记保证规则之规定外，并令登记专员，常川分驻祁、浮至、德三县，更派视察员，循回于上记三县之间，对于各茶号，资金之运用，毛茶之收买，制茶之设备，及其制茶数量等等，均加严厉监督，随时予以指导，遇有困难问题，亦随时予以解决，其工作松懈者，随时予以严惩。两省县行政人员，亦能深体省政进行红茶之重要，切实协助进行，皖赣两省县长，且有亲自出发，视察茶号工作者。本年采茶时季，阴雨连绵，对于采制茶叶，虽蒙重大打击，而其制茶总量，尚能超过预定数额，亦且多于前年生产之数量。

4.产地检验：运销委员会，为谋出口手续简便起见，呈由实业部许可，举办产地检验，检验人员，由上海商品检验局派遣，所需经费，则由运销委员会承担。检验工作，划分祁门、至德、经公桥、景德镇四大区域，各设办事处，分头负责，复于每个检验区内，更以茶号之多寡，距离之远近，山径之便利，划分若干小区，每一检验员，负一或二小区之责任。至检验工作之内容，按当时实际情形，分为六种：（1）监督匀堆，（2）开汤检验，（3）出口检验，（4）茶箱检查，（5）烘筛登记，（6）卫生检查。

5.运输改进：上年皖赣茶叶运输，概由运销委员会统一办理，因鉴于过去运茶不论产区何在，一律绕道九江，转运至沪，路程辽远，费时既久，危险亦多，故将路线变更，以求便利。又往年运茶，由九江至上海之输运，虽有保险，而自产地至九江之帆运，则付阙如，帆运亦遭意外，故历年茶号，此项损失最大，无由取偿，本年开始运茶，即与中央信托局保险部签订合同，设保"联运平安险"以策安全。至运输费用，自产地至九江一段，由茶号自付，自九江至上海运输，则由放款机关茶栈垫付；上年运销委员会，为减轻茶号资本起见，由茶号所在地，至运销委员会指定之集中地点一段，由茶号自付，自集中地点，至上海运费，则由运销委员会垫付，俟售茶后核实扣除归垫。

6.推销革新：往昔茶栈售茶，各自为政，互相竞卖，售价之高低，原无一定标准，徒予卖方以操纵之机会，因之茶号损失最大。本年皖赣红茶，由运销委员会设立总运销处，统一推销，运用之权，系自操之。又设立茶叶品评会，聘请专家，延揽各县茶号代表，公开品评优劣，各茶号待沽之茶，均须先经品评会评定等次，随复布样、出沽，甲等茶售甲等应得之值，乙等茶则售乙等应得之值，不得任意压抑；故往年以劣茶而售得高价之侥幸机会，与优等茶而仅售低价之损失，皆不复现。

（丁）实施改革以后之效果

以上种种工作，均按时分别举行，独皖赣两省当事员及实业部，与皖赣两省茶场技术员之全力，更加以产区各县行政人员之协助，达到"革除积弊""争购推销"，兹举其概况于次：

往年茶栈对于茶、农茶号，陋规极多，如地方土劣，对于茶号，抽取箱捐或附加，其费有至三五分者，有多至一二角者，本年一律革除。至茶号对于茶农之剥削，如堂秤之采用，秤钱之增收，茶样之扣除，以及找尾折净，种种名目繁多，并且任意杀价，茶农之急于求沽，忍痛接受，而狡黠者，则以粗枝老叶及潮茶杂于毛茶中出售，以作报复，茶号偶不经意投入大堆，则损失殊大。本年茶季之前，经运销委员会，电令产区各县政府，分别出示布告，凡土劣所抽之一切杂捐，及茶号对于茶农所施之一切陋规，茶农出售潮茶，均加严禁，并令登记专员视察员等，切实查禁，故本年茶品，远非往年茶叶所及。至上年皖赣两省政府，对于红茶实行统一运销以后，在产、制、运三方面，均有进步。而在推销方面，亦有成绩可言：去年祁红箱茶，每担最高价格售一百八十元者，今年则为二百七十五元，其增高率，为百分之五十，去年宁红最高价格，每担为七十元者，今年为一百零五元，其增高率亦为百分之五十，此其成效之一；往年考例，自阳历五月半开始售茶，有至当年阴历年底尚未售罄，亦有稽延至第二年，或第三年始能清脱者，未有如本年五月二十九日开盘，宁红竟于八月售完，祁红亦在九月底售尽，销售之速，为茶市从来未有之景象，此其成效之二；往年红茶外商，从中作梗，压抑价格，本年外商初犹施其故技，中止进货，茶销停滞，茶价日跌，运销委员会，遂派委员就近处理，暂由政府出资萆买，直运国外销售，以作筹设海外运销分处之初步尝试，已而定中贸易公司，愿独家承购，而各洋行闻讯，纷纷涨价争购，所积箱茶，遂于二日以内，完全销罄，而伦敦、纽约来电定货者，络绎不绝。至于花香销路尤畅，其价由三十二元涨至四十元，而抢风仍炽，苏联协会订购二万箱，以供不应求，仅得十分之一二，其畅销之旺，为上年所无，此其成效之三。本年两湖红茶，因销路不旺，积滞于汉口者，为数尚多。皖赣红茶产量多于往年，价格高于往年，此非统一运销之功曷克至此。

四、皖赣红茶运销委员会今秋常会议决二十六年度工作纲要

上项报告，系皖赣两省政府办理二十五年度红茶运销及监督制茶，革除茶商一切积弊，与其收效之概况。至本年秋季，两省当局召开第二届常会于南昌，到会委员，除两省当局外，他如实业部农商司科长，国际贸易局主任，上海商品检验局技正，农本局科长，交通银行经理、课长，及皖赣两省茶场场长，江西农业院院长，并各茶商代表等，均参加该会，议决更进一步办法，兹分别记载于次：

（甲）关于运输事项

（一）运输处与交通机关分别直接订约，其合约内应注意下列各点：

1.起卸地点，与转口地方，应由承运机关筹设堆栈。

2.设备方面，应责成承运机关增加车辆船只，设备安善务求迅速与安全。

3.倘设备不周，而变坏茶之品质，或损及装潢，应由水□承运机关，负赔偿责任。

4.茶箱到站或码头，应按到站或码头先后，依次起运。

5.规定茶香到站后，起运时期，并运竣时期。

6.运输及堆栈应予保险。

7.运输路线不分畛域。

8.运费尽量减低。

（二）运费由茶号自理，以免结账时之麻烦（可预借运费）。

（三）请安徽省政府速修安景路，设站行车，以利运输。

（四）运输处应派员赴起运地方转口地方，监督指导，俾就近解决一切困难问题。

（乙）关于销售事项

（一）设推销处于上海。

（二）经办人采专任制。

（三）附设茶叶品质品评委员会，严格评定茶叶等级。

（四）派员在国外调查宣传推销。

（五）对于有关国外贸易公司，应奖励其对外推销茶叶，或订约委托代办国外推销事务。

（六）茶叶出售，应由推销处审度市情，得货主同意，主持售买，货主不得自由竞卖。

（七）联络国外经售华茶洋商。

（八）彻底革除销售上各种陋规。

（九）提茶单据，应交推销处保管。

（十）关于酸坏之茶，应严格取缔，不准代售。

（十一）推销处，得受各省委托代销红绿茶。

（丙）关于贷款事项

（一）茶叶贷款，由投资机关，或组织银团，分别办理。

（二）二十六年度贷款之数额，红茶最高额，暂定为二百五十万元，如兼受理运销绿茶，最高额为六百万元。

（三）凡茶农茶商，需用资金时，经运销委员会，审查合格后，得向投资机关，分别申请借款，其详细办法另订之。

（四）贷款之保证：

1.茶商申请贷款，以实物抵押为原则，如制茶需用资金时，须另有切实保证，经贷款机关认可后，方得贷放。

2.茶农申请贷款，以登记合格之合作社为限，其保证办法另订之。

（五）贷款之利率，暂定月息不得超过八厘。

（六）贷款之期限，至长不得逾一年。

（丁）关于产制茶叶改进事项

（一）生产改良：

1.关于毛茶制造：由本会购办机械用具，贷与茶农使用。

2.提倡嫩摘：由本会会同茶叶技术机关，宣传提倡，并由地方机关，及保甲长，协助监督，以利进行。

3.关于生产技术指导：由本会会同两省茶叶技术机关督促农商团体办理。

4.取缔：凡酸坏劣茶，由检验人员，严加取缔。

（二）精制工厂：由政府与茶农茶商组织"茶叶精制工厂"办理之，原则如次：

1.采取公司组织办法。

2.设备资金，每区由三万至五万元，举行贷款分年摊还。

3.营业资金，每区招收股金三万元为标准，存入金融机关，制茶时需要流动资金，举行透支并押汇。

4.股息之分配，官股须较农股商股低百分之三十，盈利除提存公积金、职员酬劳金，及公益金之外，提出半数为毛茶直接供给者之返还金。

（戊）关于茶商组织事项

（一）茶号：

1.请实业部颁布登记法则。

2.所有茶号须经申请登记合格后，始得开业。

3.茶号所有股东，概须呈报，并同负无限责任。

4.茶号制茶，须有充实设备，技术员工，亦须经登记合格者，始得雇用。

5.茶号所用账簿，不分新旧，但须清楚明了，切实记载，以备股东及贷款机关稽核调查之用。

6.茶号每年开始营业之前，应由全体股东，确定该年度经营茶业预算，须呈准备案。

7.茶号业务，须绝对公开，其经理及办事人等，不得营私舞弊，滥支乱用，违者撤销其登记资格。

8.茶号须为固定组织，其营业期间至少五年，并须逐年增加资本，或提存公积金，力谋发展，以臻完善。

9.茶号经营成绩优良者，如谋扩充设备增进技术资金不足时，得向本会申请贷款或辅助。

10.茶号概须加入所在县份茶业同业公会。

11.茶号制茶、运茶、售茶，概须遵守本会规定办法。

12.茶商不得收买合作社社员茶叶。

（二）茶叶公会：

1.各地茶商概须依法组织公会。

2.茶商公会须承办本会所交办事宜。

3.茶号登记，须经公会负责介绍。

4.茶商须办理一切技术、改进及取缔事宜。

（己）关于组织茶农事项

（一）茶农应由两省合作主管机关，切实指导组织合作社，经营信用、生产、运销及供给业务。

（二）各产茶地，已有之合作社，应由两省合作主管机关，重新整理，以期健全。

（三）合作社应促进组织联合社，负责经办生产技术改进之实验，及大量精制运销，以及达到茶叶标准化。

（四）合作社及其联合社之组织章程规则，概由省合作主管机关参加实际情形，依法另订之。

（五）合作社社员之茶叶，应交合作社或联合社运销，不得与茶商或区域外之合作社交易。

（六）合作社或联合社所有运销之茶叶，概由本会统一办理，但本会应予以优待，以资鼓励，俾达产销合作之目的。

（七）合作社或联合社，关于生产或运销，应接受本会之一切指导，本会亦当尽量设法辅助其发展，以及生产技术之改进，其详细办法，由本会会同两省合作主管机关，另行协订之。

（八）合作社之联合社应逐渐设置技术人员，循回指导各社及社员生产之技术。

（九）合作社或联合社经营各种业务，需用长期或短期资金时，得向本会或合作主管机关申请贷款，其贷款办法另订之。

（十）合作社联合社得请求推派代表参加本会业务上各种组织。

（十一）成绩优劣之合作社，本会得分别奖惩，其办法由本会会同两省合作主管机关另订之。

总观本年皖赣两省政府，对于实施改革两省制茶，成绩卓著，已可窥见，进而考察其二十六年度改进工作纲要，不以上年之成绩自足，更求迈进之道，实可钦佩！

五、湖南茶业之现况

考我国茶叶之情况，安徽与江西同一环境，故安徽有改革茶业之决心，必使江西加入，共同推进；湖南茶业，适与湖北同一环境，若湖南有志于改革，必征求湖北加入，而后可。两湖茶产区域之大，遍一百一十一县，茶叶出口，在昔最盛时代，达二百零七万一千一百八十一担，占华茶出口三分之一以上。红茶半数运销苏联，亦有并入外茶，以作混合原料，青茶供制砖茶在汉口制造，由苏俄转运推销。我国西北各省，及蒙古一带，其茶之品质较次，独以廉价见称。近十年来，苏俄力倡种茶，目前虽难自给，然华茶之减退已有显著事实。至湖南茶产范围占三十余县，茶产面积，约一百五十万亩，据湖南茶事试验场估计，每年产茶数额，年在八十万担，本省人民，每人每年消耗茶叶一斤，年销数额，在三十余万担，尚有三四十万担运销出口，出口之茶，以红茶为多，黑茶（黑茶有黄、黑之分，黑者售于陕西谓之陕引，黄者售于甘肃，谓之甘引）推销西北及内外蒙古。光绪年间，左宗棠平定新疆，奏请援用盐引办法，以四十包为一引，招商承办，归官销售，由湘经汉转运甘肃、新疆等省，当时销额，年至二千引之巨。民元以后，此例稍衰，但新疆经销湘茶犹多，遂由新疆茶商在汉设庄收买，转运西北。红茶则由俄商在汉设庄，经营其业，湘省红茶贸易鼎盛时代，远在设关以前。迄光绪初年，每年输出之茶，达九十万箱，岁价一千万两以上，其时茶叶出口，占全国总出口额四分之一，厥后印度、锡兰茶叶兴起，销路渐减。至光绪末年，出口之额，仅四十万箱，与光绪初年相较，已减退一半。民国四年，又增至七十万箱。因欧战关系，贸易中断，继以俄国革命，湘茶出口，又形减退。民国八年，仅为数万箱。民国十二年，中俄复交，茶叶出口，亦达数十万担。至民国十七年，中俄绝交，出口之茶，又复锐减，复交以后，稍有起色。现合红黑两种茶产，上年出口，亦在三十万担上下。兹为明了省内茶业起见，用将各县情形，分别表列如次：

县别	茶叶种类	经营帮别	资本	运输工具	出售地点	起运上运及中间经过地点	秤称（扣样）	兑价	茶农负担税捐	茶商负担税捐	备考
安化	红茶黑茶青茶	本帮外帮	数千至十数万元	舟	汉口		七八扣秤		团防捐教育捐区乡行政捐实业及慈善捐共纳百分之十二	营业税百分之三	每包重一百四十斤
平江	红茶青茶	本帮		舟车	汉口	由产区运至湘阴汨罗转汉	正十六两		公益捐团防捐细茶叶每担一元五角六分八厘,毛茶九角八分七厘	营业税千分之二产销税	
桃源	红茶黑茶青茶	本帮外帮	数千元至五万元		安化		正秤百斤加二十,扣样百分之一		团捐学捐保护费	同上	
沅陵	红茶青茶				安化				同上	营业税百分之二十五	
新化			万元上下		安化		十六两八钱,七六扣样	九二兑价			
醴陵		本帮外帮		舟车	汉口		十八两,九八扣样	九二兑价		关税细茶每石五角二分五,毛红减半,花香三角茶末九分	
湘阴		本帮外帮	数百元至数千元		汉口	白水汨罗至汉口	二十两		学捐每石四分	产销税每石一元五角六分八	

县别	茶叶种类	经营帮别	资本	运输工具	出售地点	起运上运及中间经过地点	秤称（扣样）	兑价	茶农负担税捐	茶商负担税捐	备考
浏阳		本帮	数千元至万元				十六两，四八扣样	九二兑价	每斤生叶扣学捐四十文	产销税细茶七角五，毛红三角六分	
临湘	砖茶青茶红茶	本帮外帮					二十两至十八两，亦有四十两六十两者	九六扣价	区学捐团学捐县学捐第三联合中学捐	产销税	
长沙		本帮外帮					四八扣秤，以十九两为一斤	九六兑价		产销税茶捐	
岳阳	青茶红茶	本帮外帮					二十两		学捐百分之四	产销税	
汉寿	红茶	本帮					十八两五钱		每元抽学捐二分	产销税	
湘乡	红茶青茶		数千元	舟车					学捐育婴善仁捐	产销税	
大庸							十八两		无		
邵阳	青茶						十六两八钱		无		
武冈	红茶青茶				洪江安化		十六两，九折扣样		无	捐税百分之三佣金百分之五	
郴县	青茶										
石门	红茶				津市		十六两			产销税	
江华	青茶						十六两		无	无	

县别	茶叶种类	经营帮别	资本	运输工具	出售地点	起运上运及中间经过地点	秤称（扣样）	兑价	茶农负担税捐	茶商负担税捐	备考
宁乡	青茶	本帮	三四千元				十八两				
益阳	青茶	本帮									
祁阳	红茶	本帮	六七千元				二十两		抽学捐百分之十佣金百分之一		
湘潭	青茶红茶	本帮					十六两，九折扣秤				
道县	青茶红茶	本帮					二十两为一斤				

据上表所示：一为衡量之不统一，一为捐税之繁苛，至因外销年无定额，茶商意存侥幸，对于品质又未顾及，且制茶时季，开秤较迟，专买粗货，重量而不重质，遂致养成茶农老摘粗制之恶习，而茶品因亦恶劣。盖红茶好坏，原在生叶嫩摘，原料优良，技术超越，操纵自如，方能达到完善地位；而湖红实与之相反，采摘既失其时，制造不易，技术恶劣，方法陈腐，更以筛拣粗放，省工减料，优良茶品，何由产生？至茶号资本，不论本帮外帮，多为自有，非如皖赣茶号，纯由茶栈转借投资，一受茶栈盘剥者比，此则稍强人意耳。

六、湘茶改善之目标

湘茶改善，方法多端，举其大纲，不外技术改善，经济援助，运销统一，茶农组织，茶商管理，苛捐解除。凡此等等，非以省府出任艰巨，难奏效果。兹将改善具体办法，分别详陈于次：

1.健全湖南省立第三农事试验场，以树立种茶制茶技术改良之基础：湘省政府对于茶业改良，向具远略，徒以经费不充，设备未周，更因专才缺乏，不能确定改良目标；兹后茶场制茶，应对红茶特别注重，确能指导茶农改良，使湘红出口，年有增加，更与实业部合作，以取联络，扩充经费，完成设备，促进科学制茶方法方得与印度、锡兰、爪哇、日本等茶，角逐于世界市场。

2.设立两湖精制茶场，收买两湖红茶，加工精制，以期达到直接对外运销。两湖红茶，向由外人购入精制，然后转运销俄，此次宝书在赣，曾与农本局陈科长启东，实业部吴技正觉农等，数次商讨，最宜以湖南省府缄知鄂省政府，及农本局，派员来湘，会商发起两湖精制茶厂，所有两湖红茶，一律由精制茶厂收买，加工精制，然后转运出口，销售外洋，庶可脱离洋商压迫。至筹设场资，暂由两湖政府，与农本局组织开办，一俟两湖茶业合作社普遍发达，集合社中公积金，以联合社名义，收归合作社所有。

3.组织湖南茶业复兴委员会，讨论并主持改善省内茶业一切要务。改善茶业，牵涉范围甚广，苟非群力，难期达到，应有建设厅缄聘关系厅会所主要长官，及茶业专家，并茶商代表，组织湖南茶业复兴委员会，讨论组织茶农技术指导，产地检验，低利贷款，免除苛捐，统制运销，各项要务，使政府茶农茶商之意见，均归一致，方收改善效果。

以上所陈，均系目前改善茶业必要办法。至实部辅助湖南茶场经费，此次宝书在京，与实部主管司，经商一再，其意谓湖南茶场，苟能紧张工作，注重红茶改良，实部每年可资助湖南茶场经费五千元上下，并派优秀技师，驻场指导，惟实部津贴若干，湖南省府，亦须同等出资共同扶助茶场，日至完善。两湖精制茶厂，所需经费，宝书在赣，曾与农本局陈科长协商多次，其意亦谓两湖政府，苟有同情，开设精制茶厂，所需资财（二十万元至三十万元），农本局当以全力出资组织，共观厥成。近接该局邹经理秉文来信，亦同此意。至湖南茶业复兴委员会之常年经费，可仿照皖赣红茶运销委员会办理陈例，由出口茶叶每担抽出百分之二三，即能敷用，不必另由政府出资维持。

上陈各节，归纳言之：一为考察皖赣两省红茶革兴程序，与其成效，一为改善湘茶意见。

《农业建设》1937年第2期

红茶运委会贷款浮梁商人

皖赣红茶运销委员会浮梁产区管理处，自办理本县各红茶茶号登记后，按着办理贷款手续，工作颇为紧张。顷悉该处动放新老八十二家茶号贷款，总额约达五十万元左右，核计老号六十六家，内除一家自资经营、由管理处代办运输外，其余六十五家老号贷款约占四十余万元；新号十六家，内除三家有同样自资代运情形外，其余十四家贷款，约占四万余元。现各领款茶商，均已返乡，赶制茶叶。并闻该处对于堆栈各事项，均已充分准备就绪云。

又省政府以本省举办茶农贷款，业已会同皖省派员赴浮梁、祁门等茶区贷放，贷出款项总额已逾二百五十万元。省府为明了各茶区办理贷款情形起见，特派陈传忠赴浮梁视察，兹悉陈氏昨已出发云。

浮梁红茶首批全数运沪

皖赣红茶运销委员会浮梁产区管理处筹办茶箱运输情形，业志前讯。兹悉该处自本月十一日起，已开始运输，除十一、十二两日，因运茶专车新由沪购买来浮，机件须略加检验，数量较少外，自十三日起，截至十八日止，每日车数，均在二十辆，可运茶约一千箱，总共运出六千箱左右。并闻该区各茶号，头批待运茶箱，约共七千余箱，均已到齐，二批茶箱，亦将继续运到。若天公放晴，浙赣铁路局能按数挂车转沪，约二三日，即可将头批茶箱，全数运沪，而续到之二三等批，亦可顺遂运出云。

交通等三行承借皖赣红茶贷款
二百五十万元合同业已签订

本市皖赣红茶总运销处，为扶助茶农发展红茶起见，特由该处总经理程振基，分别与交通银行、安徽地方银行、江西裕民银行接洽红茶贷款。经数度磋商，业于日前在沪正式签订合同，分呈皖赣两省府备案。兹录合同要点如下：（一）贷款总额二百五十万元，由交通银行认担一百九十万元，安徽地方银行与江西裕民银行各认担三十万元，共六十万元。（二）期限八个月，利息八厘。（三）贷款区域为祁门、旌德、至德、休宁四县。（四）贷款种类，分生产贷款与运销贷款两种。并悉交通、裕民、安徽地方三银行，即将派员前往贷款区域，定四月起开始举办贷放，至本年十二月截止。凡茶农茶商需款应用，可径向各该县产区管理处，办理申请手续云。

《金融周报》1937年第11期

省政府训令

（财二字第六四七一号）

令祁门、立煌、至德、霍山县政府：

令发茶税月报册及旬报表式仰遵照由。

查本年茶业营业税征解支拨办法第十一条载："各经征机关经征税款，应随时登账，按日结数解库，按旬列表报厅，每届月终，即将所收款项表报一次，其距金库较远地方，每旬税收在五百元以上者，得按旬结数解库，均于月终后五日，将收支各款，造具四柱清册，连同填用收款证缴查及填用登记处通知书月报表，一并呈厅查核。"等语，所有各茶税经征机关经征税款，填用证照，支领经费，应按月册报。关于征数部分，并须按旬表报，以凭分别稽考。兹特规定月报册式，及旬报表式，俾昭划一。除分行外，合检册表各式，令仰该县长遵照办理，并转茶税监征员遵照。

此令。

附月报册式，旬报表式。

中华民国二十六年五月十五日

主席刘尚清

财政厅厅长杨绵仲

（税款四柱清册式）

———县
 营业税局
 政　　府

谨将二十六年（某）月份经征茶叶营业税征解支拨各款造具清册呈请鉴核

计开

旧管

一上月征办即解税款若干元

（此项开征后第一月具报时所填款目如上月无存款即填一无字嗣后按月滚结填报）

新收

一征起税款若干元

开除

一某月日解税款若干元

（右款奉有某月日某库第几号收据）

一某月日坐支某月经费抵解税款若干元

（右款已填请款书单据呈请划抵）

一某月日奉令拨发某款若干元

（右款奉有某月日第几号支付命令并于某月日检同书据呈请划抵）

以上共计若干元

实在

一实存税款若干元

（右款拟于何时起解附带注明）

中华民国二十六年　　月　　日

局长
监征员　署名盖章

县长
监证员　署名盖章

（证照四柱清册式）

——县　营业税局
　　　政　　府

谨将二十六年（某）月份经征茶税填用各项证照造具清册呈请鉴核

计开

旧管

一上月分未填空白调查证若干张

一上月分未填空白收款证若干张

一上月分未填空白申请书若干张

一上月分未填空白通知书若干张

（此项于开办第一月造报时因无上月转入之数仅填一无字）

新收

一某月日奉颁调查证若干张（自某号起至某号止）

一某月日奉颁收款证若干张（自某号起至某号止）

一某月日奉颁申请书若干张（自某号起至某号止）

一某月日奉颁通知书若干张（自某号起至某号止）

开除

一填用调查证若干张（自某号起至某号止）

一填用收款证若干张（自某号起至某号止）

一填用申请书若干张（自某号起至某号止）

一填用通知书若干张（自某号起至某号止）

实在

一未填空白调查证若干张（自某号起至某号止）

一未填空白收款证若干张（自某号起至某号止）

一未填空白申请书若干张（自某号起至某号止）

一未填空白通知书若干张（自某号起至某号止）

中华民国二十六年　月　日

局长
监征员　署名盖章

县长
监征员　署名盖章

——县　营业税局
　　　政　府

经征茶税旬报表二十六年　月上中下旬

本旬实收数若干元

连前共收数若干元

中华民国　年　月　日

（注意）本表于每旬末日，查明本旬实收数，并计算自开办日起至本旬末日止，其征数分别列入交邮寄厅，倘旬无收，本数亦须填报，应于本旬实收项下填一无字，连前共收数项下即照上旬结总填送，不得间断。

《安徽省政府公报》1937年第811期

省政府训令

（财二字第八○九五号）

令 祁门
宣城 县政府：

祁门茶叶改良场出品箱茶照章免税检发出品牌号及用纸式样仰即知照由

财政厅案呈，前准建设厅函，以据祁门茶叶改良场呈，为本年出品箱茶，预计七百三十箱，但遇特殊情形，为救济茶农起见，势须多买多制，箱数溢出，在所难免，请照本省营业税征收章程第十五条第四项规定，令饬征收机关免征营业税，发给免税证等由。当查祁门茶叶改良场所制箱茶，请予免征营业税，核与定章及历年成案，尚属相符，自应照准。惟请免税证一节，本省营业税章程，并无此项规定，应由该场将所制箱茶之显明标识，并依二十五年成案办法制成一种证明书式，转送到厅，以便饬属放行。至该场所称将来或须添制箱数，亦应先行报明，随时转饬遵照，用示限制，业经函复查照，并签请令饬经征机关之祁门县政府在案。兹续准函送祁门茶叶改良场所呈出品牌号及大面用纸二份到厅，除由厅函复建设厅应饬该场于箱茶大面用纸上，盖用该场钤记，以杜假冒外，所有当地经征之祁门县政府茶税事务处应即查明免征仍填给通知书载明箱数及免税字样发交该场以便持向宣城县府兼办茶叶出口登记处查验放行，等情前来，除分行外，合行检同祁门茶叶改良场原送出品牌号及大面用纸各一份，令仰各该县长遵照。

此令。

中华民国二十六年六月十九日
主席刘尚清
财政厅厅长杨绵仲

《安徽省政府公报》1937年第838期

祁门茶场改组

徽属祁门茶叶改良场，创设于民国四年春季，迄今已有二十二年。国内茶业研究试验机关，当以该场历史为最久。近年当局鉴于茶场使命之重大，莫不努力改进，以赴事功。去年又经省府财、建两厅与实业部商洽，议定本年度改组办法十条。（一）祁门新旧两茶场，自二十五年度起，由皖省府商承实部负责办理。关于技术部分，实业部得随时派员指导。（二）二十五年度祁场工作计划，及经费预算，由皖省府编拟，由实部派员参加意见。（三）二十五年度祁场经费，确定为六万元。由实部补助半数三万元，指定事业费用。举凡薪俸及办公费，概在省费项下开支。二十六年度预算，在二十五年度终了前三个月，由部省另行商定。（四）祁场经费报销，另具副本，报部备案。（五）祁场制茶盈，指定作祁场基金或供扩充特殊事业之用。（六）祁场场长，由皖省府任免，报部备案。（七）原有全经会农业处，在祁门所办之合作事业及人员，归皖省府接收，酌量办理。（八）祁门新场，所有制茶机械，仍属部有。如祁场不用时，实业部可商得皖省府同意，迁移他处。（九）实业部关于茶叶问题，得提交皖省府转饬祁场，负责研究。（十）由皖省府规定之祁场各项工作报告，除呈报皖省府外，应附副本，转部备核，实部得随时函请皖省府转饬祁场，具送"临时报告"。自本年度起，由省商承部负责办理，经费确定六万元，除实部补助三万元，本省担任三万元，已由实部转报行政院核准照办。兹财建两厅根据上项办法，签呈省府会商改组，业经省府提交五九一次会议通过，如拟办理。

《国际贸易情报》1937年第5期

皖建厅接洽红茶借款

安徽省政府建设厅长刘贻燕，十八日晚由京抵沪，昨与交通银行商定本年度红茶借款二百五十万，并另与中华农业贷款银团，商洽皖省农事贷款一百万元，计皖省二百万元，赣省五十万元，按十个月摊还，闻已定于四月初拨款。据刘氏谈，去年皖省茶产八万箱左右，今年据一般情形预测，产量较去年可望续有增加云。

《国际贸易情报》1937年第8期

祁门茶庄筹备开业

祁门、浮梁、至德等路红茶制茶庄号，统计不下二百余家，去年营业结束，十之七八均略有盈利。本年各路商家对于业务上，尚感兴奋，迩来纷纷购办铅茶箱炭，以及种种设备。皖赣红茶运销委员会，亦拟派员进山接洽放款，闻该会为统一产销起见，对于去年归交通银行放款之合作社，业经商定一律改由该会贷放，并对于往年欠款及基金薄弱者，亦均有相当限制云。

《国际贸易情报》1937年第11期

皖赣红茶贷款

皖赣红茶运销委员会，为扶助茶农发展生产运销，与交通、江西裕民、安徽地方三银行订定合同，在皖赣两省祁红、宁红产茶区内，以二百五十万元，办理红茶运销贷款，业已定四月一日起，至十五日止，开始贷款，交通银行特派农业专员吴伯林，定三十日赴产区会同皖赣红茶运销委员会产区管理处代表实行贷款，其贷款对象以运销会介绍之合作社或茶号为限，期限八个月，利息八厘，按日计算，并规定贷款标准：（一）祁红每箱精茶成本以五十元为标准，最高额不得超过国币三十元，（二）宁红每箱精茶成本以二十五元为标准，最高贷款不得超过国币十五元，凡合作社或茶号，取得借款，制成精茶及副茶品后概由运销会统运统销，在所得茶款内，仅先扣除原贷款本息及保险栈租运费，报关茶税等各种垫款，所有余款，均归合作社或茶号作为盈余，盖该项贷款，完全由运销会为担保人。

《国际贸易情报》1937年第13期

祁红统制的现阶段

池尹天

自从皖赣两省府实行红茶统制以来，已经有一年多的时间了。当时虽经上海茶栈的"誓死抗争"，但终于在"互为利益"的原则下妥协下来。统制的结果是不是像皖赣红茶运销委员会所声明的"打破中间者之剥削制度，而谋茶农的真正利益"呢？这里，正要请出一年来的"事实先生"来证明了。

我们知道当宣布统制时，在"外商会议"席上，主持红茶统制的运销处负责人就已经向外商提出这样的保担条件：（一）红茶外销先与外商交易，不拟自己运出国外；（二）交货时担保样品相同；（三）一切费用仍照前例，与从前洋庄茶叶一样。这里，我们可以明白看出，这次"统制"是丝毫没有排除洋商的操纵，反而更切实地向洋商担保履行从前茶栈的义务。所谓排除中间商人的剥削，却首先放过这个大敌，漂亮的言辞，一开始就被事实打碎了大半。至于现在的销售过程呢？我们又可以把它简括的来看一下：茶农—精制茶号（也有在上二者间加入"茶贩子""茶行""茶客"）—产地管理处（在产区管理处即由上海商品检验局举行检验手续）—上海总运销处—洋行—外国市场—外国茶店—消费者。一目了然的，这和从前所不同的，不过是换了一个像转运公司一样的运销处而已，实际上，所谓排除中间的剥削和救济茶农，还是和云雾一样的渺茫。

银行贷款的利息是八厘，而以前茶栈所经手的洋商贷款则是一分五厘。这谁都知道是前者便宜的，我们不能把他一笔抹煞。但是因为：（一）银行放款的手续比洋商麻烦；（二）银行放款的时期比洋商慢；（三）银行的放款额有一定的限制。所以不但茶农叫苦，而且茶号也极端咀咒了。

从前因上海茶栈，对于祁门各茶号的信用和内部情形，好像显微镜下看细菌，所以对于茶号的贷款额，早已有个定数，而迟早也不会成问题的。只要茶号是信用可靠的，普通在年底，就可以借到钱。茶农呢，谁都知道是"年前接不上年后粮"，尤其是祁门，全县统计起来，也不过三个月的粮食，多数是靠几株茶树过活的。然而春季所得的毛茶代价，到了年底，早已经吃得精光了，唯一的办法，只有将明年的毛茶来预卖。年关借钱，清明借钱，开采时也借钱。普通每年总要借三次债：第一次是除了买些过年的物品外，有的还要还旧债；第二次是扫墓；第三次就是雇采工（自然大多数是买米吃）。这虽然免不了要受到各茶号或者茶贩子的高利盘剥，但还可以借到一些钱，不会活活的饿死。现在可不同了。银行的贷款固然是比较便宜，但手续却够使各茶号气闷的，银行因为要保全它的资本的安全起见，自然不肯马虎，但什么事都是产区管理处（即运销委员会的机关）代办，它的贷款手续，第一步是由各茶号具申请书于管理处，申明本年预做茶叶箱数，希望贷款额若干，并找保人签名盖章，再由管理处举行审查，合格者即照原请额拨下。不然则酌减若干，但都以每箱茶贷出三十元为最高额，然后再由茶号具据领款。这样的枝枝节节，自申请到款项到手，总要一个月的时间。比方本年到领款时，已经是国历四月二十二三，而茶山上的茶叶，早已桃夭欲坠了。茶号既不能如期收贷，茶农又怎能按时采摘？至于预借的事，也就很少出现了。代之而起的，就是借"米票"的风气特别盛行。茶农向茶号借得米票一纸，由茶号老板向某粮食店接洽，茶农凭票挑米。这样，茶农不但要受茶号的剥夺，而且还要忍受粮食店的敲诈。因为茶农只要有米挑，无论价格怎样贵，也只有忍受下去。据作者调查茶号工厂时的附带询问所知，"阊峰慎昌"茶号一家，本年就借出"米票"五十余担，其余的也就可想而知了。

茶农既然借不到钱，当然是雇不起"老表"们来摘茶的，而且茶号没有开秤，就是把摘下来的茶做成毛茶也是要烂成泥团（毛茶只烘出百分之三十左右的水分）。起初有些自己资本稍为雄厚的茶号，固然不必仰赖银行的贷款而提早开秤，毛茶的价格，有时每担可售五十元至六十元；但大多数的茶号，因为自己的资本只够办理柴炭和设备等费用，当然无法提早开秤。但是等到款了领到时，连绵的春雨已降临了。"春雨连绵，茶农心如滚油煎。"这二句东西我那时就天天在哼着，因为那时我的工作是调查毛茶的山价，天天可以看见肩负布袋，伛偻于途的茶农，在各茶号的门口叫卖。可是"雨天货"，价格由五十多元骤降到十五六元，茶号还不肯收。毛茶山价的涨跌情形，是很惊人的。大概在四月二十五日以前，每担毛茶，最高价六十元，最低价也不在五十元之下，普通是五十五六元；二十五日以后则大跌了，每担最高二十元，最低十二元，普通是在十五元上下，一直到五月二日，都是这样，五月二日以后稍为好转了一点，价格由十五六元涨到三十元。有些茶号，因为是要抢货，价格有高到三十六元的。但"红颜已老，何足献媚？"茶叶是有季节性的，经过这样久的雨，难免变成生硬老叶，价格的好转，不过是几天的繁荣而已。作者曾屡次询及茶农，都是异口同声的诉苦着："先生，你算算看，生草摘下山来，每担要花七元的摘工，以二担生草做成一担毛茶，摘工就足足要花十四元，而十五六元的卖价，还要加上摘工的伙食，还有几何？"茶农既然亏了本，预借的钱米，自然没有能力归还。然茶已挑到茶号的门口，就是再贱一些，也逃不了要给老闷们扣下借款。但摘工是要工钱的，这又怎样办？茶农惟一的办法只有哀求仁慈一些的茶号固然可以允许你明年来补偿，但多数的茶号，是不顾你死活的！

关于贷款的数额，以前洋商贷款，只要各茶号信用可靠，数额的多寡，是不成为题的，只要各茶号能做多少箱茶，在可能的范围内，洋商总可以如数放款。统制以后就不行了，银行规定每箱以三十元为限额，绝对不能增加；但普通头批茶的资本，每箱自毛茶至装箱运到上海，总不下六十元，大多数茶号，不能筹得这笔款项是不消说的，但箱额不足，对于来年的贷款，更要发生问题，因此他们惟一的办法只有极力压低毛茶的价格，来解决箱额问题，维持他们的信用了。实际吃亏的，自然又是站在饥饿线上的茶农。"同春昌"茶号的经理先生说得好："我们对于资本，如拿米来煮饭，同是一升米，二个人吃可以勉强过一餐，三人吃即未免要半饿半饱了。"

此外，在衡制方面"统制"也给茶农许多苦头，这里节略一段新闻：

"茶厂向茶农收买茶，一向用的是松花红笋秤，以二十三两为一斤（也有二十一两及二十四两，因各地情形而不同——作者），合到英秤是一点八〇二磅。今年实业部通令，一律改用市斤或公斤，可怜茶农不明市斤和公斤是什么东西，只晓得市斤比松笋秤少，公斤比松笋秤大，因此一致要求改用市斤，可是茶厂不答应，硬要用公斤。在不明白茶区乡僻地方情形的人看来，觉得此种争执实属无谓，可是让我们来算一算罢。一公斤等于二点二〇五磅，要比习用松花秤大出〇点四〇三磅，山价仍旧。茶农因划一权利，就要受到每斤〇点四〇三磅的损失。譬如祁门红茶每年产额六万五千箱，需要毛茶约八万担，于是茶农的损失乃达三二点二四〇磅，毛茶价格平均每担二十五元，损失费便要近万了。"（《茶报》第二期）

综上所述，我们对于"祁红"统制的实效，可以得到三点概念：（一）上海茶栈不高兴；（二）茶号嫌麻烦；（三）最后是茶农有怨无处申。所谓三面招怨，统制机关也可说是三面吃巴掌了。但是在另一方面，却得到银行家的赞赏与支持。像今年交通银行一家，在祁门、浮梁、至德、贵池这些产红茶的区域，就足足贷出二百万元，并且在信用方面，还有政府的极力担保，听说皖赣二省政府的保证金就有三十万。茶号亏本还不起本利时，就用这些保证金来暂时抵偿。好在本年头批茶在上海开盘时，最高价已有三百一十元之多，想来银行总可以满载而归了吧！

《中国农村》1937年第8期

皖赣红茶运销处与中国茶公司合作

实业部中国茶业公司，业已于十日起正式开始办公，并已开始布样。该公司现与皖赣红茶运销委员会商洽合作办法，皖赣建厅以事关华茶外销，故决将上海皖赣红茶总运销处加入该公司，改名为实业部中国茶叶公司皖赣红茶运销处，亦隶属实（业）部办理运销事宜，惟闻本年因新茶既已上市，将仍由该处布样云。

《国际贸易情报》1937 年第 20 期

祁门茶业近况

实业部最近调查安徽祁门一县，茶园面积约八万亩，今年产茶四万箱（每箱重七十市斤），共值六百万元。该处向例，每年由茶号放款茶农，再由茶号收买农民毛茶，加以筛选装箱出口。计毛茶百斤可制精茶一箱，精茶每箱平均价格一百五十元，毛茶每箱则仅得二十五元，实际茶农每亩亏蚀栽植费十余元之多。现实业部正进行扶助茶农，由地方银行改良放款，扩大制茶合作社，统治运销，以期复兴该地茶业云。

《西大农训》1937 年创刊号

祁门红茶销售之程序

鄞同禧

我国祁门红茶素负盛名于世界，虽云尔年以来，印度、锡兰、日本红茶进步甚速，华茶贸易，日益不振，然以祁门红茶有其特殊之色香味优点，至今销售英伦三岛，仍有相当地位，尚保存着每岁七八万箱之记录，如能极力加以改善，来日之希望。固甚大也。往年祁门红茶运输到沪，均由各茶栈负推销之责，递传迄今，已有数十年之历史。旧岁全国经济委员会农业处始在沪设有茶业推销所（按：该机关现已移交实业部国际贸易局管理，易名茶叶组）担任销售祁门各合作社红茶，笔者是时适服务该处，关于售茶程序，手续甚多，情形复杂，亦有足资纪述者，因草斯文，以资考览。

祁门合作社红茶到沪后，因系交通银行所放之款，依照合同，所有茶箱，概存该行堆栈。按合作社茶共计七千余箱，牌名（亦名大面）约百五十余，每一牌名，多者百余箱（两湖茶每牌名有多至四五百箱者，祁茶则无此例），少者七八箱。又茶叶分为一二三批，大约以首批为最优，其他尚有茶末（亦名花香）、茶梗、花蕊（即茶子）等名目，但茶梗、花蕊，各洋行不收买，只能售于茶叶店。售茶之第一步骤，即派遣出店（又名老司务，专任开茶箱，送茶样等职）向交行堆栈将每一牌名茶箱，提出二件（茶末仅提一件），只开启一箱，分装于小洋铁筒，筒上须注明号码、牌名、批数、件数，然后分送下列各洋行、茶店：（一）怡和洋行，（二）协和洋行，（三）锦隆洋行，（四）天祥洋行，（五）天裕洋行，（六）杜德洋行，（七）兴成洋行，（八）苏联驻沪茶叶出口部，（九）永兴洋行，（十）保昌洋行，（十一）同孚洋行，（十二）华茶公司，（十三）汪裕泰茶号（系沪埠著名之茶叶店，分号甚多，且兼营茶叶出口贸易）。

以上分送茶样之手续，名曰"布样"，又称"送小样"。各洋行至少须接到百余种牌名茶样后，由茶师依照祁茶之色香味评定等级，并按市价及国外茶市情况，厘订价格，并议定某日开始交易，谓之"开盘"。换言之，即该季祁茶开始与洋行交易之第一日，此为红茶交易最兴奋又最忙碌之一日。因各洋行均欲争先购买较优之祁茶，茶师忙于看样，品评价值；"通事"（系茶业推销处与洋行间之交易接洽人）忙于奔走各洋行，接洽贸易；茶业推销处忙于接听各通事电话，谈论买卖，发送茶样，而各社员茶客均引颈静听，满冀是日能将已制茶叶，得一善价而沽焉。如洋行认定某牌名之茶样为满意须购买者，即由通事电话通知推销处，将该牌名未开启之原口样箱一只，派遣出店送去，名曰"发大样"。俟洋行茶师验得该箱内之茶叶与小样铁筒所装之茶样，完全相符合，始签字于成交簿上，称为"落簿"，盖示交易已定妥之意。至此双方买卖，乃告一阶段。由卖方发送已成交之茶箱往洋行堆栈，名曰"发大帮"，但须先由洋行通知，方能送往，送茶时期，亦不一定，最快者，落簿之日，即行发茶，此为开盘时成交之祁茶为多，因洋行须赶先装船，运往国外，以售善价。但亦有延至数月，洋行始行通知发送茶箱者，然究属少数也。至于过磅手续，须俟茶箱运至洋行堆栈后，由该栈即日或定期通知卖方，将每项牌名，提出四五箱，并非每箱均须称量，会同卖方人员过磅，互相抄录磅码，计将茶箱分为毛重及皮重二种。由毛重减去皮重，尚须除二磅半（此因洋行在昔，吃磅毫无标准，后由洋庄茶业公会议定，只许减二磅半，亦系不得已之办法）方为净重。又推销处布样时，因分装小洋铁筒，开启之茶箱，亦须于过磅时，送往洋行堆栈，名曰"归庄"。及茶箱过磅后，洋行与卖方即可开始计算茶账，并由卖方派人往洋行核对，以昭慎重。如核查无误，方由洋行即日或定期通知收款，通常对账后数日，即可收款，然亦有欠至数月及半载者。惯例洋行须俟茶箱已装船，运往国外时，方能付款，但资本较雄厚之洋行，大都能早日付货价也。

至于与洋行贸易，茶账计算方法，则仍依往年旧例，虽其陋规不妥之处甚多，但因相沿习用已数十年，积重难返，欲求骤然变更，大非易事。兹为明析起见，特将其计算方式举例于下。如今售与某洋行祁门合作社红茶，牌名"国华"，计六十七件（箱数），须由洋行扣除一件（陋规之一），实售仅六十六件。其算式：

78.5磅（每箱毛重）—2.5磅＝76磅

76磅—17.25磅（每箱皮重）＝58.75磅

58.75磅×0.9072市斤（每磅合市斤数）＝53.298市斤（每箱合市斤数）

53.298市斤×66（箱数）＝3517市斤（茶叶总重量）

3517市斤×40元（茶叶每百市斤售价）＝＄1406.80（毛银）

＄7.03（5/1000利息）+7.39（打包费每箱一角一分二）+0.66（茶楼费，每箱一分）+0.66（栈磅费每箱一分）+3.6（代办费，每牌名除十二市斤，照七折或七五折收费）+6.6（破箱费，每箱一角）+1.98（报关费，每箱三分）+4.07（检验费，每百市斤一角一分）+28.14（2%佣金）＝＄60.13（各项费用总）

＄1406.8—60.13＝＄1346.67　售茶应收国币

对于祁茶之销售，以余过去之经验视察，尚不能已于言者有数：（一）吾人试观上列之算式，属于洋行之各项费用，几至八九种之多，交行所扣之栈租、送力、保险诸费，尚未计入。茶叶售价高者，差无妨碍，售价稍低者，因负担费用太重，一般茶商希求得保本金，于心已足，谋利固在望外。今后应如何减免洋行种种陋规费用，非急起图之不可。（二）祁茶售价，漫无标准，涨跌起伏，全随洋行之马首是瞻。例如开盘时，茶叶每百市斤可售二百余元者，仅隔一二日，则价格已相差天壤。幸而脱售得高价者，则眉飞色舞，无人问津者，不免垂头丧气。揆诸情理，岂可谓平，故斯后如何方能脱离洋行鼻息，以免太阿倒迟，及厘定等级，划一售价，吾人于此，实不可不努力以赴也。（三）欲求祁茶之发展，品种、制造之改良，固属重要，然举凡装箱、运输、宣传等事宜，亦未可掉以轻心。祁门茶箱到沪，每有因中途运输不慎，致雨水浸入，或茶箱木板系有臭味者，或板料过单薄。致有破箱漏茶等情，或茶叶装箱轻重多寡不均，此则未免授外人以口实，且予洋行以索取种种费用之机会，最后仍系茶商受损。余以为补救之道，与其产茶区域，各自为政，究不如由中央设一全国统制机关，对于装箱、运输、宣传等事宜，均有一定之标准，整齐适当之步骤，庶能收桑榆之失，藉得补偏救弊之效。（四）更有进者，祁茶之贸易根本办法，最要在如何多辟国外市场，直接运输交易；为复兴华茶计，世界各重要茶叶消费最大之市场，均应设立办事处，如此消息方能灵通，各国茶叶供需情形，一览无遗。海外市场，偶有变动，本国即可得到正确消息。如有机会，亦不致错过。此于茶叶贸易之增长，为效当极洪大。际兹中国茶业公司即将创立之时，集全国之专才，负复兴华茶之重任，远谟宏规，定多卓论。余也一介书生，固无取辞费，然匹夫慕义，何所不勉，故累陈鄙见，以就正于当世贤达。

《银行周报》1937年第16期

银行放款祁门红茶之商榷

郓同禧

旧岁全国经济委员会农业处暨安徽祁门茶业改良场在祁门县所组织之红茶产销合作社（约计三十六社）其资金系由上海交通银行放款，各社所领用之款项，数额不等，多者八九千，少者二三千有差，盖视各社规模之大小而定。各合作社将茶制成后，分类装箱，交与祁门茶场及经委会农业处驻祁专员办公处点收，以便运沪销售；同时，交行亦派有人员在祁，就近料理运输事宜。至在沪担任推销合作社祁茶之责，则经委会农业处在沪设有茶业联合推销所驻沪专员办事处，由曾君邦熙董理其事。笔者是时亦任职该处，为时虽暂，然其中经过，事务纷纭，足兹记载者甚多，欲为详尽之叙述，非此短篇所能为力。他日有会，当另为文以申论之。以下不过仅就有关放款问题，提出数项，藉资商讨。

夫银行为新时代之组织，其农村放款之最大目的，在救济农村，活泼内地金融，固非纯以谋一己之利益而已。例如，在昔祁门茶商，概由茶栈放款，茶箱运沪，只须洋行交易"落簿"（注一）后，茶商即可向茶栈预支茶款，以便经营第二批茶叶，或其他副业，以资周转。而交行去岁所办理之祁门合作社茶叶放款，在茶箱到沪，当某类茶箱，售与洋行，成交"落簿"后，洋行未付款之先（按：洋行偿付茶款，最快约一二星期，多则一二月，亦有延至数月者）合作社社员固不能向银行支取分文（祁门合作社茶叶到沪，系存交行堆栈，洋行所付茶款，亦由交行代收），即在洋行已付款与交行之后，该行除扣合作社所借之本息外，余有剩款，当该社自身之本金，或售茶利润，亦须汇往祁门茶场，再由该场分交与各合作社，其间辗转周折，手续繁重，耗费时日，是则未免使资金呆滞，与流动之原则有违。此系由祁门各合作社派来沪襄助售茶之代表，向余屡屡道及。余忆曾有一社员亲向余言，彼有茶叶一批，已售与洋行，只未收款耳。且纯系彼个人资金，因彼前数批所售之茶款，足偿交行之借款尚有余，因彼尚经营桐油副业，急需取茶款一二千元，以便汇寄祁门，收买正值上市之桐子，此在昔日茶栈放款，绝无问题，今由银行投资，反致一筹莫展，因洋行既未付款，交行当然不能预付，且以合同关系，交行收到该批茶款，尚须结算清楚，汇往祁门茶场，其间时日拖延，坐视可经营之商业机会失之交臂，殊堪惋惜。此其一。

再则往岁茶栈放款与茶商，其利息系取双方平等原则，亦有足资借镜者。如祁门茶商向茶栈领用资金一万元，按月利息或为一分五厘，但茶栈于收到洋行付与茶款后，只须扣除借款，其资金利息仅算至收到茶款之日为止。同时，茶商所存于茶栈之剩余款项，即行起息，亦照一分五厘计算，且利息可双方互相抵消，名曰"抵息"。然银行放款茶商计算利息，非采用抵息办法。如茶商所借银行资金，定期一月或三月，纵银行于一星期或半月内已向洋行收得茶款，仍须按照合同所订时间计息。贷款者除还付本息外，所有剩余存款之利息，每觉定率太微，故两相比较，银行放款之利息，亦未必比茶栈为低。此其二。

以上所举二端，余固未有是丹非素之心，意存轩轾。惟以我国农村凋疲，资金缺乏，银行固负有救济农村、周转金融之责，其所负荷之使命，至重且大。且也，华茶往昔本为出口大宗，近年以来，日益不振，几有每况愈下之势，国外市场几尽为印度、锡兰、日本茶所夺。故复兴茶业，非急起直追、迎头赶上不可。银行既担负放款之大任，斯后似宜极力减低利息，周转资金，予茶农茶商以最大之便利也。一得之愚，不敢自私，谨述之以就正于大雅。

注一："落簿"系茶叶售与洋行，交易已成，由洋行签字于簿。此为茶叶贸易界术语之一。

皖赣红茶提早月底到沪　销数可望增至七万箱

皖赣红茶，自经两省当局于去年实行统制运销，颇收成效。今岁红茶收成较去年为早，本月二十日即可登场，首批新货月底可到沪，预料本年销数可增至七万箱。本市皖赣红茶总运销处，刻已开始布置运销事宜，兹分志各情如次：

本年红茶收成，因气候关系，较去年提早半月之多，安徽之祁红，江西之宁红，产地茶农已开始采摘，二十日即可登场，装箱运沪，首批新货本月底可望到达。本市皖赣红茶总运销处总经理程振基，特于日前由皖来沪主持运销事宜，并以七浦路房屋不敷应用，特迁移至爱而近路二六八弄一九号新址开始办公。

运销总处以去年实行统制运销，虽事属初创，但结果盈利约达百万余元，故今年对于推销方面，决继续迈进，注重海外直接贸易。盖我国红茶在国际间本有相当地位，年来因装制墨守成法，虽稍受挫折，但经当局极力改进，已逐渐恢复其固有之令誉，故本年销数，预料可望增加至七万箱，较去年之六万箱增加一万箱。

本年两省红茶贷款，自经上海交通银行独认一百九十万元，皖地方与江西裕民银行各认三十万元，合计为二百五十万元，与皖赣红茶总运销处商定贷款办法后，交通银行即派襄理赵梓庆，专员吴林伯等分赴祁门、修水一带开始贷款，凡已向产区管理处登记之茶号，均得请求贷借，其贷款标准：（一）祁红每箱精茶成本以五十元为标准，最高额不得超过三十元；（二）宁红每箱精茶成本以二十五元为标准，最高贷款不得超过十五元。凡合作社或茶号取得借款制成精茶及副茶品后，概由运销会统运统销，在所得茶款内仅先扣除原贷款本息及保险、栈租、运费等各种垫款，所有余款，均归合作社或茶号作为盈余云。

《中外经济情报》1937 年第 114 期

祁红在国际市场现状

我国对外贸易，在六十年来除蚕丝以外，即以茶为大宗，茶叶之种类繁杂，惟以红茶为最著名，红茶中以祁门产为最大特式，欧美诸邦人士，多喜饮红茶，其茶味比较任何种之茶为美，十年前我国茶商因不事改良，后且因日本仿效培植，向世界市场，与我国红茶竞争，且加大宣传，诬我国茶叶不洁，我国红茶在世界市场因此影响，而一落千丈，日本茶叶，益然与我红茶竞争，惟气味之浓厚优滑，尚不及于我国祁红，因此欧美一部分之人，仍喜饮我国红茶，故此红茶在衰落中尚有一线之路。十年以来，茶商亦感于我红茶衰落之原因，遂极力改良，企图回到在世界之市场竞争。经几度之改良，参以香花制造，香味尤浓，及后有玫瑰红茶之出，向各国推销，祁红遂从此回复信用，市场遂日有起色，目前祁门红茶在英市场最大，其次美国，如再加以改良，祁门红茶，将必有无穷之希望。

红茶原产于安徽省祁门区，赣省亦有红茶出产，但不及祁门出产之丰富，祁门区植茶面积，土地甚广，向未有切实之统计，大抵在山坡土壤肥沃之区较优，平地间亦能植茶，该区农民，均以植茶为业，祁门一区，植茶的面积，约八万一千五百亩之间，其余尚无统计。我国红茶之销流海外者，系在于同治末年，及光绪初年之间，距今约六十年之间，我国初与外人通商，外国商人，来我国考察生产事业，对我国之茶叶极为注意，外人之饮我国茶叶，实自此而起，旋将我国红茶运出国外，欧美各国对我国所产之红茶，认为无上之妙品，外人遂纷纷委托洋行采办我国红茶，及后我国商人相继设有茶庄，及金山庄等，专办茶叶运销国外，因此红茶之盛名，从此而起，我国各地设立茶庄，均以祁红为召号。

祁门红茶之产制，其最大之主要，在于土壤之肥沃，若土壤肥沃，茶树之生长，茶叶自然繁盛而且幼美，气味自然香滑，制法先采摘鲜叶，制为茶叶，茶农将叶配制后，即包装成箱，发交茶号及茶庄，负责推销，皖赣两省产茶区域农民，均以植茶制茶为活。近年来我国茶叶在外市场衰落，出产滞销，茶农生活，遂发生影响，茶庄及茶号倒闭者，亦不计其数。

查外人在我国设立洋行，专办茶叶者，有二十余家，其另有兼办茶叶者为数极多，计专办茶叶之洋行有怡和洋行、锦隆洋行、华茶公司、协和洋行、天裕洋行、兴成洋行、杜德洋行、保昌洋行、仁记洋行、同孚洋行、协助会洋行、合中企业公司、永兴洋行，于每年采办之红茶，为数甚巨。在民国廿年以前，尚未有正式统计，及自民国廿一年起，我国政府注重于对外贸易，对祁红外销，认为特产之一，故此对祁红之外销，从事实上统计出产数量，据实业部调查，关于祁红之统计如下：

名称	民国廿一年	民国廿二年	民国廿三年	民国廿四年
怡和洋行	9772.77	9294.56	7977.6	6662.3
锦隆洋行	3652.51	3352.7	161.36	2652.6
华茶公司	1957.59	2445.81	2042.21	3652.06
协和洋行	1743.42	1912.64	993.36	1851.02
天裕洋行	1577.26	1003.61	1670.44	1884.03
兴成洋行	1434.6	1154.13	1528.69	1073.57
杜德洋行	976.79	608.68	1362.03	506.09
保昌洋行	918.91	523.67	54.92	60
仁记洋行	250.71	602.68	1632.83	1691.86
天祥洋行	477.94	556.54	1300.02	191.56
同孚洋行	1069.51	799.2	972.66	404.94
协助会洋行	528.65	3212.58	724.24	950.02
合中企业公司	30.88	394.11	428.58	76.28
永兴洋行	133.48	62.8	—	259.44
其他商行	30.85	263.74	476.71	122.12
总计	24555.87	26187.45	21325.65	22037.89

以上外销之数额，以民国廿二、廿三两年最佳，民国廿四年稍为减低，其原因极为复杂，我国政府对于茶叶，尚未有正式设立机关加以指导，以致茶农只照古法，毫无改善，而各国之茶叶已陆续鼓张，加以缺乏国际宣传，于是我国红茶，渐趋于衰落，此为最大之原因。

祁红为高级茶类，较之普通红茶，价格较昂，但其品质优良，各国人士均甚嗜之，尤以英国人民，最嗜祁红，祁红在国内之推销，数量尚少，输出国外，为数甚巨也，据海关之报告，我国祁红出口，以英国占总额百分之五十以上，法德次之，其他如苏联荷兰等国销数亦不少，又据农产品出口检验局关于祁红出口统计如下：

国家或地区	民国廿一年	民国廿二年	民国廿三年	民国廿四年
英	15489.19	14686.17	3529.96	1494.64
美	2865.16	3177.29	1283.25	1428.92
法	123.92	791.42	930.68	1236.30
俄	518.63	3213.56	764.68	950.02

国家或地区	民国廿一年	民国廿二年	民国廿三年	民国廿四年
德	338.47	368.70	604.68	840.89
荷兰	269.09	169.64	106.51	160.45
坎拿大	43.85	207.74	85.25	99.83
菲洲	3523.35	2099.69	84.52	136.82
印度	62.50	27.94	63.21	26.08
中国香港	346.16	920.37	870.07	67.36
澳洲	32.09	162.99	6.44	63.32
其他	165.44	251.85	209.12	29.28
总计	23777.85	26077.36	8538.37	6533.91

　　祁红输出数量，按月不同。每年新茶上市，大抵在五月中旬。而祁红出口，以六月为最盛。每年六月出口之祁红，常在七千公担之谱。七月以后即日渐减少。

　　祁红为我国出口茶之一种，除祁红外，出口红茶，尚有湖南、湖北所产之湖红，江西修水等县之宁红，浙江永嘉一带之温红，闽省所产之福红，各国人士，多喜饮祁红，所以祁红在国际上占有重要之地位。世界各产茶国红茶输出数量，年约八万万磅，合三百六十万公担。祁红输出，年约二万公担，仅及千分之六，藉以可见祁红所占地位之微弱。国人耳振于祁红之名，而不知祁红之产销，诚未足与印锡红茶等量齐观。相较之下，不啻小巫见大巫，国人对之应有所警惕，然红茶之前途自亦大有发展之余地。

　　祁门红茶产量不多，茶质甚佳，素为英美等人士所嗜饮，故价格甚高。内销甚少，向以外销为主，因之祁红市价，一方面受世界红茶供需之影响，他方更因外汇价格而变迁，于是茶叶价格，上下靡定。尤以祁红之市价，变化无常，忽高忽低，难以捉摸。所幸政府自民国廿四年十一月起，改行法币政策，对外汇价，顿形稳定，茶价既无倏高倏低之危险，茶商亦不致遭受意外损失。汇价问题既已解决，茶价仍可稳定。但事实则不然，茶价总因优劣不同而悬殊。然往往同批茶叶，同一品质，因成交日期之先后及供需情形之不同，大异其价格，尤以红茶变化最大，红茶开盘日之市价，与第二日市价，差达数十元。故经营茶叶，危险性殊大，运销适时，固可获利倍蓰。反之，足以倾家荡产。以是茶价增高，茶号乃林立，争利，茶价低落，茶商而奄息尚存，推原其故，茶价不能稳定，实其主因。考世界茶叶销费，红茶居多，生产国家，除我国外，有印度、锡兰、荷领东印度等，后来居上。

我国红茶对外贸易，已屈居出口国之第四位，既不能控制供需，更不能左右世界红茶之市价。于是价格上下，随世界红茶供需而变迁，供过于求，则价格下跌，反之求过于供，则市价上涨。归纳言之，造成祁红茶价变动之主因有二，一即国际红茶供需之变迁，二即汇价之上落，回溯以往数年之情形，更可瞭然。

祁红茶价，素属甚高，市价随品质而异，上等祁红，每市担价在百元以上，有时且达四百余元，中等祁红，价约七十元，即次等祁红亦须四五十元，不但每年价格，时有上落，即一年之内，各时不同，视乎供需情形，及汇价而变迁耳。

我国政府，以祁红为对外贸易特殊物品，关系本国经济重大，遂加改良，期以增高地位，故对红茶出口加以统制，使红茶运往国外，不至发生若何变化，因此我国红茶在国际市场信用益为巩固。皖赣两省政府，为复兴出口红茶起见，将两省出口产红茶，统一运销，于去年五月特成立红茶运销委员会，设立运销总局于上海，一方面与洋行方面，进行推销办法，一方面筹集资金一百八十万元，以低利贷放于茶号，共计本年皖赣茶号三百余家，出产祁红七万二千余箱，宁茶八千余箱，八月共已售出七万二千余箱，约值总额十分之九，各茶号共获利一百余万元，尚未出售者，只八千一百余箱，决为九月底售清。

我国祁红之世界市场，向畅销于欧美各国，尤以输往俄国之红茶为最巨，惟近数年来，俄国极力提倡植茶，暨印度、锡兰、日本等茶叶输俄，我国茶叶因此受重大之打击，几成一蹶不振之势，考其衰落原因，厥在华茶之品质不一，推销能力薄弱，及少数奸商以劣茶混售，致国际地位、信誉扫地。惟今春继政府实行统制运销以来，产销均谋改善，品质焙制，亦加以研究，目下已大有进步，故此在衰落之中，当以挽救于万一。沪上欧美各茶商对华茶品质已认为满意，多已摈弃印度、锡兰、日本等茶而转购我国红茶也。

我国祁红，经一度之改良后，已转佳境，市价日高，交易日旺，市况突飞猛进，至最近已涨至五十元左右，较去年同期红茶高一倍余，且畅销状况，为近数年来所未有，货到卸，均全数为英俄商人争相购去。至近来华茶转好之原因，约分下列数端：（一）俄法英诸国，虽竭力提倡植茶，但自去以来，世界风云日急，均纷纷致力于备战，及谋生产多量战需品，俄英等国，又因土地不宜种茶，故植茶一事只可暂告停顿，华茶适承国际市场之缺乏，遂乘机抬头；（二）我国茶叶之劲敌，印度、锡兰、爪哇诸茶，近年产销均见衰落，大不如前，反之华茶产销日有起色，转将印度、锡兰、日本、爪哇茶叶压低；（三）我国政府为复兴华茶业起见，除实施统制运销外，全国经济委员会，并与皖赣各地茶商，曾办试验场，推行科学制茶之方法，故品质较印日茶为佳也。

查我国红茶，向外推销，早已获外国人士之信仰，尤以祁红在国际上占有重要之地位。民元以来，因我国在于多事之秋，政府对于国际贸易，未予顾及，祁红为出产之一，政府认为寻常之事，因之未加以监督，而商人又不从事改善，后以日本、印度、荷兰等处均相植茶，与华竞争，加以宣传，因此我国茶叶在世界市场，一落千丈也，近年以来，政府对于茶叶出口，已加以改良，信用得以恢复，华茶市场，日臻巩固，吾人莫以此为满足，在茶农亦设法改良出产，在茶商应注重于对外贸易，而政府方面，仍须监督指导，华茶之改良，对茶农尤须切实扶植，以复兴农村经济也。

振兴皖赣两省红茶业计划纲要

陈　言

皖赣两省红茶，本年经两省政府组织运销委员会以低利贷款商号，广收毛茶精制，复改善运输方法，利用两省最新完成之公路铁路，运送茶箱至上海应销，更设总运销处于上海，评定茶质，集中销售，革除一切中间人陋规及各个茶商竞卖之积习，使祁红得增加产量至万箱以上，价格提高较上年超过百分之五十，收效不可谓不大。惟事属创始，而筹备时间，又极为短促，盖自两省会商至委员会组织成立及开始贷款，为时不过一月有余，中间复耗费精神于茶栈就范之劝导，洋商疑虑之解释，仓卒之间，举凡运输推销各面缺点，均所难免；顾基础既奠，改正补充而至于合理化，尚非难事。爰体察过去之经历，假定将来之方策，拟订进行计划于后。

甲、关于统筹方面

一、组织皖赣红茶振兴委员会

欲图红茶业之振兴，产销有联合改进之必要；而茶商茶农，在事业上尤须有平均发展之机会，同受改进之利益，红茶业之振兴，方能真实持久，而日见昌大。本年为急则治标之计，仅以全力注意于运销之改进，因以有皖赣两省红茶运销委员会之组织，原属有时间性之集合，就数月来所收成效而言，亦已完成其任务，其不能长此担负整个红茶业复兴之使命，盖亦范围有以限之也。为应事实之需要，皖赣红茶振兴委员会之组织，实为当务之急。

办法 于本年九月间择地召集皖赣红茶运销委员会，由各部分负责人员报告工作情形，同时确定改进大计，由会建议两省政府组织皖赣红茶振兴委员会，并由两省政府商请实业部参加指导，委员会至迟于十月内组织成立。实业部农业商业两司长，国际贸易局正副局长，皖赣两省政府财政建设两厅长，均为当然委员；再由两省政府分别聘委专家及有关系人员参加。会址仍在安庆，成立会在南京举行，常会分别在安庆、南昌开会。

二、派遣国外考察专员

世界红茶市场日广，销额逐年增多，而皖赣红茶则产额日减，销数日少，弊在营茶业者不能明了市场情形，所制之茶不能完全适应大多数之嗜好，又无直接推销之方法，在如此情形之下，吾人纵能于生产运销各方面尽改进之能事，而囿于国内之闻见，仍不免为闭门造车。语曰"知己知彼，百战百胜"，国外红茶市场之切实调查，岂容稍缓？

办法 由皖赣两省政府或皖赣红茶振兴委员会委派茶业专家或富有红茶业经验人员，赴英美俄南洋群岛澳大利亚等处，为普遍之调查。所调查之范围，重在各地各阶级人士需要红茶情形之异同，同时设法与各地茶业巨商及有关系人士为切实之联络。其经费可以下列各项充之：（一）皖赣红茶总运销处所收佣金之盈余，（二）剩余样茶之变价，（三）皖赣两省政府之补助。

乙、关于推销方面

一、组织皖赣红茶公司

推销红茶，必有大规模之永久计划，储备充分之基金，相机切实进行，方足以争胜于世界市场。是以推销机关，应有固有健全之组织；主其事者，尤非专任不为功。此项组织以商业化为宜，莫如组织公司，运用固定之资本，为合理之营业，以盈亏所系利害切身，自能专心致志于业务，一切营业，自能为不断之推进。复由皖赣红茶振兴委员会为调整其间，俾茶商茶农与公司为唇齿之相依，红茶业之振兴，将与公司营业之发达，同时突飞猛进。

  办法 1.采用官商合资制度，组织皖赣红茶公司。2.公司资本额定为二百万元，官股为百分之六十，商股为百分之四十。3.官股由实业部及皖赣两省政府分任。4.官股之筹集由实业部及皖赣两省政府发行红茶复兴公债一百二十万元；公债担保品由部省分别提出，并合组公债基金保管委员会负责保管。5.公司受皖赣红茶振兴委员会之指挥监督。6.公司之营业范围如下：（一）国外贸易，（二）国内推销，（三）产地制造收买，（四）贷款茶商茶农，（五）代茶商经售。第（一）（二）（三）（四）等款之营业，公司自负盈亏；第（五）款之营业，得向茶商照成例收取佣金。7.公司对于皖赣红茶有专营之权，所有皖赣两省出产之祁红、宁红及其他一切红茶运销，由公司统一办理，无论何人不得私销私运。8.由皖赣红茶振兴委员会派员五人至七人为公司筹备员，负责筹备。9.公司限于本年内组织成立。

二、设置国外宣传专员

  红茶不能运向国外市场销售，究非彻底办法，而事前如无相当准备，则失败之成分为多。公司成立伊始，基础未固，自不可轻于尝试，第一年仍不得不以上海为集中推销之地点，而国外直接推销之准备，工作亦不得不早为之计。

  办法 由皖赣红茶振兴委员会所派调查专员归国报告调查及接洽情形后，由公司拟订国外红茶宣传方案，筹资请会分派宣传专员于国外各要埠从事宣传，及继续接洽工作，为将来直接推销之准备。

三、联络有关系之国外贸易公司

  近年国人知国际贸易之重要，组织国外贸易公司者，已有多所，或为专营华茶，或拟兼营茶叶，要皆与红茶业有直接间接之关系，如能联络合作，精神上经济上均可得相当之协助。

  办法 1.与华茶公司为营业上之合作，在公司国外贸易未实行以前，订约委托代办国外推销事务。2.与汪裕泰合作，委托代办国外一部分之推销。3.对于其他有关之国外贸易公司，或补助其宣传经费，协助公司宣传，或委托代办一部分国外推销事务。

丙、关于生产方面

一、登记茶山

两省红茶之所以驰名于世界，以其品质上有特殊之优点也。优点所在，固与制造方面亦有相当之关系，而土质、气候、种植、培育方面之关系尤大，欲保持其优点，并随时力求进化，首当注意茶农，茶山。举凡茶农经济之荣枯，及其技术之优劣，工作之勤惰，与夫茶山质之美恶，毛茶产量之多少，皆与红茶业之兴衰，息息相关，如听其自生自灭，不为指导改进，无论如何改善运销，红茶业终难达到振兴之目的。欲对症而后药，应先举行茶山登记。

办法 由皖赣红茶振兴委员会会同祁门茶业改良场拟订调查表格，分发产红茶各县，限期查填，送由祁门改良场审核统计查填情形，经核定与规定茶山资格相合者，认为采茶之茶山，分别由原县政府举行茶山登记；其不合格之茶山，经指导改进，认为合格时，再行通知登记。但登记不得收取任何费用。

二、组织茶农

茶农大半贫弱，采茶出售，任人作价，以受人压迫欺骗之时为多，对于茶之种植培育，大都墨守成法，不知改进为何事，且经济困难，亦无款可贷改进，加以势如散沙，纵欲施以技术指导，或予以经济援助，亦苦无从着手，根本救治，惟有从组织入手。

办法 就茶山登记结果，于每一县按照形势，划分若干产茶区，就区内茶农宣传合作事业之利益，指导组织茶业信用合作社，每一合作社组织成立，即予以技术之指导，及经济之援助。关于合作社之组织，由两省合作事业主办机关，妥拟办法，负责办理；关于技术之指导，由祁门茶业改良场妥拟办法，负责办理；关于经济之援助，由皖赣红茶公司妥拟办法，负责办理。

三、组织茶商

茶号为茶之精制者，自属茶业之中坚分子，其中固亦有世守其业者，而大多数皆属临时凑合，无固定组织，自不能有远大计划，茶业之日趋衰落，此亦为最大原因之一，观于历年来专业制茶者，其设备、选料、制造、装潢均较一般茶号为良，售价亦特高，可为明证。为种茶之改进，既应组织茶农，为制茶之改进，即应组织茶商。

办法 就各县茶区，视茶山产的数量，规定应设茶号数目，制茶箱数，每一茶号应有一负责经理人，及必备之资格，由皖赣红茶复兴委员会委托所在地县政府举行登记，开业改组或停业时，均应报由县府转会查考。每一茶区，复由会就茶业中富有经验并负重望人士，指定一二人为该区指导员，秉承会命，办理全区有关茶业改进一切事务，同时为全区茶号代表，凡茶号有所陈述，亦由该员代达，县政府举行茶号登记，亦即委托办理。其登记备正副册，以正册呈县政府，复册存区备查。

四、筹设公共烘茶厂

茶农采售毛茶，每受茶号压价，其原因在毛茶系属鲜货，红茶所需之毛茶不能用晒干方法，致失香味，烘干法须有相当设备，非贫农力所能办，致采摘后延时过久，则不能制茶，势不得不忍痛脱售，其情形与蚕户之售茧相同。近年江浙两省有公共茧窖之设立，使蚕户得以所产之茧，纳费送窖代烘，可以特价出售，蚕户受益匪浅，如能仿照此项办法，普设公共烘茶厂，使茶农得将毛茶销费送厂初烘，即可待价而沽，自不至再受压价之苦。如再将该厂置备新式机器，一切设备力求完善，则茶号亦可利用该厂烘茶。茶农茶商，可以利益均沾。且红茶制造不慎，每易发酸，虽原因不一，而毛茶初烘之不能得法，实为最大原因，如得有大规模之公共烘茶厂，得合法之初烘，此患可免除大半。

办法 由公司出资会同祁门改良场先就祁门择地试设公共烘茶厂一所至三所，茶农茶商之茶，均可代烘，得从最低限度酌收烘费，俟有成效，再分区劝导各县茶号，各在本区合设一所，必要时得由公司贷款办理。

五、完成合作事业

合作社为最合理之农村经济组合，特种农产之生产运销等合作事业，尤易见功效，如丹麦之鸡蛋牛奶火腿，均赖合作社之经营，每年以惊人之巨额，销售于欧洲诸大国，民裕而国亦富。红茶业欲求产销之一切合理化，亦非切实推行合作制度不为功。惟组织须完全合法，其似是而非之合作社，每害多而利少，反足阻碍合作事业之进行，不可不慎之于始。

办法 由两省合作主管机关，拟定推行茶业合作计划，分年完成，公司随时予以相当之协助，迨合作社普遍组织，力能合组各县总联合会时，由公司会同联合会经营两省红茶业；最后公司改组为红茶业银行，红茶业之产销，即由联合会专营。

丁、关于运输方面

一、公司与交通机关直接订约办理运输

红茶之销售有时间性，运输以迅速为要，偶一稽延，每至失时跌价，甚至不能脱售，供给需要双方，均受损失。而运输之设备完全与否，关系茶运销亦大，如各埠之堆栈，车辆之配件，车身之篷帐，搬夫之训练，司机之选择，船只之雇用，随地有不同之设备，稍一略疏，其害立见，损失不可数计，是以运输要点，安全与迅速并重。欲迅速在手续力求简单，欲安全在设备力求充实，此为有双方以商业立场，订定条件，方能适合要求。

办法 1.公司与交通机关，分别直接订约。2.运费尽量提高。3.运费照付现款。4.设备方面，责成承运机关设置完全。5.因设备不全而变坏茶之品质、装潢，至有损失，承运机关负责赔偿。6.茶箱按到站先后，依此运输。7.规定茶箱到站后起运时期。8.规定茶箱运竣时期。9.以两利为主义，明订一切双方应得之权利及应守之职责。

二、规划运输道路

各县地方交通情形不同，同在一县，亦以如域攸分，各有差别，每有茶箱输出，经他县反较本县为便利者，强欲趋于一途，必至误事，是以运输途径，应体察情形，分别办理，不必以县为畛域，当于事前详为规划。

办法 1.由公司责成各区指导员切实查报。2.就查报结果分别规定途径，通知交通机关准备。

三、商请安景路设站行车

茶运之路，以多为贵，凡已成之交通工具，尤应尽量利用。安景路为浮梁至德茶运之一别径，该路皖境早已修成，土路通车，赣境亦仅有一小段未筑，惟皆未铺成路面，如能将路基修成衔接，加铺路面，设站行车，便利茶运当不在小。

办法 建议皖省政府加铺路面，筹备行车，建议赣省政府赶修未成路基，与皖

境衔接，同时加铺路面，并设站行车，与皖省商办联运。

四、妥订代收茶税办法

茶运既贵迅速，一切手续自须力求简单，而茶有税收，税收时期即运茶时期，收税之手续贵精密，精密与简单，每难兼顾，同时并举，其结果为税收运输，两感不便，偶有参差，难免损失，救弊补偏，惟有由公司呈准两省财厅代收税款之一法。

办法 分别呈请两省财厅规定代收税款办法遵办。

《经济建设月刊》1937 年第 10 期

祁门茶业改良场二十五年度业务报告

扩充作业之部

一、厘定本场部署

本场原设祁门南乡之平里，据城五十里。二十四年七月，以其地处偏僻，交通困难，一应作业之示范推广，多有不便，乃由钧厅派段技士天爵会同全国经济委员会前农业处赵处长莲芳及实业部中央农业实验所钱所长天鹤勘定祁门城南凤凰山一带为新场址。圈地亩，建工厂，辟茶园，树立宏规。二十五年五月并于西乡历口梅山殿建筑模范制茶厂一所，以资矜式。至同年秋，祁城工厂及历口工厂相继落成，城南茶园亦经辟有相当面积，总分场之形势业已形成，兼以同时经济委员会前农业处照案撤销，而主持前项事业之驻祁专员办公处，亦随同裁撤，将其祁门全部事业，悉交本场办理，乃遵照奉颁之本场二十五年度工作计划之规定：

甲、迁入祁门城南新场为总场；

乙、平里原场为第一分场；

丙、历口工厂为第二分场。

一应工作支配及实施，亦予分别指示，令仰遵照办理。惟历口开辟示范茶园一节，始因厂屋未能如期完工，继以应需园地，多方接洽，迄未有成，以致一时未能实行，尚待继续洽定。

二、扩充内部组织

甲、增设推广股。本场过去之推广作业，原以一技术员担任，继因推进茶叶运销合作，业务顿繁，人力不敷，乃聘用临时职员四人襄助办理。二十四年度原拟增设推广股，嗣因事实变更，旋复作罢。二十五年度改组决定，遵照钧厅为力矫过去人无专责，事又极繁之弊，规定于原有事务、技术二股之外，增设推广股以司其事而专责成。

乙、增设营业组。又本场以茶园增辟，工厂完成，将来生产出品，逐年剧增，一应经营事务，随之綦繁，亦不可无专司其事者负责处理。乃决于事务股内，特增设营业组，举凡关于经济栽培，经济制造，收支办理以及成本计算，出品售卖等项，均由负责办理，藉以树立茶事企业合理经营之规模，且以昭示一般茶叶农商，以期促进茶业之发展。

丙、增设化验组。本场技术股原只栽培、制造两组，二十五年度因化学设备已告就绪，乃增设化验组，开始茶事之理化研究。

兹将本场二十五年度组织及业务系统列表（图）如次：

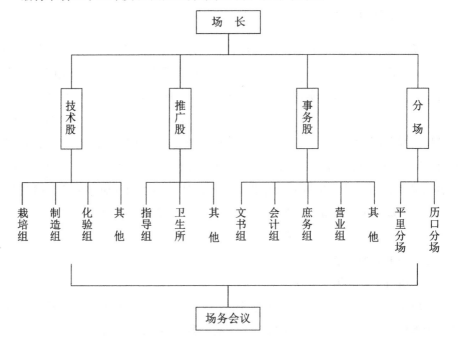

三、增加工作人员

本场业务日在扩充发展之中，原定人员确实不敷支配。故二十五年度中依照规定及临时呈请添用者有如下列：

甲、技术股。增添技术员二人，一司化验，一襄制造。助理员一人，任气候测验及其他事宜。本年四五月之交有技术员二人别就，一时无从物色，乃复添用助理员一人，以资佐理。

乙、推广股。遵照规定任用主任一人，暂由技术员兼任。推广员三人，茶师四人，另因进行皖西茶业改良须先为调查考察，乃于本年三月间呈请委任皖西茶业视察员一人。

丙、事务股。为资总览主持本股事宜，仿照技术、推广两股，呈请增加事务主任一人。

兹将本场二十五年度任用全体职员列表附呈如次：

职别	姓名	年龄	籍贯	到职年月	备考
场长	胡浩川	39	安徽六安	二十三年十月	兼技术主任
技术员	冯绍裘	38	湖南衡阳	二十四年四月	兼推广主任
技术员	庄晚芳	28	福建惠安	廿四年十二月	二十六年四月底辞职别就
技术员	房华严	28	河南武安	二十五年八月	
技术员	潘忠义	38	安徽桐城	二十六年二月	
技术员	王堃	30	湖南安化	二十四年十月	二十六年四月中旬辞职别就
技术助理员	黄奠中	22	安徽怀宁	二十五年九月	
技术助理员	葛廷栋	22	安徽潜山	二十五年九月	
技术助理员	李涤亚	26	安徽贵池	二十六年四月	
推广员	祁曾培	32	河北滦县	二十六年四月	
推广员	陈希哲	40	安徽祁门	二十五年九月	
推广员	吴国英	28	江苏盐城	二十五年九月	
视察员	谭季荃	50	安徽旌德	二十六年三月	
茶师	俞雨侬	41	江西婺源	二十六年二月	
茶师	冯元伯	28	湖南衡阳	二十六年二月	
茶师	江铭镕	25	安徽祁门	二十六年一月	二十六年二月辞职
茶师	汪洋	25	安徽祁门	二十六年三月	

职别	姓名	年龄	籍贯	到职年月	备考
茶师	方育材	39	安徽祁门	二十六年四月	二十六年六月底辞职
医师	向徙南	37	江苏镇江	二十四年十月	
护士	向桑锦纹	33	江苏镇江	二十四年十月	
事务主任	季庶任	31	安徽无为	二十四年十月	
文牍员	张本国	40	安徽霍山	二十一年九月	
会计员	孙尚直	40	安徽贵池	二十三年十月	
庶务员	董少怀	28	安徽无为	二十六年一月	
书记	唐庆阳	24	南京	二十五年八月	

四、添招练习生

本场以关于茶之栽培制造，历年研究，已具有相当之基础。为实施推广，并为造就推广干部人员及技术助理人员，除上年度已招收练习生二名仍予继续练习外；二十五年度复增加九名，其来源可分下列三项：

甲、本场自行招收者四名；

乙、收容前农业处驻祁专员办公处者四名；

丙、实业部农业司派送者二名。

此外时有各产茶区县政府及各农林机关介绍保送，请予接受训练者，均以规定名额有限，不能遍予容纳。故除国产委员会派送十一名，浙江大学农学院派送一名，茶叶检验监理处派送八名，暨最近苏教育林派送二名，中央大学农学院派送一名，以或系短期，或膳宿自备，予以接受外，余允登记俟有机会或缺额时，尽先通知到场递补。兹将现时在场练习及短期练习业经离场各生列表如次：

姓名	年龄	籍贯	入场年月	备考
胡汉文	34	江西浮梁	二十五年二月	江西浮梁县政府保送现在练习
曹良浩	33	安徽青阳	二十五年二月	安徽青阳县政府保送尚在场练习
唐柏年	26	浙江上虞	二十五年七月	本年度新收者观尚在场练习
储德劭	24	安徽舒城	二十五年七月	本年度新收者观尚在场练习
方万森	26	安徽桐城	二十五年九月	本年度新收者现在场练习
高超	23	河南罗山	二十五年九月	收留前农业处专员办公处者现尚在场练习

姓名	年龄	籍贯	入场年月	备考
张祖荫	26	南京	二十五年九月	收留前农业处专员办公处者现尚在场练习
廖经大	26	安徽祁门	二十五年九月	收留前农业处专员办公处者现尚在场练习
方质予	25	安徽祁门	二十五年九月	收留前农业处专员办公处者现尚在场练习
张正崑	25	四川崇宁	廿五年十一月	实部农业司派送现尚在场练习
何德钦	26	四川新置	廿五年十一月	实部农业司派送现尚在场练习
魏夏泉	23	湖南安乡	二十五年七月	浙江大学农学院派送二十五年九月离场
陈君鹏	22	浙江镇海	二十五年八月	国产检验委员会派送二十五年九月离场
郑铭之	23	浙江镇海	二十五年八月	国产检验委员会派送二十五年九月离场
潘道暚	24	江苏宝应	二十五年八月	国产检验委员会派送二十五年九月离场
佘树声	22	北平	二十五年八月	国产检验委员会派送二十五年九月离场
茅士庠	23	江苏崇明	二十五年八月	国产检验委员会派送二十五年九月离场
仇锦清	19	江苏奉贤	二十五年八月	国产检验委员会派送二十五年九月离场
庄熙傑	17	浙江镇海	二十五年八月	国产检验委员会派送二十五年九月离场
毛中时	21	浙江浦江	二十五年八月	国产检验委员会派送二十五年九月离场
吴寿康	20	上海龙华	二十五年八月	国产检验委员会派送二十五年九月离场
奚雪生	21	江苏川沙	二十五年八月	国产检验委员会派送二十五年九月离场
袁合仁	24	浙江天台	二十五年八月	国产检验委员会派送二十五年九月离场
陈治淮	20	安徽霍山	二十六年四月	茶叶检验监理处派送报到后因茶事开始随即调往祁浮至三检验办事处工作俟茶事结束再行来场受训
佘世观	22	安徽铜陵	二十六年四月	茶叶检验监理处派送报到后因茶事开始随即调往祁浮至三检验办事处工作俟茶事结束再行来场受训
陈秋良	18	安徽桐城	二十六年四月	茶叶检验监理处派送报到后因茶事开始随即调往祁浮至三检验办事处工作俟茶事结束再行来场受训
吕沛霖	21	安徽郎溪	二十六年四月	茶叶检验监理处派送报到后因茶事开始随即调往祁浮至三检验办事处工作俟茶事结束再行来场受训
方渊予	20	安徽祁门	二十六年四月	茶叶检验监理处派送报到后因茶事开始随即调往祁浮至三检验办事处工作俟茶事结束再行来场受训
程昭	25	安徽潜山	二十六年四月	茶叶检验监理处派送报到后因茶事开始随即调往祁浮至三检验办事处工作俟茶事结束再行来场受训
方伦常	23	安徽祁门	二十六年四月	茶叶检验监理处派送报到后因茶事开始随即调往祁浮至三检验办事处工作俟茶事结束再行来场受训

姓名	年龄	籍贯	入场年月	备考
许发辉	24	安徽祁门	二十六年四月	茶叶检验监理处派送报到后因茶事开始随即调往祁浮至三检验办事处工作俟茶事结束再行来场受训
孙重珠	21	安徽怀宁	二十六年七月	江苏教育林派送预定实习一年
吴傑	19	江苏宜兴	二十六年七月	江苏教育林派送预定实习一年
王秋田	27	浙江诸暨	二十六年七月	中央大学农学院派送

五、增辟经济茶园

祁城总场圈定之荒山，除前农业处于二十四年度中实行垦辟，垦植完成者，二十五亩；整办就绪，未种植者，二十六亩外。本年度原拟垦辟一百亩，嗣奉令饬增辟五十亩，于二十五年度十月下旬开始施工，至二十六年四月上旬停止，工程式样，一如前辟，仍全为阶级形。

六、建筑精制工厂

全国经济委员会前农业处所建之工厂，只限初制之用。关于精制应需之节厂、拣厂、烘厂等仍付缺如。于二十五年九月间开设计绘图，呈请由省招标承造，乃各营造厂以祁门交通不便，工料维艰，迄无人应。不得已商同钧厅所派陈工程师家瑞，决定交由当地之营造商承办。计房两幢，前为楼房，后为平房。前之楼上为拣厂，楼下为筛厂，后之平房为烘厂，前后之间，接以过道屋。建筑费核定国币一千七百三十四元，于二十六年一月十五日签定合同，二十一日开工建筑。原定五十个晴天完工，讵今春淫雨特多，且材料购办不及，工程进行殊缓，及至四月中旬茶事开始，仅将四周墙壁砌成，上部瓦片盖齐，前幢一应装置，悉未着手。比以茶叶精制，无处从事，勉强入居工作。工程遂至暂停，须待茶事结束，方可进行，全部竣事，须入下年度内。

七、完成前农业处未完事业

全国经济委员会前农业处在祁门所经营之事业，移交本场继承办理，现除征地一项，因业主不肯放弃业权，人事周折，迄未解决，尚待继续进行外，其余各项，均已办理完成：

甲、前农业处在祁门城南所辟之茶园未经种植之二十六亩，于二十六年三月间已悉数植以二三年生之茶苗。

乙、新建之初制工厂虽告落成，内部之机械及萎凋室、发酵室以及附带各件，均未从事装置，本场于二十五年七月至二十六年四月陆续将上举各项分别装设完竣，以应茶季之用。

丙、历口新建之模范制茶厂，于二十五年五月下旬开工，未一月而农业处即遵案撤销，所遗该项工程，经场多方督促，同年双十节方告完成。

八、增加各项设备

本场各项设备，频年历有增加，但以事业日形扩张，人员日见增加，原有设备，依然不敷应用。二十五年度各项添设，列如下表：

甲、仪器。

名称	数量	价值	购置年月	备考
日照表	1具	294.52	二十六年五月	
最高温度计	1具	25.7	二十六年五月	
最低温度计	1具	25.7	二十六年五月	
自记温度计	1具	205.7	二十六年五月	
自记湿度计	1具	168.3	二十六年五月	
自记气压计	1具	196.35	二十六年五月	以上均系中央气象研究所代购
雨量筒	1只	4	二十五年十二月	原筒破坏
验温计	38支	71.35	二十六年四月	
干湿计	16只	38	二十六年四月	
干湿计架	2具	11	二十五年十二月	
地温计	2支	6.6	二十六年三月	
西品天平	1具	20	二十五年十二月	
望远镜	1具	30	二十五年十二月	
磁珀锅	4只	2.8	二十五年十二月	
埚夹	2只	1.6	二十五年十二月	
排罗克烧瓶	4只	4.8	二十五年十二月	
酒精灯	6只	3.36	二十五年十二月	
蹄形磁铁	4只	3.2	二十五年四月	

名称	数量	价值	购置年月	备考
水分接受器	6只	12.48	二十五年四月	
氮气定量器	4只	12	二十五年四月	
脂肪浸出管	1支	14	二十五年四月	
合计	98件	1151.46		

乙、茶具。

名称	数量	价值	购置年月	备考
烘笼	300只	204	二十六年一月	
方茶箩	60只	21	二十六年一月	
茶禄盘	40只	26	二十六年一月	
正副茶筛	48面	112	二十六年四月	
草末筛	4面	17.6	二十六年四月	
钢板筛	2面	10	二十六年四月	
大吊筛	12面	24	二十六年四月	
八号吊筛	12面	28	二十六年四月	
大晒簟	60张	360	二十六年五月	
生草筛	5面	2.3	二十六年五月	
福盘	16个	16.4	二十六年五月	
圆拣盘	12个	7.2	二十六年五月	
小茶箕	80个	16	二十六年五月	
大茶箕	20个	6	二十六年五月	
采茶篮	61个	14.7	二十六年五月	
烘垫盘	20只	9	二十六年五月	
杭州篮	100只	12	二十六年四月	
软茶箩	8只	7.2	二十六年五月	
风扇	2架	34	二十六年三月	
发酵架	10具	18	二十六年三月	
发酵盒	100只	50	二十六年三月	
拣板	10块	18	二十六年三月	
屯箱	100只	48.8	二十六年三月	

名称	数量	价值	购置年月	备考
拣茶凳	30条	7.5	二十六年四月	
高脚凳	6具	4.8	二十六年四月	活动者2具
大茶秤	7根	12	二十六年四月	
白工作衣	7件	14	二十六年四月	
青工作衣	2件	4	二十六年四月	
采茶女衣	16件	16.5	二十六年四月	
烘茶袋	240条	19.2	二十六年四月	
打茶袋	8条	4	二十六年四月	
挑茶袋	57条	45.6	二十六年四月	
其他杂件	91件	25.3		
合计	1546件	1215.1		

丙、农具。

名称	数量	价值	购置年月	备考
除草锄	8把	2	二十五年十二月	
大锄	1把	0.8	二十五年十二月	
铁耙	32把	20	二十六年一月	
条锄	49把	19.6	二十六年一月	
铁锄	2把	1.4	二十六年二月	
镰刀	20把	5.4	二十六年三月	
条板锄	10把	10	二十六年三月	
刮锄	20把	20	二十六年三月	
柴斧	1把	1	二十六年四月	
柴刀	2把	1.6	二十六年四月	
入齿耙	4把	1.2	二十六年五月	
温床	3架	58	二十五年十二月	
屎桶	10只	8	二十五年十二月	
分区牌	14面	2.4	二十五年十二月	
棕蓑衣	51件	47.4	二十六年一月	
合计	227件	198.8		属如消耗性者一律未计

丁、家具。

名称	数量	价值	购置年月	备考
办公用具	23件	121.3	二十五年十月至二十六年六月	各种文物橱柜时钟及油印机等件
普通用具	390件	318.4	二十五年十月至二十六年六月	桌凳盆桶等类
食事用具	33件	70.85	二十五年十月至二十六年六月	饭物小缸菜厨案饭盆桶等类
陈设用具	21件	28	二十五年十月至二十六年六月	花瓶花盆等类
消防用具	15件	69.4	二十五年十月至二十六年六月	太平缸及水枪等类
交通用具	4件	110	二十五年十月至二十六年六月	电话机及竹筛等
特殊用具	2件	188.6	二十五年十月至二十六年六月	收音机及照相机等
其他杂用	112件	17.3	二十五年十月至二十六年六月	
合计	600件	923.85	二十五年十月至二十六年六月	

戊、图书。

名称	数量	价值	购置年月	备考
农事类	19种	19.05	二十五年十一月至二十六年六月	
经济类	5种	4.2	二十五年十一月至二十六年六月	
文学类	6种	10.9	二十五年十一月至二十六年六月	
实用类	10种	7.9	二十五年十一月至二十六年六月	
杂志类	19种	36.3	二十五年十一月至二十六年六月	
其他	19种	12.6	二十五年十一月至二十六年六月	
合计	78种	90.95	二十五年十一月至二十六年六月	已购未到约值60余元未列入

综上添置各项总价为国币三千五百七十八元一角六分，此外添购化学药品四十三种，计值二百五十元零九角四分，以均系消费品，未曾列算。（未完）

《经济建设半月刊》1937 年第 18 期

祁门茶业改良场二十五年度业务报告（续）

推广业务

甲、茶业推广

本年度茶业推广工作，计分两期。就工作性质言：第一期属于整理工作，第二期属于推进工作。就工作范围言：第一期侧重于经办合作之结算，第二期侧重于生产管理之实施。兹仅摘要胪陈如次。

子、合作社业务结算与事业转移

上年度结束时，所有经办各合作社之生产，大部均在上海求售时期，结算事项，事实上只有延展本年度办理者。二十五年底，省政府为调整合作行政起见，所有本场合作事业，令知全部移转于省合委员接替办理，凡此工作告竣，已在二十六年二月底矣；人力时间，糜费极巨。

一、各社业务结算经过

各社茶叶，在沪销售之后，所有价款，全部由贷款之上海交通银行经手收受，仅先抵还贷款本息。抵余之款，由交通银行分批汇交本场，转发各社计有盈余者30社，先后汇解5批，总数为99473.38元。

本场对于各批售茶余款转发手续，先后均经分别派员到社协助分配，余款中除首批发给社员毛茶押价四成并缴纳每股股金2元外（以毛茶一担认购一股为最低限度），其余盈余按照下列成数分配：

公积金抽提20%；

公益金抽提10%；

职员酬劳金抽提10%；

余款60%，根据社员毛茶估价额数，按成分配社员。

二十五年年底，实业部国际贸易局茶业推销组，社茶销售清单及交通银行各社往来账清单，先后分批寄祁。本场当根据此项可靠与连环性之实际材料，按批结算，每批中编具下列项目：

茶税；

运费分别短途公路，长途公路，铁路，及发茶至洋行运费等；

保险费分别工厂险，堆栈险，行动险，仓库险等；

箱茶上下力；

仓库上下力；

洋行费用；

佣金；

提茶费用；

作成分批费用结算清单。

分批费用清单完成后，每社据分批收付性质，作成分社收付总清单以便结算每社销售总余额。此项分批费清单及分社收付总清单连同贸易局销售清单与银行往来账清单，最后并发各社。

以上清单整理，在时间上阅时两月之久，在工作上，倍感吃力倍徒。惟以革除积弊，求获各社销售账目，得以一目了然，兼于运销成本，具持深切认识，为今后经营之探讨改进者，似有未便疏懈处。

1.各社业务概况。

各社业务，经本场全盘详切整理后，当年业务，已告一段落。36个社中，计正茶收入为297732.49元，副产收入为34104.58元，其他余款存息为425.07元；总计收入部分为332262.14元。开支部分，计运输及销售费用为35051.92元，贷款本息为203907.84元，总计开支总数为238959.76元。收付两比，盈余者，计坳里等30社总盈99473.38元，亏欠者计小魁源等6社，总亏6171元。

附二十五年各社业务概况表：

二十五年各社业务概况表

社号	社名	收入				开支
		正茶	副产	其他	合计	运售及销售费用
101	坳里	5934.16	182.03	4	6116.19	666.53
102	龙潭	12224.82	1103.08	4	13331.9	1145.02
103	小魁源	3546.13	620.59		4166.72	733.67
104	湘潭	6345.95	689.04		7034.99	563.03
105	郭溪	11647.22	919.23		12566.45	878.81

社号	社名	收入				开支
		正茶	副产	其他	合计	运售及销售费用
107	度峰	7079.99	347.9		7427.89	981.76
108	石坑	11857.89	918.34	0.9	12772.18	924.9
109	殿下	7641.83	558.92	14.4	8215.15	619.55
110	仙洞潭	7000.52	676.76		7677.28	663.42
111	石墅	5542.74	576.03		6118.77	46.97
112	石谷	19307.33	1045.13	22.88	20375.34	1682.69
114	西坑	3557.62	760.52	7.14	4305.28	614.37
120	岭西	11357.6	1111.7	13.53	12482.83	1100.71
121	金山	3789.74	799.69		4589.43	575.63
123	伊坑	5277.05	539.76		5816.81	672.01
124	滩下	10452.46	1182.46		11634.92	1278.37
125	石潭	7721.07	1143.15		8864.22	1258.07
126	双河口	15678.98	1370.11	10.64	17059.73	1793.91
127	淑里	8835.28	1385.32		10220.6	1186.95
128	下文堂	9443.93	1734.82		11178.75	1284.07
129	流源	8833.74	1292.97		10126.71	1116.32
130	马山	6632.31	1051.45	10.48	7694.24	1009.78
131	张闪	7723.21			7723.21	1193.78
132	寺前	7001.57	1566.38	1.96	8563.91	946.99
134	溶源	4951.58	568.01	3.42	5523.01	588.98
135	桃溪	6115.68	927.26		7042.94	817.22
136	塔坊	12443.37	1627.08		14070.45	1368.03
137	磻村	14396.48	982.27	12.82	15391.57	1525.77
138	双溪	10727.38	1059.39		11876.75	1085.8
139	宋许村	9110.76	1816.73	5.25	10932.74	1178.44
141	里村	4904.04	926.79		5830.83	859.32
142	萃园	6842.15	1355.57	3.74	7901.46	801.64
143	南汊	4587.92	884.88		5472.8	767.28

社号	社名	收入				开支
		正茶	副产	其他	合计	运售及销售费用
144	环砂	11080.68	1439.87	313.91	12874.46	1294.03
146	合坑	773.37	62.69		836.06	161.62
147	查家	7385.94	1149.68		8535.62	1073.48
合计	36社	297732.49	34104.58	425.07	332262.14	35051.92

社号	社名	开支		盈亏结算		备注
		贷款本息	合计	盈	亏	
101	坳里	3886.69	4552.62	1563.57		
102	龙潭	6846.66	7991.68	5340.22		
103	小魁源	4997.54	5731.21		1564.49	
104	湘潭	3462.5	4025.53	3009.46		
105	郭溪	4973.78	5807.59	6718.86		
107	度峰	5918.74	6900.5	527.39		
108	石坑	4808	5732.9	7039.23		
109	殿下	3758.72	4378.27	3836.88		
110	仙洞潭	5471.73	6135.15	1542.18		
111	石墅	5307.93	5954.9	163.87		
112	石谷	8768.68	10451.87	9923.97		
114	西坑	5127.5	5741.87		1436.53	
120	岭西	6534.5	7635.21	4847.62		
121	金山	5324.41	5898.04		1308.61	
123	伊坑	3921.64	4593.65	1223.16		
124	滩下	7165.92	8444.29	3190.63		
125	石潭	6875.83	8133.9	730.32		
126	双河口	9972.47	11766.38	5293.35		
127	淑里	6281.06	7468.01	2752.59		
128	下文堂	5656.29	6940.36	4238.39		
129	流源	5671.85	6788.17	3338.54		
130	马山	5487.49	6497.27	196.97		

社号	社名	开支		盈亏结算		备注
		贷款本息	合计	盈	亏	
131	张闪	7468.45	8662.23		939.02	
132	寺前	5661.34	6608.33	1955.58		
134	溶源	4318.94	4907.92	615.09		
135	桃溪	5569.69	6386.91	656.03		
136	塔坊	8994.53	9862.56	4207.89		
137	磻村	7137.33	8663.1	6728.47		
138	双溪	5112.51	6198.31	5588.44		
139	宋许村	6404.01	7582.45	3350.29		
141	里村	5369.63	6228.95		398.12	
142	萃园	4971.75	5773.39	2128.07		
143	南汊	5229.69	5996.97		524.17	
144	环砂	6108.25	7402.28	5472.18		
146	合坑	238.9	400.52	435.54		
147	查家	5603.49	6676.97	1858.65		
合计	36社	203907.84	238959.76	99473.38	6171	

2.各社基金概况。

二十五年以前，各社基金，大部均由各社自行保管，业务期间，先后动支殆尽，本年特加整顿，采用强制性之执行。整顿结果，除以业务欠佳，少数未能履行者外，大体均具办到：

股金计27社，金额11762元，现存屯溪中国农民及安徽地方两银行；

公积金计17社，金额7291.31元，亦存屯溪中国农民及安徽地方两银行；

公益金计15社，金额3473元，现存屯溪中国银行及分属地方两银行。

附二十五年各社基金概况表：

二十五年各社基金概况表

Ⅰ、股金

社号	社名	金额	存储银行	单折号数	备注
101	坳里	100	地方银行	屯字22号	
		196	农民银行	屯字31号	

社号	社名	金额	存储银行	单折号数	备注
102	龙潭	264	地方银行	屯字12号	
		200	农民银行	屯字6号	
104	湘潭	204	农民银行	屯字30号	
105	郭溪	304	农民银行	屯字3号	
108	石坑	382	农民银行	屯字9号	
109	殿下	230	农民银行	屯字1号	
110	仙洞源（潭）	452	农民银行	屯字10号	
112	石谷	658	农民银行	屯字33号	
120	岭西	150	农民银行	屯字8号	
		440		屯字19号	
123	伊坑	296	农民银行	屯字35号	
124	滩下	528	农民银行	屯字18号	
125	石潭	428	农民银行	屯字34号	
126	双河口	800	农民银行	屯字11号	
127	淑里	400	农民银行	屯字20号	
128	下文堂	388	农民银行	屯字24号	
129	流源	400	农民银行	屯字15号	
130	马山	400	农民银行	屯字19号	
132	寺前	550	农民银行	屯字23号	
134	溶源	120	地方银行	屯字35号	
		240	农民银行	屯字22号	
135	桃溪	360	农民银行	屯字32号	
136	塔坊	600	地方银行	屯字21号	
137	磻村	560	地方银行	屯字2号	
138	双溪	300	地方银行	屯字5号	
139	宋许村	442	地方银行	屯字16号	
142	萃园	210	地方银行	屯字4号	
		210		屯字13号	
144	环砂	484	地方银行	屯字7号	
147	查家	378	地方银行	屯字14号	

社号	社名	金额	存储银行	单折号数	备注
总计	27社	11762			

Ⅱ、公积金

社号	社名	金额	存储银行	单折号数	备注
102	龙潭	312	地方银行	屯字25号	
104	湘潭	217.31	地方银行	屯字32号	
		380	农民银行	屯字31号	
105	郭溪	876	地方银行	屯字27号	
		47	农民银行	屯字36号	
108	石坑	534	地方银行	屯字41号	
		47	农民银行	屯字88号	
109	殿下	405	地方银行	屯字26号	
		47	农民银行	屯字24号	
112	石谷里	972	地方银行	屯字45号	
			农民银行		
120	岭西	20	地方银行	屯字28号	
124	滩下	200	农民银行	屯字39号	
		78		屯字34号	
127	淑里	100	地方银行	屯字38号	
		30	农民银行	屯字37号	
128	下文堂	312	地方银行	屯字40号	
		127	农民银行	屯字39号	
129	流源	124	地方银行	屯字45号	
		67	农民银行	屯字35号	
130	马山	133	地方银行	屯字23号	
		187	地方银行	屯字43号	
		30	农民银行	屯字27号	
132	寺前	17	农民银行	屯字29号	
137	磻村	420	地方银行	屯字37号	
		326	农民银行	屯字23号	

社号	社名	金额	存储银行	单折号数	备注
138	双溪	600	地方银行	屯字42号	
		57	农民银行	屯字33号	
139	宋许村	90	农民银行	屯字25号	
144	环砂	200	地方银行	屯字46号	
		126	地方银行	屯字29号	
		51	农民银行	屯字26号	
总计	17社	7291.31			

Ⅲ、公益金

社号	社名	金额	存储银行	单折号数	备注
102	龙潭	156	中国银行	A字554号	
104	湘潭	190	中国银行	A字555号	
105	郭溪	438	中国银行	A字547号	
		31	农民银行	账号89号	
108	石坑	266	中国银行	A字548号	
		23	农民银行	账号1号	
109	殿下	202	中国银行	A字552号	
		23	农民银行	账号82号	
112	石谷	486	中国银行	A字561号	
124	滩下	100	中国银行	A字556号	
		39	农民银行	账号87号	
127	淑里	50	中国银行	A字559号	
		15	农民银行	账号90号	
128	下文堂	156	中国银行	A字555号	
		63	农民银行	账号92号	
129	流源	97	中国银行	A字557号	
		33	农民银行	账号88号	
130	马山	206	中国银行	A字550号	
137	磻村	200	中国银行	A字551号	
		163	农民银行	账号81号	

社号	社名	金额	存储银行	单折号数	备注
138	双溪	300	中国银行	A字549号	
		28	农民银行	账号86号	
139	宋许村	45	农民银行	A字83号	
144	环砂	63	中国银行	A字558号	
		100	农民银行	账号567号	
总计	15社	3473			

二、合作移转经过

本场经办合作业务，奉令移交手续，当以事实牵制，先后曾经办理两次。

正式举办移交部分：

接受合委会委托整理部分。

第一次移交手续，由二十五年12月25日起至同年同月31日止，先后一周所有移交卷宗文件及有关各件分类如下：

合作社各种概况表册类；

各社社员及职员表册类；

合作社贷款合同类；

各社存欠款项类；

殿下等27社股金存单20份，存单领据21份，计共国币11762元；

石谷等17社公积金存单26份，存单领据5份，计共国币7291.31元；

下文堂等15社公益金存折22份，存折领据3份，计共国币3473元；

各社图戳及证书类。

上列各宗，除逐一整理造册移交外，本场曾以过去经验并以改良茶业立场特拟具"祁门茶叶运销合作社整理推进办法意见书"一份，送陈合委会参考，藉献刍议。其余上海销售未了事宜，仍由该会委托本场继续办理。

二十六年3月3日，本场对于各社售茶账款及余款分配，逐一办理完毕，举行第二次移交手续。本次移交除将各社所收基金补具清册外，主体为各社银行存款存折存单及单折领据等正式移转。

五、茶业调查

茶业生产改进方法，经纬万端；基础工作，首以产地调查为张本，本年度本场工作所及者，分为皖西与祁门两区。

一、皖西茶叶调查

皖西六安、立煌、霍山、舒城、岳西等县，原为国内重要内销茶区域。第以年来采制欠良，销路浸衰。本场以职在改良，未便偏颇，爰于本年三月派员前往调查考察，阅时两月，各区情形，得具概要。此次调查重心分别如次：

1.关于产地者；

2.关于采摘者；

3.关于茶价者；

4.关于茶税者；

5.关于制造者；

6.关于买卖者；

7.关于茶商者；

8.关于运输者；

9.关于包装者；

10.其他。

二、祁门茶业调查

本年茶季本场曾派员分区指导境内产区调查工作，当于此时完成。调查要项：

1.茶价调查。

调查每日各村镇毛茶市价，每一村镇，用直接与间接方式分别调查其最高最低及普通市价，藉资茶农生产之研究。

2.社号毛茶来源调查。

本季社号业务结束后，以每一社号为单位，调查该社号毛茶（或生草）来源，作今后社号区分布之参考。

Ⅰ.调查各社号区中心产地与次要产地之地名，面积，距离及产量等；

Ⅱ.调查分庄之地名与收买量（合作社不在此例）等；

寅、办理制茶员工登记

毛茶加工制造，其品质优劣，攸关于员工之技术与经验。祁红经营，病象纷呈，人手不齐，每况愈下，及今演成茶业界最紧急与最大严重问题。本场有见及此，特协同皖赣红茶运销委员会祁门产区管理处举办各项制茶员工登记手续，俾树整顿基础。

1.掌号登记；

2.看货登记；

3.茶司作头登记；

4.烘司登记。

卯、技术推广

推广工作，事务繁复，入手门径，允非局部工作，所能奏其全效。本年本场特于百废待举中，提挈纲领，以图策进。

文字指导，如编印各种茶业浅说是；

促进设备，如举行工厂检查是；

监督管理，如实行分区指导是；

示范策进，如办理改良茶园是。

在此四大原则之下，其实施之情形如下。

一、编印刊物

历年以来，本场应社会需要，关于茶业技术与茶业经济丛刊之编印，先后凡数十种。盖以文字浅近，足以收效普遍并合于实际应用。本年为解决茶业全部制造诸问题，曾编印茶业浅说六种。

1.怎样采茶：

2.祁红毛茶怎样做法；

3.祁红毛茶怎样烘法；

4.祁红毛茶怎样复制；

5.祁茶工厂怎样管理；

6.祁红茶叶怎样看法。

此外尚有北印度红茶制焙学及本场廿三四年度业务报告。

关于经营技术，均有湛深精辟之理论与实际兼到作述。

二、工厂检查

祁门境内农商制茶工厂，由于特事建筑，房屋之构造及布置确能实应于作业范围者，固亦有之。他若假借公有祠堂或庙宇，不免有因陋就简之嫌。据历年事实所昭示，凡工厂规模窄小或设备未尽充分者，均随时有使出品品质诱致劣变之虞。因是，各社号之厂屋及工具，势不能不予以切实检查者。本年春季，所有制茶厂，经已详细检查完竣。检查范围及其程序：

1.工厂构成检查，关于全部房屋概况及一应有关情形；

2.工厂正屋检查，关于制茶厂房各部面积及其布置；

3.工厂杂屋检查，关于宿舍饭厅厨房等各部面积及其他布置。

4.制茶用具检查，关于竹器，木器，铁器各类名称及其新旧数量。

分部检查完毕后，关于厂房部分，依据实际测量，绘具全部工厂平面图形。

由此工厂内情形，已了如指掌，按照预计作业范围，所有扩充改进，随时指示纠正，收效颇属易易也。

三、业务管理

祁门茶号，自皖赣两省施行茶叶统制政策以来，关于组织内容，极力促进。本年登记经核准之茶号，共125家（内自资4家），茶业运销合作社共39家，所有推进工作由本场与祁门产区管理处共同办理，关于行政手续由管理处负责处理，关于技术指导由本场负责。本年茶季划全县为七区，每区由一人至二人担任管理与指导工作，惟每区区域散漫，工作仍有未尽严密之虞。

1.业务管理之目的：

（1）逐日收买毛茶或生草数量稽核；

（2）员工（如掌号及茶司等）技术考核；

（3）毛茶品质优劣审查；

（4）精茶品质优劣审查；

（5）资金准备，及其用费开支程度；

（6）附近毛茶山价涨落情形；

（7）其他实际问题之处理。

2.本年分区组织及人员分配：

分区工作，大部以茶号为中心。兹将各区负责人员及区号数列后：

第一区负责人冯元伯。

号名：林茂昌、日升、怡昌、永华昌、吉善长、慎余、永同春、同声祥

第二区负责人池宗棠、方育才。

号名：同天新、大有恒、慎昌、同春昌、同和祥、同兴昌、万山春、丰大昌、联大、永生祥、同大、公昌、公大、瑞馨祥、恒泰昌、同大昌、同裕昌、恒和昌、同春昌、同福春、恒大。

第三区负责人方质予、张祖荫。

号名：同茂昌、怡大、永馨祥、永益昌、大同康、源丰祥、志成祥、同福康、

益馨祥、仁和安、源丰永、诚信祥、景新隆、春馨、景昌隆、懋昌祥、成德隆、树德、均益昌、慎昌祥、同薪昌、源利祥、隆裕昌、同德昌、元吉利、大德昌、大同安、胡怡丰、日隆。

第四区负责人吕沛霖。

号名：常信祥、苑和祥、同华祥、怡怡、元兴永、均和昌、致大祥、德和昌

第五区负责人廖经大、刘丙根。

号名：鼎和祥、志和昌、德昌祥、一枝春、恒昌祥、聚和昌、隆懋昌、大成茂、同志昌、汇丰祥、一同春、公胜昌、味春长、亿同昌、公顺昌、泰和昌、成春祥、同顺安、公和永、合和昌、共和昌、同和昌、笃敬昌、润和祥、集益昌

第六区负责人汪洋。

号名：至善祥、永昌、大昌乾、同吉昌、恒德昌、馨和祥、善和祥、大同昌、华大春、裕昌祥、怡同昌、同志祥、利利、时利和

第七区负责人俞雨侬。

号名：致和祥、同德祥、恒德祥、裕民、同德和、裕春祥、豫盛昌、同馨昌、恒信昌、同人和、恒发祥、公馨、恒新祥、裕馨成、洪馨永、慎泰

此外吴国英留守祁城，主持各区联络工作并协助管理处担任运输事宜。巡回视察由祁曾培担任之。

四、茶园改良贷款

祁门民间茶园，类属零乱散漫，本场举办改良茶园宗旨，盖于推行生产合理经营之中，并寓集中生产之意义在。截止月前止，本场倡导改良茶园，除二十五年小魁源农民胡必昌等在华桥开创茶园40余亩外；本年度殿下村农民胡永泰等在华桥杨村坦新创改良茶园63亩，在东乡沿京赣铁路线及省屯公路之间，已树相当楷模。其余接洽而未就绪者有本县边境坑口农民陈润甫等拟筹备茶园50余亩，所有园地均系荒山荒地，一切设计，尚在严格考核中。

五、皖西试制子茶

皖西六、立、霍等县，素以绿茶著称，兹以茶农对于茶叶栽培采摘制造，均系墨守旧法，不知改良，以致销路衰落，价格日低。本场为茶叶技术研究之机关，且有改进全省茶业之使命，本年春季曾派员至六、立、霍、舒、岳等县实地调查，藉资筹划与改进。又曾与六、立、霍三县茶叶公会协定，本年合作试制子茶办法，嗣因公会以经费牵制，致未实行。但本场以重视皖西茶业前途，未便缘此停顿；爰于

六月派技术员及茶司三人前往该区，作最小规模之试验，暂在立煌麻埠镇办理。本年预制子茶红茶2箱，绿茶2箱，青茶10篓，将来试验结果，目前未便预计，惟冀以少数经费，作局部事业之试探耳。

辰、其他

一、参加南京全国手工艺品展览会

本年5月20日南京全国手工艺品展览会开幕，本场曾派员携送各种茶叶样品及图表等参加展览。

1.本场春茶样品；

2.各号春茶样品；

3.本场各种统计图表；

4.本场各种茶叶照片。

二、与上海汪裕泰茶庄合作试制美销夏茶

上海汪裕泰茶庄本年夏季派员来场接洽合作试制美销夏茶，开辟美销市场。现已制成干毛茶130担运沪复制包装。

本场曾与签订协约，关于盈余分配规定：

茶庄占十分之四；

售茶茶农占十分之四；

本场占十分之二。

此项合作办法，主旨固在开辟市场销路，但于推行制造夏茶，兼为茶农谋图生产收益也。

乙、卫生推广

子、工作纲要

本场之卫生所，本年之经常费，虽由每月150元扩增至180元，但工作人数，反较上年度减少2人，故一切卫生治疗工作，仍未能充分发展，只能本过去方针，继续努力，实施于本场及本场邻近之区域。其工作之计划，分左列之六项进行：

治疗本场职工及茶农并其他各界民众来所求诊者之疾病；

管理本场全体职工及指导本场邻近民众个人卫生事宜；

管理本场及指导本场邻近环境公共卫生事宜；

对祁门各界民众，随时宣传灌输卫生常识；

联络地方学校教育及民众教育当局，计划试办学校及农村卫生；

协助本场推广人员，随时随地联络农商以利茶业改进推行。

丑、工作人员

本所职员，原有医师1人，护士1人，练习生3人。嗣练习生张祖荫请求改学茶业，陈范贞升学他去，仅余1人。兹将现任职员分别列表如下：

职别	姓名	籍贯	年龄	出身
主任兼医师	向徙南	江苏	37	济南齐鲁大学医学院博士
护士	向桑锦文	江苏	31	镇江妇孺医院护士学校毕业，苏州福音医院实验学校毕业
练习生	谢德光	祁门	19	安徽祁门县立高等小学毕业

寅、诊疗工作

本年度诊疗工作已上正轨，求诊人数，逐月增加，远则有来自80余里外者。兹将全年。（即二十五年7月1号起至二十六年6月30号止）及诊疗工作情形，分别统计，列表于后：

一、逐月诊号统计

年月	性别	初诊人数	合计	复诊人数	合计	急诊人数	初复诊总计
二十五年七月	男	38	51	288	365		416
	女	13		77			
二十五年八月	男	55	67	352	418	3	485
	女	12		66			
二十五年九月	男	53	67	261	352	3	419
	女	14		19			
二十五年十月	男	77	106	174	220	1	326
	女	29		46			
二十五年十一月	男	43	56	201	270		126
	女	13		69			
二十五年十二月	男	52	65	227	248		313
	女	13		21			
二十六年一月	男	73	86	100	122		208
	女	13		22			

年月	性别	初诊人数	合计	复诊人数	合计	急诊人数	初复诊总计
二十六年二月	男	39	55	71	90		145
	女	16		19			
二十六年三月	男	63	87	212	262	1	349
	女	24		50			
二十六年四月	男	63	85	273	364	1	449
	女	22		91			
二十六年五月	男	70	87	290	358		445
	女	17		68			
二十六年六月	男	57	67	268	359		426
	女	10		91			
总计	男	883	879	2717	3428	9	4207
	女	196		711			

二、诊疗各科统计

科别	性别	人数	合计
内科	男	914	1136
	女	222	
外科	男	1467	1658
	女	191	
皮肤科	男	183	231
	女	48	
花柳科	男	186	222
	女	36	
小儿科	男	211	402
	女	191	
妇科	男		30
	女	30	
产科	男		
	女		
牙科	男	25	47
	女	22	

科别	性别	人数	合计
眼科	男	322	459
	女	137	
耳鼻喉科	男	92	122
	女	30	
总计	男	3400	4307
	女	907	

三、诊疗施术次序统计

类别	次数	人数
发药	2527	1666
敷药	3447	2656
包扎	2569	2222
手术	152	147
注射	311	290
转送医院	13	13
总计	9019	6990

四、初诊诊断分科统计

科别	病别	性别	人数	合计
内科	心肾病	男	1	2
		女	1	
	呼吸系病	男	28	33
		女	5	
	肺结核	男	15	16
		女	1	
	疟疾	男	112	139
		女	27	
	其他寄生虫病	男	3	5
		女	2	
	其他	男	67	85
		女	18	

祁门红茶史料丛刊　第五辑（1937—1949）

科别	病别	性别	人数	合计
外科	外伤	男	83	91
		女	8	
	结核	男	3	6
		女	3	
	恶性肿瘤	男	2	2
		女		
	其他	男	109	127
		女	18	
皮肤科	疥疮	男	14	16
		女	2	
	其他	男	36	41
		女	5	
花柳科	梅毒	男	26	33
		女	7	
	淋	男	28	28
		女		
	其他	男	18	20
		女	2	
小儿科		男	59	112
		女	53	
妇科		男		6
		女	6	
眼科	沙眼	男	23	35
		女	12	
	其他	男	27	39
		女	12	
耳鼻喉科	扁桃腺炎	男	6	11
		女	5	
	其他	男	11	15
		女	4	

科别	病别	性别	人数	合计
牙科	龋齿	男	10	15
		女	5	
	其他	男	2	2
		女		
总计		男	683	879
		女	196	

卯、化验工作

本年度化验工作，因设备、人力及时间，未能增进，故仍只做一切普通简单检发，无法扩充。各项化验，统计如次：

类别	次数	人数
尿	72	57
粪	88	55
痰	86	50
脓	91	82
血	242	219
序氏及应		
总计	579	463

辰、保健工作

本年度全场职工照例施行身体健康检查2次，并规定时间每星期实施缺点矫治3次，此外又应求实小学函请代为检查全校师生身体健康一次。

巳、预防工作

预防工作，免疫测验，未能施行；传染病之管理，亦只实施于本场。其实施之办法，即凡本场员工患病，经医师诊查后，无论类似传染病或确系传染病概行隔离诊治，以防流行。预防接种工作，如接种牛痘，除本场全体员工而外，邻近亦有男孩43人，女孩24人。

午、宣传工作

每于开诊之前，由主任实施候诊教育；诊疗之际，由医护人员，对病人及来者作简单之个人卫生谈话，灌输卫生常识。有时应学校及其他机关之函请出外公开演讲或班次谈话。其次数与人数统计如下：

项别	次数	人数
个人卫生谈话	576	576
班次谈话	3	108
公开演讲	4	未详
候诊教育	458	未详
总计	1041	684

未、其他工作

祁门卫生事业，本不发达，对于学校卫生及健康教育，均多缺乏，至于乡村卫生，家庭卫生，妇婴卫生，更属缺乏。因此疾病流行，极为严重。以致死亡率日高，生产率日低，为数殊堪惊人，而孩童尤甚。本所开办伊始对此极为注意，惟迭次向当地民教及学校当轴建议与合作试办以利人民，该当轴等似不愿多此一举，以致该项计划未能实现。近来民教及学校当轴更换，接洽或可顺手，现正努力进行，以希下年度完成此项素愿。（未完）

《经济建设半月刊》1937年第19期

祁门酸茶中提取茶精及单宁之试验

马显谟

一、引言

本所受祁门茶叶改良场之请求，研究由酸茶中提取茶精及单宁，迄今已得相当结果，兹将经过情形报告于下。

所谓酸茶者，乃已坏之茶叶，而失其供应饮料之效用。祁门以产茶驰名，因销售不完，以致积久变坏之茶叶，为量甚多，提取其中之茶精与单宁，实为废物利用之良好办法。

二、茶精与单宁之性质

研究提取茶精及单宁，首当明悉两者之性质，然后可按其性质而施以适当方法。兹先就性质方面略述之。

（a）茶精为茶叶与咖啡等之生物碱，其分子式为 $C_8H_0O_2N_4$，色白，结晶体为针形，可溶于三氯甲烷及苯等，甚易溶于热水，较难溶于冷水。据 Seidell 氏之研究，茶精在各种溶剂之溶解度，有如下表所示：

溶剂名称	溶液温度	溶解度（每百公分饱和溶液中之茶精公分数）
水	25	2.14
醚	25	0.17
三氯甲烷	25	11
酮	30~31	2.18
苯	30~31	1.22
苯甲醛	30~31	11.62
戊酯乙酸	30~31	0.72
苯胺	30~31	22.89
戊醇	25	0.46
醋酸	21.5	2.44
二甲苯	32.5	1.11
甲苯	25	0.57

茶精当由水溶液结晶时，常含一份子之结晶水，烘至100度，结晶水即行丧失，茶精亦随而变脆。加热对于茶精所生之影响，为抽提时所极应注意者，当热至100度，茶精无若何损失，及至178度，茶精即升华，至235度而熔化。有谓茶精在79度而升华者，但据 Allen 氏之研究，以三氯甲烷提取茶精，当蒸发以除去三氯甲烷，茶精在此情形之下并无损失，又茶精在水浴上蒸干，亦不致遭受损失，现在一般研究茶精者均同意于 Allen 氏之主张。

1立方公分浓硫酸或硝酸可溶解茶精0.1公分，所成之溶液为无色，盐酸与茶精在200度以下无甚作用，但在高压及热至250度时，则使茶精分解。茶精与苛性钠或苛性钾溶液均有作用，与氢氧化钡一同煮沸亦起变化，惟与氧化镁及水煮沸，则未见有何变化，与氧化铝亦不生作用。

（b）茶叶之单宁其分子式为 $C_2H_{20}O_9$，极易溶于水、酒精、木酒精、酮、苯胺等，亦可溶于乙酯乙酸、醋酸及硫酸，但不溶于三氯甲烷、苯、二硫化碳及无水醚。与三氯化铁则现青黑色，与醋酸铅则生淡黄色沉淀，过锰酸钾将其完全氧化成二氧化碳，硝酸则将其氧化而成草酸。

三、酸茶之成分

酸茶之成分如何亦为研究提取之先决问题，故曾将其加以分析，结果如下：

水份	7.05%
水浸出物	29.35%
单宁	3.86%
茶精	2.87%
灰份	6.08%
水可溶灰份	2.67%
水不溶灰份	3.41%
水可溶灰份之碱度（以0.1N HClcc计）	2.46
水不溶灰份之碱度（以0.1N CHlcc计）	3.47
水可溶灰份之磷酸	3.47%
水不溶灰份之磷酸	0.35%

四、提取试验

茶精与单宁，两者均为研究之对象，故所采之方法务期两者兼得方为合适，查茶精与单宁均可溶于水，用水抽提既便利，亦甚经济，故先从用水抽提着手，经过情形述之如后。

（a）茶精之提取。

先将茶叶磨碎，使能通过六十孔筛，秤取若干公分，置于烧瓶中。瓶上装一冷凝管，加水于烧瓶，而煮沸之。过滤以除去残渣，加醋酸铅于滤液复煮沸十余分钟，静置待冷，即得一黄色溶液，茶精溶于其中。又得一黑色沉淀，内含单宁酸铅及其他杂质，过滤，蒸发滤液，俟尚余80cc左右，又复过滤，使滤液滴入分析漏斗，用三氯甲烷抽提六次，第一次用25cc，第二次用20cc，第三次用15cc，第四、第五、第六次，每次用10cc。收集每次所得之提出液，置索氏（Soxhlet）仪器中，蒸发以收复溶剂，余下物便为茶精。再置于烘箱中，在100度温度烘之至干，称其重，以推算产量。用此方法以提取茶精须加研究之因素，一为煮沸之时间，二为用水之份量，三为醋酸铅之适当用量。煮沸时间与茶精产量之关系，有如下表所示：

茶叶重量	用水份量	煮沸时间	茶精产量（以茶叶百分率表示）
8公分	600cc	1小时	2.69
8公分	600cc	2小时	2.74
8公分	600cc	4小时	2.7
8公分	600cc	8小时	2.7

观上表，可知八公分茶叶用水600cc，煮沸之时间在一小时至八小时，茶精之产量无甚大差异，就中以煮沸二小时之结果比较略高，酸茶之茶精成分为百分之二点八六，煮沸二小时所提得之茶精产量为酸茶之百分之二点七四，是酸茶中茶精总量百分之九十五可以提出，煮沸四小时及八小时所得之茶精，产量反较煮沸二小时者为低，则过滤之困难实有以使然。煮沸之时间愈久，过滤愈感困难，煮沸一小时而得之熬汁，利用压滤尚可过滤，煮沸二小时者，比较略难，煮沸四小时及八小时者，则十分困难，因而不免有所损失也。

将茶叶加水煮沸以提取茶精，燃料之耗费甚巨，故试验改用沸水抽提，藉谋有以节省燃料。先将水煮沸，而后倾注于内置茶叶之玻璃杯中，俟冷后过滤，加醋酸铅于滤液，又过滤，最后以三氯甲烷抽提，一如前法进行，如次所得之结果为八公分茶叶加沸水600cc可提得茶精0.2144公分，即为酸茶之2.68%，之煮沸数小时所得之结果相差无几。

增加茶叶一倍用水份量则仍为600cc以试验茶精产量与用水多寡之关系，结果如下：

茶叶重量	用水份量	煮沸时间	茶精产量（以茶叶百分率表示）
16公分	600cc	1小时	2.32%
16公分	600cc	2小时	2.42%
16公分	600cc	8小时	2.51%
16公分	600cc	沸水	2.26%

观于上表，茶精之产量实有因用水少而减低之势，用水多虽可增加产量，但蒸发所需之热力亦随之而增，此于经济方面有极大关系，究以用水多少，最合乎经济，须俟日后特制仪器作较大规模之试验，始可决定。

醋酸铅之用量，恒有一定之限度，不宜过多或过少。此限度达到与否，可于试验时凭目力观察而定。茶叶滤汁，加入醋酸铅，煮之至沸，静置后，如得一黑色沉淀，而茶汁则变为黄色且又澄清，由是知醋酸铅之用量已足。如加醋酸铅后茶汁仍为黑色或呈浑浊状态，即为醋酸铅不足之征象，宜再补加。据已往试验结果，八公分茶叶，加水600cc煮沸一小时而得之滤汁，加醋酸铅1.7公分极为适宜。在其他煮沸时间所得之茶叶滤汁，需耗之醋酸铅量与此相差无几。

以上法提取茶精最后需用三氯甲烷抽提，三氯甲烷虽可收复再用，但终不免因其性易挥发而有损失。此于举行大规模工业化之时，势必增厚成本。故有利用茶精之升华性质而提炼之者，过去曾照此法进行试验，茶叶滤汁，加入醋酸铅，又复煮沸过滤，收集滤液于玻璃杯中，蒸发至干，再继续加热，以玻璃表面盖于杯上，及至相当温度，即见茶精逐渐升华，积集于杯之上部。惟所用之设备未善，有一部分之茶精从杯之空隙处飞散，实际可得之产量无从检定，但用此法以代替三氯甲烷，其可能性则足以见之。现正设计特制一仪器专为此用，容实验后，再将结果报告。

提取茶精有先将茶叶加石灰及Asafoetda处理，而后用水或酒精抽提之者。因Asafoetda一时在京无从购到，故未得照法试验，容实再为试验。

（b）单宁之提取。

将上试验加醋酸铅于茶叶滤汁而得之沉淀，用水洗涤，取出拨入玻璃杯中，和之以水，通入硫化氢，至饱和程度而止，加热煮沸，静置一昼夜，过滤，即得粗质单宁溶液。将溶液加以分析以求算提得之单宁产量，则有如下表所示：

茶叶重量	用水份量	煮沸时间	单宁产量(以茶叶百分率表示)	单宁溶液颜色
8公分	600cc	沸水	1.7	棕色
8公分	600cc	1小时	2.28	棕色
8公分	600cc	2小时	2.19	棕色
8公分	600cc	8小时	2.08	棕色
16公分	600cc	沸水	1.7	棕色
16公分	600cc	1小时	2.26	棕色

观于上表单宁之产量以煮沸一小时所得者为最高，以沸水抽提而得者为最低，

酸茶中含单宁3.86%煮沸一小时可提得百分之二点二八，是酸茶单宁总量百分之五十九可用此法取得。八公分茶叶用水600cc抽提，与十六公分茶叶用水600cc抽提，在同一情形之下所得之结果则无甚大差异。

上面所用之分析方法，系引用A.O.A.C.之茶叶单宁分析法。将所提得之单宁溶液，倾入容量500cc之刻度瓶中，加水使满及刻度，吸取10cc置之于容器1000cc之玻璃杯，加Indigo Carmine溶液25cc及水750cc以过锰酸钾滴定，记取所耗过锰酸钾之立方公分数，称之为"a"，又吸取单宁溶液100cc置于一瓶中，加牛胶溶液50cc酸性氯化钠溶液100cc及粉状高岭土10公分，以塞紧闭瓶口而摇震数分钟，俟混合物下沉，过滤，吸取滤液25cc加Indigo Carmine溶液25cc及水750cc以过锰酸钾滴定，记取所耗之过锰酸钾之立方公分数，称之为"b"，"a"减"b"之余便为氧化单宁所需之过锰酸钾份量，由此而可计算单宁之产量。此分析法所需之各药品如下：

甲、过锰酸钾溶液——制备1000cc过锰酸钾内含过锰酸钾1.33公分。

乙、0.1N草酸溶液。

丙、Indigo Carmine溶液——制备每公升含Indigo Carmine6公分及浓硫酸50cc之溶液。

丁、牛胶溶液——浸渍25公分牛胶于饱和之氯化钠溶液，经一小时后，加热使牛胶溶解，俟冷后，加水至1000cc。

戊、酸性氯化钠溶液——于975cc饱和氯化钠溶液加入浓硫酸25cc。

己、粉状高岭土。

上述制就之单宁溶液尚须再经缩减精制等处理，缩浓最好在减压之下举行，精制则或将溶液再加少许醋酸铅，使其中一部分单宁发生沉淀，以除去杂质，或将溶液用乙酯乙酸抽提，现正在照此方法试验中。

（c）除上述方法以提取茶精及单宁外，亦曾试以苯为溶剂进行提取，苯可溶解茶精而不溶解单宁，以苯抽提即可使两者分离。秤取茶叶二十公分置于Soxhlet仪器中，以苯抽提二十小时，提出液为黑色，蒸发以除去苯，余下物含茶精、树脂及叶绿素等，加水煮沸，茶精溶于水中，过滤以除去水不溶物，蒸发滤液至干即得粗质茶精，其产量为酸茶之2.30%，再将此粗质茶精加热，使茶精升华即可提炼纯粹。

以苯抽提后之茶叶，复用80%之热酒精抽提，单宁溶于酒精即被提出，蒸去酒精，余下物以含氯化钠5%之溶液溶解之。过滤以除去不溶解物，用醚抽提滤液以除去五倍子酸，再用乙酯乙酸以提取单宁，收集乙酯乙酸提出液，置于内装硫酸钠之干燥器中以干燥之，再在减压之下使乙酯乙酸缩浓，倾入三氯甲烷，单宁不溶于三氯甲烷便即下沉，急速过滤，即得单宁，色白，受空气氧化则变为棕色浆状。

五、结果讨论

对于提取酸茶之茶精及单宁，过去以上述两方法进行试验，前一法用水抽提再加醋酸铅，所得之茶精产量较后一法用苯抽提而得者为多，盖茶叶中之茶精经加水煮沸后即可完全溶于水中，用苯抽提则无若是之易也。惟苯可收回复用，若设备完善，每次抽提，苯之损失亦有限，此于经济方面不无有利，但前一法用醋酸铅，既可以去杂质，同时又可取得单宁，亦一举而两得。关于单宁部分，前一法所取得者尚须再加以浓缩及精制，后一法所取得者则极为纯粹，此两法实各有短长也。

二十六年三月三十一日

《工业中心》1937年第3期

祁门红茶区茶业近况

张宗成，严赛雪合著。《实业部月刊》（实业部总务司第四科）一卷八期，（廿五，十一，十日）。原文约万余字。

祁门红茶，遐迩著名，盖茶树直高山喜多矿物质之土壤，而不宜氮素肥料，山地愈高茶质愈佳。祁门在安徽南部，地处仙霞、天目二脉之冲，于红茶制造及栽培甚宜，故其制造红茶之历史，有六十年，至今在世界红茶业中，尚存相当地位。依祁门之地势言，西南卑而东北低，依疆界言，亦西南盛于东北。在乡间农民占百分之九十以上，除东北二乡外，凡农民无有不种植茶株者。全县茶农之总数在五万人以上，茶园面积约在八万亩左右，每亩茶园以产毛茶（即粗制之红茶也）半担计（五十斤）。今春各茶虽产茶总箱额为三万二千二百六十三件，各合作社之总箱额即为七千三百三十一件，两共计有四万余箱。在祁门从事红茶业者，在昔日仅茶号一种。茶号系当地绅商所设立，时值茶季，先接受沪上各茶栈之放款然后收买民间毛茶，转制后再运沪外销。民国廿三年，祁门茶业改良场，始协助茶农组织保证责任。茶叶运销合作社，以自制自运自销为原则，此种合作社今已成为公立机关。今祁茶出产甚多，沪市盘价亦高，外销至畅，其他华茶日就衰落之中，仅有祁红茶一

种能驰名于国际市场间，亦为可喜之事，各方面再从善改良，祁茶之在国际市场地位亦不致推翻。（慧华）

《史地社会论文摘要月刊》1937年第3卷第4期

祁门茶农生活

陈君鹏

平重通讯：

从上海到杭州，从杭州到屯溪、祁门，再从祁门沿着阊江，走五六十里山径，足足花四天工夫，才到了离开上海一千多里的祁门的小镇——平里。从前没有公路的时候，唯一的要道，也就是这条阊江，顺流可以直达九江。

祁门，说起来那个不知道祁门红茶，在中国对外贸易中占着重要的地位，没有到过的人一定以为这里的茶农是怎样的过着安裕生活，街市是怎样的繁盛，可是你一到这里，你也会不相信这里就是每年输出四五万箱红茶的产地。

四面环着的是长满野生树木的山地，十分之九还没有开发，就是已经种植茶叶的山坡，也已被野草蔽住，县里只有两条大街，难得有几个顾客。一天两班长途汽车里，更找不出一个茶农，种种方面都能看出茶市的收入与他们茶农是没有多大利益的。茶农的一年生活所系，全靠茶市的收入，不像别的地方，茶叶不过是副业而已。油盐酱醋米什么东西都要向景德镇去买，全境皆山，平地还不到百分之三，茶市一过，茶农只种些包芦（玉蜀黍）、南瓜、辣椒之类的什粮，或者去开山伐木。稍裕的茶农，一天还能吃二顿饭，穷的人家，每天吃的是包芦、南瓜，富裕在哪里？繁盛在哪里？

去年的茶况，固然比前两年好得多，可惜茶号赚的不是外国人的钱，而是从茶农身上剥削得来的，把毛茶山价杀低，用的是二十三两称，再加上种种的陋规，茶农的第三批茶简直连付摘茶工钱都不够，难怪他们没有钱去中耕施肥。

土匪是多极了，最近离祁门县城不远的内里、渚口等处闹，一来就是二三百个，把公路的大桥烧毁，电话线割断，到坑口去的长途汽车，因此停止。县城里的兵八老爷只希望匪徒不光临，已是上上大吉，哪里还说得到剿！随土匪到东也好，到西也好，问问他们，他们的回答理由是"土匪人多，而且还有机关枪"，反正倒霉的是老百姓，土匪就是不去打，也会离开的。自然环境支配他们茶农一世像牛马般的苦吃苦做，无希望也不希望有出头的日子，这种生活，有谁去怜悯他们和同情他们！

山多的地方，山就不值钱了，这座山上有他祖先的坟墓，那末这山就是他的产业，所以要租一座山便宜得很，十几元钱就可以租一百多亩的山地，不过你要是向他们买，那你就是出了几百倍的代价，他也不肯，山地可以出卖，祖先的坟墓不可以出卖的，祖先传下来的产业也不可以转让的，他愿和你订九十九年的文字约，出卖祖先的产业，是莫大的耻辱，这也许是中国民族的特性，事实是这样，你也不用奇怪。

至于教育方面，可算是低而不普遍，全县连县立区立和私立的小学至多六七个，小学生还不满三四百人，学校是建筑在茶叶上的，因为经费大部是茶农售茶的卖价上每元抽二厘集拢来的，所以到了茶叶上市，有例外的茶假，教师有的借学校场所开起茶号来，学生归家也帮助采茶制茶，还有一件，便是乡村教师，生活极为辛苦，最大的每年薪金八十元，校长每年也不过一百元，膳宿自备，要是茶市狂跌，还有欠薪和饥饿之虞。

还有一个奇异的习俗，是他处所未见闻的，这里我再来告诉一件事作为结束吧！阶级制度在这里，依然很牢固的存在着——就是"大户佬"和"小户佬"。所谓"小户佬"，是因为他的祖父或者是曾祖是现在"大户佬"的奴仆，成家以后，便和他的主人翁分居，不过他的子孙就永远是不能和"大户佬"平等的，穿着西星日的服装，一望而知是"小佬"，任人欺侮，除非他公开吃过粪他的子孙才得出头，得脱离"小户佬"籍。平里曾有一位卖身为仆的老人，他不愿他的子孙做任人唾骂的"小户佬"，他就决心实行脱离"小户佬"的办法，约定了一个日子，请他的旧时的主人和当地的士绅，当众大啖黄金汤，一时名震全省，来拜访的不知多少，他肯为子孙着想，这种消极的精神也值得我们佩服的！

《新人周刊》1937年第3卷第38期

中国茶叶公司拟在祁门创设制茶公司

实业部以沪上各出口洋行，每年收购茶叶，种种陋规，中国茶商不堪受其剥削，是以今年特联合皖、赣、湘、鄂、闽、浙等六省建设厅，及各茶商合资在沪创设中国茶叶公司，以与洋商直接交易，以前间接买卖之一切陋规，完全廓清，今年一般茶商茶农，因得该公司之合理经营，竟得到三百一十元之盘价，莫不额手称庆。顷据皖赣红茶运销委员会传出消息，上海中国茶叶公司为谋红茶制造改良，大量出产，供给国际市场之需求起见，拟在本省出产红茶之祁门县，创设一大规模之制茶工厂，定名为"祁门制茶公司"，其制茶手续，一律改用机器，如揉茶机、焙茶机、筛茶机，则拟用八十匹马力之引擎一具，为之发动，并闻该公司总经理寿景伟氏，为明了产茶区域之实地情况，俾将来创设制茶公司，有所依据起见，将拟于日内由沪乘车，前往祁门各产茶区，考察一切云。又据红茶运销会负责人云，本年祁红产额，（一）茶号方面，祁门城内八家，东乡一家，西乡六十四家，南乡五十家，北乡二家，共计一百二十五家，其中除城内三家、西乡二家系自资经营外，其余由祁红区管理处介绍贷款者，计一百一十九家，共贷放洋八十八万六千六百元。（二）合作社方面，计东乡一家，南乡四家，西乡三十三家，北乡一家，由中国农民银行贷放十一社，计洋八万元，由交通银行贷放二十八社，计洋十八万元，总计三十九社，共贷款约二十七万余元。合作社制茶箱额，预定为八千五百四十二箱，截至端阳节止，各茶号及各合作社，制就红茶箱数，计头批一万三千三百七十一箱，二批一万六千一百一十三箱，三批八千七百三十二箱，四批一千一百零八箱，花香等一千七百一十八箱，总计共达四万一千零四十二箱，惟本年头批茶，因春雨连绵影响，致箱数较之去年一万四千三百二十四箱，则减少九百五十三箱，其二、三、四各批产额总数，大约均与去年仿佛，现装运至沪者，已有三万余箱云。

祁门合作社茶叶推销经过

全国经济委员会农业处，于二十五年三月设立茶叶联合推销驻沪专员办事处，五月十三日祁门合作社茶叶开始运沪，二十九日开盘。嗣为办事便利起见，由农业处将该机关移归实业部主管，所有经办事业，统移交国际贸易局接收办理，八月四日，迁入国际贸易局办公。所存社茶，于十二月初陆续沽去，茶款，亦于廿六年二月八日结清。兹将经过情形择要分纪如次：

（1）红茶来源：

安徽祁门红茶运销合作社，由全国经济委员会前农业处指导下之祁门茶业改良场介绍交通银行贷放生产运销借款，在祁门县组织运销合作社三十六社，由安徽省财政厅作保证人，建设厅作见证人。

（2）社名：

1.岭西社；2.龙潭社；3.石谷社；4.石壁社；5.殿下社；6.环砂社；7.仙源社；8.塔坊社；9.庚峰社；10.里村社；11.桃溪社；12.金山社；13.溶源社；14.流源社；15.南汊社；16.湘潭社；17.西坑社；18.坳里社；19.小魁源社；20.石坑社；21.郭溪社；22.马山社；23.张闪社；24.礴村社；25.双溪社；26.下文堂社；27.淑里社；28.查家社；29.滩下社；30.萃园社；31.双河口社；32.寺前社；33.伊坑社；34.宋许村社；35.石潭社；36.合坑社。

（3）产品：

每一合作社按照生产贷款数目，应交足出产品若干箱，分作一、二、三、四批，每一批有一个大面者（即出产品名目）。有两个大面者，每一个大面注明件数，有十二三件者，有百十件者。产品种类分箱茶、花香（茶末）、茶梗、花蕊（茶子）四种，箱茶共计七千八百五十六箱，花香一千六百三十七箱，茶梗一百九十一袋，花蕊二十二袋。各合作社所制成箱茶与花香茶梗花蕊，概交驻祁交行办事处点收，会同经委会前农业处驻祁专员办公处负责运送上海。

（4）运输：

由祁门运至宣城，由安徽省公路局承运；由宣城运至上海，由江南铁路公司承运。其运费以每箱为单位，每箱重量不得超过四十公斤，如超过限度者，在四十公斤之百分之二以上者，一箱以两箱计算之。由祁门运宣城，公路运费每箱一元八角一分，由宣城运上海，铁路运费每箱三角四分。

（5）堆栈：

上海交通银行第二仓库（光复路乌镇渡桥苏州河边），因该行有贷款关系，凡社茶均须存放该栈，当社茶起运来申时，先由经委会前农业处驻沪专员办公处将运茶通知单寄来，载明社名、批数、牌名、箱数、每箱重量、共计重量、承运车号、交到日期、运出日期，附注俟收到运茶通知单后即通告交行仓库科会同经委会前农业处办理茶业联合推销驻沪专员办事处前往车站点收，由交行负责运存该行第二仓库，由车站提至仓库，运费每箱一角，仓租每箱每月三分，上下力各二分。

（6）提样：

合作社茶叶运存交行仓库后，备具取样箱便条，填具社名、批数、大面、提样件数后（每大面提二件），加盖印记，送往交通银行，换取仓库提货单，再往交通银行第二仓库将样箱提出，提样箱费每箱八分至一角。

（7）布样：

计第一次布样共有二十七个大面，每一个大面提出样箱二件，共计五十四箱，均由前农业处驻沪专员办事处派人由交行仓库提出，存放办事处（江西路四五一号五楼六十二号）楼下样箱间。其布样程序，先将每个大面二件样箱中，分出一件，排列一起，作为原口箱，预备洋行对大样用，再将每种大面一件，分别割开，将茶取出，放在一大盘内，用手调和，装二三十小罐筒，以粉笔标记其大面名称，放在小茶盘内，俟小罐装好后，将余茶仍旧装入原箱内，作为开口箱，将来该大面售出，发茶时，将此开口箱送往买茶行家，名为归庄箱。

小样筒装好后，载明大面名称，箱额若干，并编以先后号码，由通事分别往洋行谈盘，一面派出店司务，将样罐分送怡和、锦隆、协和、苏联全国粮食出口协会（即协助会）、兴成、永兴、杜德、同孚、天裕、天祥、保昌、华茶公司、汪裕泰等行家。

（8）谈盘：

五月二十九日，祁门红茶开盘，由怡和洋行开出价格二百六十元，其顶盘（乃本年祁门红茶最高售价）为二百七十五元，系祁门茶业改良场所制，大面祁红，共计四十六件，怡和购三十六件，汪裕泰购十件。各社之茶沽得高价者为龙潭合作社大面龙龙，沽价二百六十元，石谷社大面馨馨，沽价二百四十元，石坑社大面明星，沽价二百二十五元，仙源社大面薰春，沽价二百一十元，郭溪社大面华宝，与岭西社大面贡珍，均沽二百元，此为沽茶最盛时期。自六月一日起，价格下落，社茶最高沽价为一百四十五元，以后即逐渐下跌。

至若谈盘手续，约略如下：在未开盘之前一日，各洋行茶师均将已布出样茶评定高低品质，各通事于开盘日上午七时，往洋行得到某茶大面盘价，如龙龙大面二百五十元，即来与主盘人接头，讨价还价作定盘价二百六十元，即将龙龙大面原口箱一件送往购茶洋行，在发办簿上盖该行茶楼回单，作为收到大办箱一件，名为"发大办"；俟洋行茶师对过大样，与小样相符，由经手通事签字于成盘上，名曰"落簿"，表示该茶作定价格沽妥。

（9）发茶：

收到洋行发茶通知条时，即据凭条一纸，着人送往交通银行业务部，由交行业务部通告该行仓库，将某大面箱茶送往某洋行，盖取该洋行回单，名曰"发大帮"，迨大帮运至洋行时，即派出店司务前往料理，将茶箱搬入洋行栈房堆好，名曰"堆庄"，同时将开口箱一件送去，名曰"归庄"。"大帮"由交行仓库送往洋行，搬费每箱四分五厘。"大帮"送洋行后，将茶箱挑至洋行栈房内，挑力每箱二分五厘，归庄箱搬力每箱一角。

（10）过磅：

发茶之后，即行过磅，但亦有即刻过磅，亦有间一天过磅者。过磅时预备小簿子一本，先填上某大面件数，偕出店司务一同前往，由洋行栈房先生在"大帮"中任提出二箱过磅，彼此重量相等，作为定数，否则另提一二箱，冉过，取其相同数量，作为标准数，谓之"毛磅"，将茶取出再磅时，谓之除皮，亦以相同数量为标准，从毛磅数量减去皮数，谓之"净磅"。用九〇七二化成市斤。每一大面过磅时，须除去一件不计，谓之"下一件"，而每箱又须除二磅半，倘茶箱外面有损失，更须另加水渍费等等名目，此均为洋行例规也。兹据一例如下：大面馨馨，九十五件，下一件，实沽九十四件，六月一日过磅八十一磅半，除二磅半，毛磅七十九磅，皮十八磅半，净磅六十点五，以九〇七二入市斤五十四点八八五六，乘九十四件，共得五千一百五十九市斤，售价二百四十元，得毛洋一万二千三百八十一元六角。

凡过磅之茶，均按照购买行家，分别登记于过磅簿上，如怡和洋行过磅簿，保昌洋行过磅簿，协和洋行过磅簿等。

（11）收银：

凡茶叶过磅后二星期，即可向其收款，亦有须俟一个月后始能收到者。本年经售各合作社茶叶，因交行有贷款关系，凡沽出社茶茶款，均须由该行收存，特备具公函一封，通知有往来各洋行，声明合作社茶款概由交行凭本处收款单与印鉴作为收款凭证，在收茶款前，必先往购茶洋行彼此核对，何项大面茶款可收，如可收时，将以前过磅数目、实沽箱数、价格、毛洋数目，重行对正无讹，然后开具收款单，同时另附一张沽单表，送往交通银行业务部，由交行在收款凭单上加盖该行印记，向洋行收款，倘茶款收到时，其收款凭单交与洋行，作为茶款已付凭据，沽单表由交行保存，以备分别登入各合作社账。

（12）结账：

社茶完全售清后，即可结算，但因各项费用名目太多，结算殊不容易，上节所述交行收到茶款，尚系毛银，在毛银之内，洋行尚须扣除九九五息，亦有先扣九九五息与打包费，或先扣九九五息，打包费与检验费三种费用者，其余破箱、茶楼、磅费、代办、报关等等名目费用，再由洋行开单来收，兹将该项洋行费用胪列于下：

九九五息	每千元五元
打包费	每箱一角一分二
检验费	每百市斤一角一分
茶楼费	每箱一分
磅费	每箱一分
代办	每大面补九斤按照成交价格计算
破箱费	每箱一角
报关费	每箱三分

上列费用，由洋行开单送来，核对后，照抄二份，一份保存，一份送往交行，以备该行将各项费用分别由各合作社扣除，付与洋行茶楼账房，举例说明如下：

石谷合作社：代沽洋行怡和，"大面馨馨"九十五件，下一件，实沽九十四件，六月一日过磅，毛七十九，皮十八点五，净磅六十点五，□入市斤五十四斤八千八百五六，共五千一百五十九市斤，价二百四十元，入洋一万二千三百八十一元六角；扣九九五息六十一元九角一分，打包费十元五角三分，检验费五元九角四分，毛银一万二千三百零三元二角二分（交行收款数目）；交行代付茶楼费九角四分，磅费九角四分，代办二十一元六角，破箱费九角四分，报关二元八角二分，与通事佣金二百四十七元六角三分（按照百分之二计算），计应得茶款一万二千零一十九元八角九分。

每社售出大面，均照上例，开具清单一纸，寄往祁门茶业改良场，转交各社，但交行所有代付运费、仓租、上下搬力、保险费、茶税、利息等等费用，另由交行开具各社总清单，寄交各社，以资清算。

《国际贸易情报》1937年第8期

温红冒充祁红被黜

上海某大洋行，近接欧洲某国来电，托购祁红，惟以祁红价贵，乃购进温红一批，于本月二日向上海商品检验局报验，并要求发给原产地证明书，意图冒充牟利，当被该局检得并非祁红，而以温红顶替，且验与产地检验所发证书记载不符，依法不给证书，该行受此打击，嗒然若丧云。

《茶报》1937年第1卷第3期

改良宁红价破纪录

江西宁州红茶，运销外洋甚早，当祁门尚未出产外销茶以前，宁红已蜚声海外。嗣后祁红突起，宁红乃相形见绌，向来宁红市价，较祁红为低，最好不过七八十元，平均仅四十元左右，自去年江西省农业院修水茶场采用机械合理制造后，本年宁红顶盘，已自七八十元提高至一百十元。惟机制红茶在吾国尚属初创，去年仅茶场有出品。本年该场将制茶机械推广至该社指导下民间所组之示范合作社七家，是以合作社亦有机制宁红出品。现中平合作社之明毫大面，已以每市担一百四十五元之高价成交。该场与南宫□合作社合制之十五箱红茶，则以一百五十元脱售，以旧衡计，每担约合一百八十元，打破宁红售价之历史的最高记录。该社去年用人工所制之贡茶，每市担售七十五元，仅值本年二分之一，于此可见该场改良之成效与机制茶受顾客欢迎之一斑，闻本年机制祁红，亦颇合销冒云。

《茶报》1937年第1卷第4期

祁门酸茶提取茶精单宁

祁门茶业改良场，上年以酸茶送请中央试验所，提取茶精及单宁，以资试验。因该所此项设备不甚完备，试验未能精详，如须精确计算，非增加设备不可，约需经费一千八百元。日前建厅接到实业部张科长来函，附送该所原函报告及图样等件，经即饬据该场议复，以此项设备，系属必要，已准将设备费一千八百元列入该场二十六年度事业费预算，惟设备各项，既由省款购置，物权自属于场方。至必要时，并可由场派员参加试验工作。二十日已由该厅函知工业试验所并指令该场径与该所洽商办理矣。

《茶报》1937年第1卷第4期

皖省府与实部商妥改组祁门茶场

改组办法十条，确定经费六万。

徽属祁门茶叶改良场，创始于民国四年春季，迄今已有二十二年，国内茶业研究试验机关，当以该场历史为最久，近年当局鉴于茶场使命之重大，莫不努力改进，以赴事功，去年又经省府财、建两厅与实业部商洽，议定本年度改组办法十条："1.祁门新旧两茶场，自二十五年度起，由皖省府商承实部负责办理，关于技术部分，实业部得随时派员指导。2.二十五年度祁场工作计划，及经费预算，由皖省府编拟，由实部派员参加意见。3.二十五年度祁场经费，确定为六万元，由实部补助半数三万元，指定事业费用，举凡薪俸及办公费，概在省费项下开支，廿六年度预算，在二十五年度终了前三个月，由部省另行商定。4.祁场经费报销，另具副本，报部备案。5.祁场制茶盈利指定作祁场基金或供扩充特殊事业之用。6.祁场场长由皖省府任免，报部备案。7.原有全经会农业处，在祁门所办之合作事业及人员，归皖省府接收，酌量办理。8.祁门新场，所有制茶机械，仍属部有，如祁场不用时，实业部可商得皖省府同意，迁移他处。9.实业部关于茶叶问题，得提交皖府转饬祁场，负责研究。10.由皖省府规定之祁场各项工作报告，除呈报皖省府外，应附副本，转部备核，实部得随时函请皖省府转饬祁场，具送临时报告。"自本年度起，由省商承部负责办理，经费确定六万元，除实部补助三万元，本省担任三万元，已有实部转报行政院核准照办，兹财、建两厅根据上项办法，签呈省府会商改组，业经省府提交五九一次会议通过，如拟办理。

《工商通讯（南昌）》1937年第1卷第10期

二十六年祁门红茶制前概况

茶叶为祁门每年最大之生产，西、南乡，北乡及城郊所产之红茶，向称高庄，畅销海外。祁东绿茶，尤为屯绿中之著名者，外销亦多。故每届茶季，茶农则忙于采摘，茶商则昼夜精制，客乡茶工，亦纷纷入境劳作，工作情形，立呈紧张，地方百业，顿形繁荣，物价倍蓰且往往有不敷分配之感。本年京赣铁路正在祁门境内兴筑工程，员工达三万名以上，消费量因之激增，市面周转更呈活跃。就茶市言，去年祁红售价颇为高昂，一般茶商，除一二因制茶劣变有所亏折外，大部均有盈余，故本年茶商设号，自较踊跃，且南乡匪患，因驻军四十五旅围剿甚力，已将次第肃清，惠及农商良非浅显。故本年茶叶生产，定可增益不少也。兹将祁门区红茶制前概况分述如下。

一、皖赣红茶运销委员会本年度实施办法

皖赣红茶运销委员会根据去年举办统一运销之经验，对于本年度各种办法，已显有改善。在祁、浮至各产区，各设立产区管理处一所。凡茶号登记，初次审核，办理贷款及运输，均由各该处负责，得以收划一行政之实效。茶号登记资格除去年规定：一、资本须三千元，二、能制箱茶二百件，三、掌号须有五年之经验外，对于茶师包头及茶号设备，本年复加规定二条：即四、茶师包头，须有五年以上之经验，及五、号内设备，必须适应预定制茶数量上之需要。以上三至五项，且须先经登记审查合格，此为本年度登记规则改进之处。

至于登记保证规则，本年已将第七条删除（第七条，保证人由本会给予保证酬劳费，依其所保箱数计算，每箱国币五分）。即第二条虽规定保证人由会指定，惟事实上本年已变通办理，未加指定，此为登记保证规则变更之处。

皖赣红茶运销委员会本年更规定放款办法五条，责成产区管理处办理贷款事务。对于贷款保证办法，规定任何五种之一：即一、验资，二、铺保（茶号除外），三、人保（不得互保），四、抵押，及五、五家连环保。贷款利率规定月息八厘，凡领贷款之茶号箱茶，应交管理处起运。

总之，本年皖赣红茶运销委员会办法，较去年改进之处甚多。不仅加强统制之实力，即茶商方面，亦因机关统一，无往来奔走之苦。惟是本年天气温和，茶树发芽较早，而管理处始自四月一日成立，四月八日开始登记，至四月十二日登记截止。经审查委员会之初审，再由管理处呈会复核，至四月十九日始告竣事，开始贷款。茶商因茶季提早，致有一部分商人，对管理处发生误会。其实皖省府改组之风声，已有三月，省政未定，实其主因。谓管理处办事不力，未免厚诬也。

二、茶号登记及核定情形

本年茶号登记，运委会不另派专员，即由祁门产区管理处负责办理，自四月八日开始登记，十二日截止。计申请登记者，新旧号有一百六十六家，其中经审查委员会核定者，计有新旧号一百二十七家。拟请准于自资经营者，有三十六家。经呈送运委会复核，最后核定新旧茶号一百二十二家。其他五家尚未核定，恐将不能成立。至于拟请自资经营各号，运委会深恐祁红生产过剩，已加驳斥。刻自资茶商，正在设法疏通，能否如愿，尚在未知之数。苟以一百二十二家茶号计，本年预计可出茶三万二千三百六十箱，贷款共八十八万五千四百元。

三、合作社情形

自去年全国经济委员会农业处裁撤后，驻祁专员办公处亦随之撤销。关于合作指导之职，另由安徽省农村合作委员会驻祁门县茶叶产销合作指导专员办事处负责指导。该处专员兼主任为刘树藩氏。本年有合作社三十九家，其中二十四家为原有合作社，十五家为新合作社，预计本年可出茶共计八千七百箱，贷款二十五万八千五百元云。

四、贷款情形

本年祁、宁两区茶款，统由上海交通银行承放，总额以二百五十万元为限。祁门方面，早由交行派来赵襄理梓庆及行员王文济等三名。安徽地方银行亦在祁成立办事处，委陆云亭为主任。交行人员即在地方银行办事处办公。贷款原则，本年运委会规定，祁红精茶最多以七万五千箱为限，每箱贷款最多为三十元。祁门方面，自昨日（二十日）起，开始贷放，预计五日内可以贷毕。领款地点，即在祁门地方银行办事处。凡茶号及合作社贷款，均由该处承贷，预计尚不能贷足数额（祁门方面预计可贷一百四十万元，现尚不到此数）。贷款月息八厘，限于年底偿清。

五、本年生草价格

本年收买生草，远较去年为早。收买最早者，为祁门西乡历口聚和昌茶号，自四月六日开始收草，每斤（二十三两秤）为一元六角，专为制成精茶，分送京滇公路周览团团员之用。祁门茶场收草，始自四月十二日，每市两价为铜元十六枚，合每市担八十五元。兹将两处收买生草价格列表附后，至于毛茶价格，日内即有行市云。

祁门逐日收买生草价格表（根据祁门茶业改良场总场报告）

日期	每两价格	每市担价格
4月15日	5分	80元
4月16日	3.75分	60元
4月17日	3分	48元
4月18日	2.125分	35元
4月19日	1.687分	27元

祁门西乡历口聚和昌茶号收买生草价格表

日期	每两价格
4月6日	每斤1元6角
4月10日	每斤1元
4月15日	每斤8角
4月20日	每斤4角

注：所用秤系23两。

六、本年用秤情形

本年用秤，祁门产区管理处规定一律应用公斤。由每号存款五元于祁门茶业同业公会，并由管理处代为定制。刻因新秤尚未运到，故各号收买生草，仍用二十三两旧秤。微闻西乡茶农，对采用公斤，表示反对，渚口一带，贴有反对标语甚多。确否待证。如改用市秤，则茶号又示反对。其实两者呈一二之比，任何一种均无反对之理由也。

七、制茶工料价格

本年制茶用材料，无不较去年为昂。锡罐涨价，尤属可惊，此盖原料昂贵所致。至于木炭及米，因铁道兴筑之影响，亦较去年涨价。惟枫木及柴，因工程上不须应用，故尚能维持原价。茶司工资本年尚未议定，大约与去年相仿。惟木匠用锯制枕木关系，几至有钱无觅处之感，即幸而获得，偶一申斥，即辞去不就，劳工神圣于此可见。

八、其他

除上述各节外，其他如征收茶税，本年决由地方营业税局或县府代为征收，已见报载，其税率亦待日后调查，兹不再赘。综观各种情形，因上年茶价甚高，本年山价看好，且因铁路之兴筑，物价奇昂，制茶成本，自不免较往年为高。斯则观察制茶前之事实，所得之唯一结论也。

《茶报》1937年第2期

茶　市

上月间祁门新红茶自中国茶叶公司首先开盘后，市面即非常发展，开价上中庄货定价二百元，特货做到三百一十元，市情极为热闹，怡和、保昌、天裕等行均大举搜办。宁红交易亦不寂寞，月中共成交七万余箱，惟入后以到源过旺，供给太多，行情稍见挫跌，而到货亦见逊于前，各方改持观望态度，形势一度趋软，但市价低落之后，英美法俄各行又纷起吸收，市面又继续活泼，并且均积极装运出口，足见国外需来之殷。至绿茶市面，屯溪遂亦等路抽芯珍眉亦均因国外电讯转沪，纷起动办，针眉、珠茶等项，销路亦复活动，市盘均形坚稳，惟普通珍眉交易无多，湖州大帮，美销亦不寂静，锦隆华茶等行，均多收购，身首结实之货，均各见涨，此外各路之中下庄货，则仍在沉闷之中云。

《钱业月报》1937年第17卷第7期

本年皖赣祁红将继续扩大统销

我国祁红在国际市场中年呈衰落，政府当局为谋挽救，特于去年四月一日起成立皖赣红茶运销委员会，并在沪设运销总处，九江、安庆、屯溪等地各设分处办理统销，开办一载，颇见成效，兹以转瞬春汛，茶市已多着手进行推销计划，至本年祁红统销将注意扩大范围，特志各情志次：

去年皖赣红茶统制颇有良好结果，缘我国祁红向由外商操纵，及实行运销统制后，可做到由产地直接运至市场之阶级，惟由市场运销国外，尚多由洋行支配，将来希望做到直接贸易地步。皖赣红茶统销去年一月间，交通银行沪总行曾派吴林柏与该两省当局接洽投资事宜，当时有决共同投资二百万元，交通投资一百四十万元，余六十万由皖赣两省对分之建议后，交行对红茶统制难极度协助，然此点则未实现，本年祁红将继续统制并予扩大，现两省方面尚未谈及上项计划，惟对于去年计划或将于今年实现，至外传种种未免言之过早。

政府统制运销，当为挽救祁红，惟目前亟待改善者，厥为（一）运输汽车须加多，盖每当新茶涌到时，均须沧早运销，公路汽车不敷调用，复因时局关系，不能售得善价；（二）减轻运费，祁门、浮梁、至德三埠运费应同样减低；（三）公路路面欠平，车行颠簸易损茶箱；（四）公路附近宜多设仓库，现除交通银行在祁门设有栈堆二个外，其他无正式营业者公路两旁虽有民房可充堆栈，但危险颇多，且易致茶潮温云云。

《实业部月刊》1937 年第 2 卷第 3 期

合委会派员视察祁门茶运
至德合作社红茶即将装运

（祁门通讯）本县茶叶合作，自经改辖于省合委会，并派员督办以来，对社务规模，多具基础，上月间，复由农民、交通两银行，分别承放贷款，各社纷纷开制，情形异常紧张，而连日以天公不美，阴雨连朝，不特一般茶农，咸多叫苦；即凡关心祁民生活者，莫不为之闷闷，故合委会特派曾经考察鄂赣两省特产合作视察员张啸亚，来祁视导，张氏昨已到祁下榻合作指导专员办事处，闻张氏与刘专员彻夜商谈祁门合作改进事宜，极为扼要，除已具呈今后计划，请合委会施行外，并拟前往各社亲加视察云。

（又讯）张氏此次来祁除对茶运事宜，随时视导外，凡有关全县合作之改进，均得与刘专员会商处理，闻对整理祁门合作组织、金融、训练、生产之四大要件，已有具体之纲领，详情容再探志。

（至德通讯）本县合作指导员办事处鉴于历年红茶之加工及运销，均由商人居中处理，对于会员经济，不无影响，为谋增加社员经济收获起见，特于本年指导尧渡区、南原区、及葛公镇区三联合社，改用合作方式，自行办理社员红茶产销事宜，估计该联合社等本年产茶量为一千三百箱，预定贷款金额为三万九千元，日前以春雨连绵，红茶采置，俱感不便，故各社工作，尚非若何紧张，刻已天气晴明，各社红茶，正事赶制，三五日内，即可装箱运沪销售，合作委员会以本县合作社自办茶运，事属创举，特派视察员杨甲莅县，监督指导一切，以昭慎重，合作办事处主任汪崧衢氏，闻已受聘为皖赣红茶运销委员会评价委员，不日即行赴沪参加红茶评价，并就近主持本县各社红茶销售之一切事物云。（五月六日皖报）

茶之检验概说

童衣雲

检验之意义：

制茶手续綦繁，故成茶品质优劣，除其因于原叶之良否外，每在制造过程中亦突起变化。今欲判其制品之优劣，及其优劣之所由，非行精密鉴定不可。举凡原叶之良劣，制造技术之巧拙，处理精密抑错误……一经审查，均能察其梗概，给我人以改进之依据。

且也，茶为人之日常饮品，其劣茶、假茶、着色茶每含有妨害健康之成分，故今之茶叶输入输出国，概须先经检政机关之检验，在最低标准以下者，概不允其出口或进口。

至于买卖场合，亦莫不先详审其品质优劣，以及是否适合嗜好者需要，乃评定其价值之高下。

是以，从事茶之生产者，研究茶之制造者，欲使制品优良，以及能适合嗜好者需要，能耐久藏不变劣……且以避免种种损失，当尤赖乎制造之际，随时审查而依以改善也。

检验之方法及其设备：

检验之设备，随检验项目之繁简而异。大规模茶之化学研究室及检政机关中，是当力求其完备，至于一般所用，则视其需要与经济状况酌量设置可矣。

审茶室：

室中光线匀一，是为主要条件。通常采用北方射入之光线，以其变化较小；室中其他三方均行关闭，毋令光透入。北方装玻璃窗，窗外设黑色斜突之障光板，以统一光源之来路，且免不需要之光线侵入而紊乱。靠窗置审茶桌，桌面通常为黑色，然白色也可，至其他杂色概不相宜，恐扰乱茶之色调与审茶者之视觉也。

兹将各项检验方法与设备，分述于后：

一、干检验

检验时将茶盛入约七英寸见方之白色或黑色盘内，就光亮处，反复审视其形状、色泽、夹杂物等等项。形状之条索大小，如观察不准确时，可用各号筛测之；夹杂物，如屑末、砂尘，亦可以细筛筛出，再求其多寡量。每项目检迄，即应加以记载免致遗误。盘之一角，可缺其口，以便茶之倾还入罐。盘用无气息之木质或□铁造成，搪磁制者亦佳。

是项检验之项别及目的如次：

形状——察条索之长短、粗细、紧松、整碎、重实、轻飘之程度，以及匀齐与否？白毫之有无及多寡？

色泽——察外表之色彩深浅、鲜暗、润枯之程度，以及匀齐与否？不正色之有无？

夹杂物——察茶中有无梗、片、末、茶子、杂屑、砂土……混入，及其含量之多寡。

二、湿检验

供试茶先行秤量——精茶2.5克至3克，毛茶3克至3.5克——盛于审茶罐中。（注）以洁净之沸水——约200cc——冲入至满，将盖密盖，经过四分至五分钟，即揭盖以铜丝瓢捞取泡开之叶，迅速嗅其香气，如嗅闻动作缓慢而致叶冷却，可还置液中俟暖再嗅。如揭盖将茶叶倒出，嗅茶罐中余留之香气，则香气较足，次将罐中茶液完全倾入于审茶碗，同时将罐内叶之全部倾倒于翻转之罐盖上，以待最后审查叶底。碗中茶液，以匙舀取，含入于口，反复尝辨，味既辨出，即行吐入唾茶筒，毋咽下。辨味毕，可审视液色及沉淀物。至于叶底审查，如以清水冲漂一过，更易显明其色彩。检验用具如第一图（图略）。

供审茶如种类较多，可编号依次排列，但自冲水以迄各种手续，均须依次行去。在重复试检或各个比较时，则不必拘泥。每项目审查终了，即行记载，以免遗忘致错。碗数多，或有多人评审时，可将碗移动排出记号或暗号，以求得公平之评判，且便登载。

附注：不用审查罐者，可直接将供试之茶盛于审查碗中，惟浸泡时间须略延长为五分至六分钟，叶底则另用小盘装盛。

是项检验之项别及目的如次：

香气——芳醇、幽长、清轻、钝重，以及青气、焦气、霉气、烟臭……各种不良之气息。

滋味——甘甜、苦涩、浓厚、淡薄、清浊，以及其他酸腐之恶味。

液色——浓淡、鲜暗、清浊，以及沉淀物之多寡。

叶底——鲜暗、匀净与否？以及不正当之青片、黑叶之有无。绿茶更须视其有无红片（边缘叶柄脉筋之发红等）及焦蚀、蒸黄等。

前两项审查时，可选定一种各项皆适中之标准茶，以为对照，根据标准而判其高下，分别给以分数，较为便利而正确。

记载方式，大抵采用记分法，即于各项目下，给以审评应得之分数，再记其总分若干，而判其优劣。叶底部分，则另用等级表示之，不计分。但各处对于各项别所占之分数支配——例如：香气项占总数百分之三十，有占百分之二十者之不同——每有出入。兹根据经委会冯绍裘氏在茶品分级试验报告中所定审茶给分规定为例，以冀统一我国审茶给分之一律，且是项规定于给分分配上，亦最为合理化。录之如后：

审茶给分之规定，茶叶品质以香气滋味为最主要，水色次之，形状色泽又次之，其分数亦应有参差之分，兹定形状色泽各为十分，香气、滋味各为三十分，水色二十分，五项满点为百分。至叶底优劣审茶不计分数，而以A、A^1、B、B^1、C、C^1、D、D^1、E等九级示之。

前两项之审查，无仪器之凭藉，全恃眼、鼻、口与经验以判定。然用眼、鼻、口以测物，固不能若使用仪器之稳定而精确，故记分难免有所差异。至患色盲，及味觉嗅觉迟钝者，均不宜审茶，即偶患感冒，觉鼻塞，舌苦以及眼花时亦不宜从事也。且审茶之际，尤须避免成见，盖心理作用颇能转移对物好恶之感，而缺乏正直性。

三、水分检验

是项检验之目的，乃求其各种叶中所含水分之多寡为制造处理之依准；毛茶之水分多寡，与成茶之折实，更有关系，至精茶之能否耐贮藏，尤须注意其含水量。

至检验方法，则一般水分定量法，均可应用。如电烘箱烘之或强硫酸干燥器中亦可行之，惟皆极费时间，需数小时或数十时之久。兹所述者，系采用霍夫门氏水分定量法，稍加相当之修改。以此法较为简便，且十数分钟即能毕事。

方法：取茶样十克（含水量极少之干茶，可增至二十克），置三角烧瓶（即依氏烧瓶）中，加入甲苯10cc、松节油50cc充分混和。瓶口塞上装温度计及玻管，管接冷凝器，下承刻度接受管，其装置法如第二图（图略）。装置既竣，即于瓶下燃火，徐徐加热，温度升至百度以上，叶中所含水分逐渐随油蒸发，经冷凝器时复凝

祁门红茶史料丛刊　第五辑（1937—1949）

成液体而滴入接受管。待瓶中木油完全蒸出，即行停止燃烧。取下接受管加以震荡，初示乳白色，渐次透明，盖水与油逐渐分离而沉落矣。

如管壁有水珠粘着，或油层中有游离水滴时，欲使其急速下降，可以羽毛细心拂刷之。

水分完全沉落，与油有明显之分层，即可读取管底之水分量，此所得之容量若干cc以水在某温度（室温）之密度乘之，而得水之重量，更以一百乘之并以试品重量除之，即得水之百分率。

水分容量×某温度之密度＝水之重量

水之重量/试品重量×100＝水之百分率

令 m%＝制茶水分百分率

a_o%＝灰分百分率（原样基）

A_d%＝灰分百分率（干样基）

原样基：a_o%＝灰分重量/试品重量×100＝灰分百分率

干样基：A_d%＝a_o/（100−m）×100＝灰分重量/（试品重量−水分量）×100＝灰分百分率

例如：制茶水分 m＝8.50

a_o＝6.00

求 A_d＝？

A_d%＝6.00/（100−8.5）×100＝6.56%

茶业水分在制造中式变化，如下表：

茶名	水分	平均水分	备注
鲜叶	70%～80%	75%	此项数字皆系平均数
萎凋叶	60%～65%	62%	同前
揉捻叶	58%～64%	61%	同前
发酵叶	57%～62%	60%	同前
第一次毛火的毛茶	40%～48%	45%	同前
第二次老火的毛茶	5%～7%	6%	同前

本研究，为上海商品检验局屠祥麟氏次祁门所作。供试原料为祁门茶业改良场之产制品。

四、灰分检验

是项检验，欲使茶之品质于灰分量之多寡中，辅助判其优劣，大致品质劣者以叶老纤维粗，且多夹杂物——如尘砂——故必增多其灰分。叶嫩而优良者则反之。

茶之灰分检验方法，与一般之灰分定量分析法同，可于分析化学书中参考之。故简约以述：

取一克至二克之供试茶，入预已好秤量之白金皿或坩埚中，以低赤热充分使其灰化达白色，即放入干燥器中，俟其冷却后秤量之，再推算其百分率。

行灰分定量分析，每因试验处理及器械环境关系造成种种之差误。至茶中所含水分多寡更足左右灰分之高低，故欲求真正之灰量，当先求出其含水量，而于灰分加以改算，始得。此种水分与灰分之相关差误，在一般分析上，类多忽略焉。

五、水浸出物

我人饮茶最需要之部分，厥为所含之水分，故除就一般外形及味香观察外，犹需审其水浸出物量之多寡及质之良劣。

水浸出物之成分包含茶中之水溶质，如茶素、茶单宁、蛋白质、糊精、树胶、颜色物、矿质以及没食子酸、草酸等。大致优良茶之水浸出物量必较高，劣者反之，如泡过叶、杂叶，及砂石尘埃多之劣茶，则浸出量，尤低。

其法如后：

杜立脱与何特路夫氏法取茶二克，加水200cc浸煮二小时（装置回环冷却管）过滤之，以热水冲洗，俟滤液及洗液为500cc止，取50cc之液蒸干而得结果：自百分之四十二点七至百分之五十三，此结果系用干茶样为基。

Allen之方法，则取二克之茶，用100cc水浸煮一小时，乘热过滤，浸过叶以50cc水浸煮，再三行之，俟色素竭尽为止，乃将滤液合稀至一定容量，取五分之一蒸干而求其结果。依此法求得之纪录，在百分之三十五至百分之五十之间。

（前两法转录自茶叶分析及其化学检验暂行标准之研究。）

茶之水浸出物，于浸泡时间之久暂或方法之不同，其质量亦随之而异。理想之方法乃为依照日常饮用之泡渍法及时间而行。盖饮用习惯上所舍弃之一部分含量，固无须再追求焉。

六、其他检验

假茶：

茶中掺杂之假茶，大多采近似茶叶之植物叶，如柳叶、冬青、梅、桃、油茶、野菜等，其最甚者，厥为温州假茶中之"满山青"，即举凡山野青叶，一律采用之谓也。假茶在欧洲种类尤多，我国温州前曾产假茶，业已严禁外，一般茶中绝少掺用。

检查假茶有化学检验，显微镜检验两法。一般应用，以后者为最适。化学的，系藉茶中含有茶叶之特性，使叶内所含之茶素升华而得茶叶结晶，以证明之。但他种植物亦有升华茶素之可能，无茶素之升华者，当可确证其非茶也。其法：取一片叶置玻璃上，加水少许煮一分钟，加入等量之灼过氧化镁，蒸发至剩约一大滴，移液于显微镜盖玻片，置于灼热铁板或石棉板上乃蒸发至将涸，加覆一玻璃圈，俟水分将安全蒸发时，复盖第二片盖玻璃片，至温度稍高，茶素即行升华，结晶于第二盖玻片上，置显微镜下辨认之。显微镜的检验，则以热汤浸叶，待其开展，置于玻片上，用显微镜窥其叶质之厚薄、光泽，叶脉之多寡及分布情形，叶缘之锯齿形状，叶尖之凸凹等，以判定之。

着色：

茶之着色，不外粉饰其外观，掩没其丑劣之品质而已。着染之颜料如滑石粉、石膏、普蓝、□青、各色赭石粉、煤油……大部染料咸含毒质，故若干输入国绝对禁止之。

检验着色，以立特式最简便。法以茶盛细孔之小筛中，下承白纸而筛出其粉末，然后将纸放于玻璃上，用物——如篦——平正磨压，茶粉经数回之反复，着色物即留存于纸，吹除粉末，以七倍半之扩大镜检视，其着色之点线更明示，而易于检视也。所染物如石膏、滑石、黏土等，用黑纸更显著。

至于成分之分析方法，非本篇所关，有待另文专述之。

附录：茶叶检验暂行标准表（录自《中国茶叶分析及其化学检验暂行标准之研究》）（表略）

祁红等级条件表（录自《祁红品级试验报告》）

审查表二种（表略）

本文引用文献：

冯绍裘：祁红茶品分级试验报告

屠祥麟：中国茶叶分析及其化学检验暂行标准之研究

出村要三郎：御茶之制造法

泽村真：制茶化学

UKERS：ALL ABOUT TEA

本文谢谢屠祥麟向耿酉冯绍裘庄晚芳诸兄指正。

试拟祁红等级条件表：

项别		等级			备注
		第一级	第二级	第三级	
形状		细嫩匀齐,经过八号筛眼抖下者	条索紧细,经过七号半筛眼抖下者	条索稍粗,经过六号半筛眼抖下者	
色泽		鲜润调和	深浅调和	深浅失调或色略枯	
香气		清高或醇厚	纯正	平和	各种茶如有酸焦枯烟臭等不正之气应不列等
滋味		醇厚	纯正	平和	各种茶如有酸烟焦等不正之味应不列等
水色		甚鲜明	鲜明	暗或淡	
叶底		红艳匀齐	匀齐	略花暗	
物理的因子	暗片及青片	在2.5克茶内青暗片不得超过25片或12%	在2.5克茶内青暗片不得超过35片或18%	在2.5克茶内青暗片不得超过45片或24%	
	黄白毫	不得低于1.5%	不得低于0.5%	微有	
	200cc容量之重/克	不得低于65%	不得低于62%	不得低于59%	
	85℃温水中之浮量	不得高于15%	不得高于20%	不得高于25%	
化学的因子	夹杂物之最高限度 粗梗	3.5%	5.5%	8%	
	老片	2.5%	4%	6%	
	碎末	0.8%	1.2%	1.6%	
	砂土	无	无	微有	
	杂屑	无	微有	微有	

项别		等级			
		第一级	第二级	第三级	备注
化学的因子	水分	不得高于6%	不得高于6%	不得高于8%	
	灰分	不得高于6%	不得高于6.2%	不得高于6.5%	
	水浸出物量 5分钟浸出量	不得低于16.5%	不得低于16%	不得低于15%	
	全浸出量	不得低于40%	不得低于38%	不得低于35%	

《安农校刊》1937年第1卷第2期

令知祁门县政府指示该县教育亟应改进各点

安徽省政府训令敕初字第　号

令祁门县政府：

教育□签呈：

"案据视导员周树楷呈送二十五年度第一学期视察祁门县地方教育报告表祈核示饬遵"等情，业经详加核阅，兹将该县教育亟应改进各点分别指示如次：

甲、关于教育经费者

一、该县教育经费，向以茶捐及教育款产收入为大宗，自废除苛杂以后，茶捐停征，区立各校经费无着，几至停顿。本年度虽由省补助二千元，然与区立各校原预算数，相差甚巨，应积极整理原有教育款产，如五乡息金、房租、田租等项以裕收入。

二、查昔年曾文正公驻军该县时，曾以军米约值银七千九百两，捐作书院膏火，科举废除后，此款遂由各姓祠堂及各种文会借用，既无担保，又无借据，积欠本息甚多，现此款已收回约四千元，其余之数，连同息金一千八百余元，仍应加紧追缴全数存储银行，或殷实商号，并组织教育基金保管委员会，专司其事，此项基金之利息收入应作该县发展教育之用。

乙、关于普通小学者

一、该县县立青云桥小学，系由男女两小学合并设置，本年度名虽合校实仍分设，两部各级学额均不足，图书设备尤感缺乏，应即实行合并，藉以改善。仍应饬该校撙节办公费添购设备充实学额，俾成全县之模范小学。

二、该县区立小学四所，学生共二百六十五人，学级数十三。平均每学级二十点四人，教职员共二十人，每人教授学生平均十三点四人，均与规定相差过巨，且区立小学经费困难，尤须撙节支配，以维现状。应即合并班次，减少教员，藉符规定，而免浪费。

三、私立小学各级学额平均数为十九点八人，教员每人数授学生十七点六人，殊不经济，应令充实学额，若招生困难应即合并班次，庶资充实。

四、该县私立小学十余所，素乏成绩窳劣，敷衍塞责者实居多数，嗣后应由县督学严予考核其成绩，过于低劣者即勒令停闭，至成绩优良者可酌予补助，藉资鼓励。又私立小学尚未立案者，应饬迅即立案以符功令。

五、该县各公私立小学，尚未设立短小班，应令遵照省颁办法分别增设以广义教。

丙、关于义务教育者

一、各短期小学，学额均不充实，应饬各联保主任协助各校长，继续招收，以资充实。

二、二十四年度所设各短小，应即加紧教育，赶办毕业，斟酌各地学龄儿童数，继续办理或另迁他处。

三、该县村落星散，应利用巡回教学，以谋适应。

四、各短小对公民训练，大多不甚注意，殊属非是，应令认真教育。又各校女生，学额甚少，应令广予招收，以资平均发展。

五、该县各短小校长及教员，甚少进修机会，应令组织教师进修会藉资进修。

六、查短小应以一教师教授两班为原则，该县各短小，多有加聘教员教学者，责任不专，弊端百出，应令一律解聘。

七、谢家祠短小校长李□妹，热心办学，成绩卓著，应予嘉奖，以资鼓励。

八、该县私塾颇多，除城区九所已改代用短小外，其余均未经调查，应即依照省颁二十五年度改进私塾办法，切实办理，又已改代用之短小，应随时督促改进。

丁、关于社会教育者

一、该县县立民教馆，本年缩小其他开支，增购书报，事属可行，惟社会失学民众所在皆是，应令增设民众学校，以尽职责。

二、各公私立小学，应于可能范围内，筹设民众夜校，以谋民众补习教育之推广。

以上各点合行令仰遵照办理，具报察核！此令。

中华民国二十六年三月□日
主席刘镇华

《安徽教育周刊》1937 年第 104、105 期

安徽省之特产

毡毯为手工艺品之一，红茶及绿茶久已驰名

现代各国工业，均由手工时代进入机器时代，反观我国，则尚在手工与机器并存之时代中，且以手工业居于极重要之地位，故提倡手工业，改进手工艺品，实为复兴农村之主要手段，亦即国民经济建设之首要工作。皖省的手工业，向极发达，各项特殊手工艺品——如亳县之毡毯，祁门之红茶，六安、太平之绿茶，滁州之茶菊，安庆之蚕豆酱、豆腐乳，宣城之蜜枣，双沟之高粱酒，芜湖之铁花、剪刀，当涂之紫铜壶，祁门之瓷土，庐江之明矾，泾县之宣纸，舒城之席簟，徽州之墨，休宁之罗盘，桐城之秋石，安庆之膏药，等等——或则国内驰名，或则著称海外，裨益地方经济之发展，实非浅鲜。徒以近来未能迎合时代潮流，随时加以研究和改良，以致样式、颜色、质料……不能与舶来品竞争，因之销路日促，产量锐减，而农民的生计也受了极大的影响。现在政府有的及此，拟将举行全国手工艺品展览会，用意就是将全国的手工艺品集合起来，给全国人民一个研讨观摩的机会，知道什么是优良的手工艺品，大家去改良它、提倡它，使不受人欢迎的产品，变成人人爱用的产品，使专门技能的手工艺品，变成农村副业，则我国农村经济的复兴，可

指日而待了。兹将最近皖省出产的各项特殊手工艺品产销概况，据记者调查所得，择要钩元，按照国民经济建设总会所分的类别，依次简述于后。

....

乙、饮食类

红茶

我国红茶，因产地不同，向分湖红、宁红、温红、祁红等数种，尤以皖省祁门出产之红茶，在国际市场中，夙负盛誉。祁红产区，乃在本省祁门、至德与赣省浮梁等三县，而以祁门为中心，计有乌龙、红梅、麦肚等名称，色香味俱臻上乘，故能蜚声中外也。每年采摘茶叶，分为数期，谷雨前后（即国历四月十五日至二十五日）十日间所采者为头茶，立夏左右（即五月二日至七日）三五日所采者为二茶，立夏三四日（即五月十日）以后所采者为三茶，三者采期不同，而品质之优劣，大半取决于是。其制造手续，可分粗制、精制两类，粗制属于茶农，精制则属于茶号。茶农仅将采下之鲜叶，略事暴晒蹂踹稍干，闷入桶中，使之发酵变色，然后售于茶号，茶号收买后，先用茅火焙炒略干，复经茶师开筛制造，分为一、二、三、四、五号各种，用风箱将黄叶扇帆尽净，用人工拣去其枝梗，然后再用栗炭火烘干，将各号茶合成均堆，装盛箱内，红茶制造手续即告完成。尚有黄叶片末，统制"花香"，亦装箱出售。去年（二十五年）祁门各茶号共制茶三万三千二百四十二箱（每箱约合市秤六十二斤），花香七千四百一十三箱，各合作社共制茶六千九百二十九箱，祁门茶业改良场共制一百一十一箱，花香二十二箱。至德各茶号共制茶一万二千二百六十四箱，花香四千三百零六箱，总计正茶五万一千五百四十六箱，花香一万一千七百四十三箱。祁门红茶装箱之后，多用汽车装运至宣城，交由江南铁路火车联运至沪，每箱所需运费平均约二元六角。销售区域分国内、国外两种，而以国外居最多数，国内以沪、苏、杭等处为多，国外以英、美、俄等国为多，去年每箱售价，头号茶计洋一百五十余元。查红茶运销原极散漫，自去年皖赣红茶运销委员会成立后，始有总辖机关，所有红茶运销一切事宜，统归该会通筹办理，将来红茶发展，正方兴未艾也。

....

安徽省农村合作委员会公函

字第　号

查皖赣两省推销红茶原经贵会皖赣红茶总运销处、贵处组织茶叶品质评定委员会，选聘茶叶专家及两省出茶各县代表，为是项评定委员，担任茶叶品质鉴别事宜，此种办法意至良善，本会为便利考察各合作社红茶出品优劣以资监督起见，特请贵会转饬皖赣红茶总运销处、贵处于本年红茶运沪发售时，分别聘任本会派驻祁门县主任指导员刘树藩、至德县主任指导员汪崧衢为茶叶品质评定委员会委员，藉便参加服务，而资共谋发展，事关茶叶产销合作业务之推进，想贵会处当亦赞同，相应函达，即希查照办理见复为荷！

此致。

皖赣红茶运销委员会

皖赣红茶总运销处

委员长马凌甫

中华民国二十六年四月

《安徽合作》（旬刊）1937年第1卷第5期

安徽省农村合作委员会训令

字第　号

令驻祁门、至德县办事处：

查本会前以皖赣两省推销红茶，经由皖赣红茶运销委员会上海总运销处组织茶叶品质评定委员会，选定茶叶专家及两省出产红茶各县代表为是项评定委员，担任茶叶品质评定事宜，为便利考查合作社茶叶出品优劣以利监督起见，当经函请皖赣红茶运销委员会及该会上海总运销处，请予分别聘任该处主任及祁门、至德县办事处主任为该项评定委员会委员，俾资参加服务，共谋发展，兹准皖赣红茶运销委员会函准令饬上海总运销处遵办，又准皖赣红茶运销委员会总运销处二十六年四月二十七日函字第四四号公函内开：

"案准贵会互字第一三九号公函略开请分别聘定本会派驻祁门县主任指导员刘

树藩、至德县主任指导员汪崧衢为茶叶品质评定委员会委员，藉便参加服务，共谋发展等，由准此理应照办。惟品评委员员额有限，除各县茶叶公会推派外，自当分别函聘，相应函复即希查照为荷。"等由。准此，除分令外，合行令仰知照！

此令。

中华民国二十六年四月　日

委员长马凌甫

《安徽合作》（旬刊）1937年第1卷第5期

安徽省农村合作委员会训令

字第　　号

令各县县政府、驻各县办事处：

案奉：

实业部二十六年四月二十一日合字第一一七二号训令内开：

"案奉　行政院二十六年四月十三日第一九九二号训令内开：案准司法院二十六年三月二十七日咨复，以关于合作社贷款催收办法案内事后救济第一款，经饬据司法行政部呈复，拟酌改为'得许质权人于债权到期未受清偿时自由变卖质物，但以无争执者为限'抄同原呈，请查照见复等由，准此，查此案前据该部具呈到院。经交内政、财政、实业三部审查，并函司法行政部派员参加讨论，并经将审查结果咨请司法院转令司法行政部通饬遵照，暨分令各该部知照在案，兹准前由，核与原第一款意旨并无出入，自应赞同，除咨请司法院查照将本院前咨如案修正转令通饬遵照，并分令财政、内政两部遵照外，合亟抄发原附件令仰知照。此令。"等因。计抄发原附司法行政部原呈一件奉此。查此案前奉行政院令行到部，业经通令知照在案。兹奉前因，除分行外，合行抄发原附件，合仰知照。等因，计抄发原附司法行政部原呈一件，奉此。查本案前奉实业部令行到会，当经转行知照在案。兹奉前因，除分行外，合行抄发原附件，令仰该府知照。

此令。

附抄发原附司法行政部原呈一件

中华民国二十六年四月　日

委员长马凌甫

《安徽合作》旬刊1937年第1卷第5期

咨安徽省政府

农字第六五四二号

咨复关于祁门茶业改良场请拨新建制茶工厂机械装置设备费一案，经商准全国经济委员会秘书处签发一千二百元到部，请填具领据，以便拨发由。

案准：

贵省政府建农字第八四二一号咨，以据建设厅转陈，祁门茶业改良场呈请增拨新建制茶工厂机械装置设备费一案，咨属查照，转商全国经济委员会秘书处签发，俾竟全功等由；准此，当经商准函复允拨一千二百元并签发此项付款书到部，相应咨请查照，转饬填具一千二百元领据，以便拨发为荷。此咨。

安徽省政府

中华民国二十五年十二月二十六日

部长吴鼎昌

《实业公报》1937年第313期

中国茶叶分布的梗概

范则尧

茶在我国有悠久之历史，说者谓远自神农，有谓滥觞于周，有谓始于六朝，而盛于唐宋，议论纷纷，莫衷一是，但茶原为野生植物，蔓生于我国各地，此则为众所公认，而我国人民对于饮茶之习惯，极为普遍，故将茶列入开门七件事——柴、米、油、盐、酱、醋、茶内，则其重要由此可知矣。

我国茶叶在清末民初时每年输出值达五千万海关两，居输出货品第二位，执世界茶业之牛耳，今则反被日本、印度、锡兰等地所产之茶压倒，推其原由，则华茶之栽种及制造，仍沿用旧规，致茶之品质，未能臻善，茶商未能直接贸易，价格多受外商垄断，兼以运费及入口税率苛重，因之贸易数额，频年递减。据民国十七年海关统计华茶输出额为九十二万余担，共值海关平银三千七百余万两，较之曩昔出口值五千万两几相去一半，而近年来仍每况愈下，因之茶商宣告破产，无法维持，反客为主，大有一落千丈之势，设此时若不急起直追，力谋挽救改善之法，则华茶前途，将何堪设想。今之复兴华茶呼声已高唱入云，计划步骤如雨后春笋，研究茶业者亦不乏人，故本篇茶叶分布之作，对于有志研究茶业问题，未始不无稍补。然以我国幅员之广，兼以内地交通不便，对于实地调查统计材料寥若晨星，故欲详细明了其分布情况，则殊觉困难，因之挂一漏万，自所难免，尚希海内贤达，有以指正是幸。

我国气候温和，土地肥沃，故极适于茶树之生长，全国产茶之面积，普遍于黄河、长江、珠江、闽江诸流域，即自北纬二十一度至三十度之间，兹将各省茶之种类依其产地而命名者，列表于下，一面可以表示中国茶叶分类之繁多，而一面亦足以表明中国产茶分布之一般情形。

黄河流域计九省，而产茶者有甘肃、陕西、河北、河南、山东、山西六省。

省名	名称	产地	每年产额
甘肃	平凉茶	平凉府属即平凉、固原、崇信、灵台四县	全年可产二十万担
	西宁茶	西宁府属西宁、碾伯二县	
	鞏昌茶又名牟龙茶	鞏昌府属西和、伏羌、安定、陇西、通会、宁远六县	
	兰州茶	兰州府属靖远、皋兰、狄道三县	
	凉州茶	凉州府属山丹、永昌、甘州、武威、张掖五县	
陕西	紫阳茶	紫阳县	全年可产二千担
	汉阴茶	汉阴县	
	西乡茶	西乡县	
河北	涵川茶	涵川	全年可产八百担
河南	固始茶	固始各地	全年可产二千担
	商城茶	商城县	
	光山茶	光山县	
山西	绿茶	无指定地方	全年可产一百七十五斤
	红茶	无指定地方	全年可产一百五十斤
	茶末	无指定地方	全年可产一百六十斤

省名	名称	产地	每年产额
山东	济宁茶	济宁	全年可产五百担
	邓州茶	邓州	
	莱芜茶	莱芜	

　　长江流域凡九省，九省之中，均有出产，为我国茶业最繁盛之区，计产茶者，有四川、湖北、湖南、江西、安徽、江苏、浙江七省。

省名	名称	产地	每年产额
四川	雅安茶	雅安县各地	每年可出产二十万担
	天全茶	天全县各地	
	名山茶	名山县各地	
	荣经茶	荣经县各地	
	印峡茶	印峡县各地	
湖北	湖北茶	武昌府属各县	每年可出产二十五万担
	宜昌茶	宜昌府属	
	羊楼峒茶	蒲圻之羊楼峒	
	羊楼司茶	蒲圻之羊楼司	
	崇阳茶	崇阳之大沙坪、白霓桥	
	通山茶	通山之杨芳林	
湖南	咸宁茶	咸宁之柏墩及马桥铺	每年可出产一百六十万担
	安花茶	安化、常德、桃源、石门等县	
	湖南茶	益阳、湘潭、醴陵、浏阳(高桥、永丰)、湘阴、湘乡等县	
安徽	徽州茶(或名婺源茶及祁门茶)	徽州府属之歙县、祁门、婺源、休宁等县	每年可出产五十万担
	池州红茶	池州府属之建德、青阳等县	
	六安香片	六安州属各处	
	寿春茶或灵璧茶	凤阳府属之寿州及灵璧等县	
	南谯茶或北谯茶或新昌茶	滁州属之全椒及来安等县	
	安庆茶	怀宁、潜山两县	
江西	南昌茶	南昌府属之武宁、义宁、丰城、新建等县	每年可产一百六十万担
	吉安茶	吉安府属之吉安、龙泉、铅山、崇山、瑞阳等县	
	瑞州茶	瑞州府属之高安及新昌二县	
	袁州茶或秀红茶	袁州府属之宜春及萍乡二县	

省名	名称	产地	每年产额
江苏	南京茶或称江宁茶	江宁府属之句容、高淳、大合、溧水等县	每年可产一万担
	淮安茶	淮安府属之阜宁、桃源、清和等县	
	扬州茶	扬州府属之宝应、甘泉、泰州等县	
	松江茶	松江府属之青浦、娄县二县	
	徐州茶	徐州府属之宿迁、铜山、砀山、邳州四县	
	海州茶	仅海州府属之赣榆一县有之	
	苏州茶或碧螺春茶	苏州之吴江、铜山等地	
浙江	龙井茶	杭州府属之新城、富阳、余杭、昌化等县	每年可产四十万担
	平水茶	绍兴府之虞上、新昌、嵊县、诸暨、余姚、萧山等县	
	宁波茶	宁波属之奉化、象山、慈谿等县	
	台州茶	台州府属之黄岩、仙居、天台、太平等县	
	乌龙茶	温州属之瑞安、永嘉、乐清等县	
	严州茶	严州属之遂安、寿昌等县	
	金华茶	金华府属之东、兰谿、永康、汤溪等地	每年可产四十万担
	薛锦乌龙茶	湖州所属各地	

珠江流域凡四省，而四省均有出产，惟广西未有统计。

省名	名称	产地	每年产额
云南	普洱茶	普洱府属各地	每年可产十二万担
	曲靖茶	曲靖府属之平彝、陆良、寻甸等县	
	元江茶	元江府属各地	
	永昌茶	永昌府属之永平、保山等县	
	楚荣茶	楚荣府属之广通、定远、镇南、大姚等县	
贵州	贵阳茶	贵阳府属之贵定、广顺、龙里等县	每年可产四万担
	黎平茶	黎平府属各地	
	大定茶	大定府属之黔州、毕节二县	
广东	广东茶及他名称	广东全省均有出产，但以东南部较多	每年可产十八万担

闽江流域只福建一省。

省名	名称	产地	每年产额
福建	白琳茶	福宁府属之福鼎等县	每年可产四十万担
	界首茶	崇安县之界首	
	武彝茶或淮山茶	延平府属之崇安县	
	清和茶	延平府属之政和县	
	邵武茶或熙春茶	邵武府之各处	
	水吉茶	建宁府属之水吉镇	
	沙阳茶	延平府属之沙县	
	洋口茶	建瓯属之洋口镇	
	北岭茶及板洋茶	闽侯县各乡	
	丹阳茶	连江县之丹洋	
	龙井茶	漳州及漳州附近各县	
	东风塘茶	寿宁县之东风塘	
	龙岩茶	龙岩属各地	

《安农校刊》1937年第1卷第2期

祁门县农民失业

皖祁门县第一区第十二保华桥地方，人民大都务农为生。兹因京赣铁路经过该处，所有田亩多数均被征用，居民因此而失业者甚多，其贫苦较前尤甚。该处人民，因难负担地方一切保甲公费，特由该保保长将事实具文呈请县府请予豁免该保一切捐费，并请设法救济。（三月二十七日皖）

《国际劳工通讯》1937年第4期

安徽茶业

若　劲

安徽一省，向为我国产茶极富之区，大江南北几无县不产，皖北所出产的统称北茶，皖南所产者号为南茶，而以大江为其分野，全省产额据第三次前农商部统计为二十一万一千担，十九年安徽建设厅调查统计则为二十四万一千五百余担之数，所产以绿茶为最多，品质亦优，如皖北之六安、霍山、立煌、舒城一带所产之茶皆是，其中销于华北、华中及东北各省，所谓"六安茶"是也，然皖北茶产量虽不多（年可七八万担）惜无出口，占洋庄箱茶输出中之新高额者，厥为皖南所产之红绿茶。皖南多崇山峻岭，气温冷暖适宜，实为茶树栽培之理想区域，祁门、至德（即建德或秋浦）一带之红茶（称为祁红），婺源（旧本徽州府属，现改隶江西省）屯溪歙县一带之绿茶（称是"婺绿"）产富质优，甲于全国，而在海外市场上，尤有甚悠久之历史与优越之地位。其中"婺源抽芯""祁门贡品"等茶，色、香、味之佳，世罕其匹，皖人拥此天然富越之特产，衣之食之，均赖此以资挹注，社会经济泉源亦得以循流弗竭，而有助于入超偿补，尤为可观，皖南茶叶地位之重要，由是可见一斑。

《星华》1937年

中国的茶业

江中砥　译

中国茶业之历史上的记载——产茶区域和茶市——红茶制造——绿茶——乌龙茶——花香茶——砖茶——茶的种类

中国是产茶的古国，给世界以茶的名称，和茶的饮料。茶树的栽培和茶叶的制造，在中国虽然有了几千年的历史，但关于制造方法上翔实的记载，则非常少见，而且可以说完全没有科学上的根据。

中国茶叶出口，在十九世纪后期，是非常旺盛的。现在因为印度和锡兰的竞争，出口数量已经衰落到只有从前的一小部分了。同时又因为制茶方法的不知改良，所以将来中国茶业独霸世界茶市的这一回事，将成为历史上昙花一现的事实了。

但是中国是天赋有一种制茶的技能的，她可以把制茶工业变成现代化合理化，使她再成为世界上一个重要茶业输出的国家。

中国茶业之历史上的记载

中国茶的起源是根源于神话的。有的把茶的起源归功于西历纪元前三千年的神农皇帝，有的以为西历纪元后五百年达摩僧到中国，对于茶也有发生关系。据说达摩僧有一次经过长时间的坐禅，忽受睡魔所困，愤将眼皮割下，掷在地上，立刻变成一株茶树，它的叶是可以作为驱除睡魔的饮料。

中国第一部可靠的茶书，是西历纪元后七八〇年陆羽写的。关于茶的制造，他说茶要在一定的月数内采摘，雨天和阴天都不适宜。它是先经过手制，而后才干燥封装的。至于茶的种类，据他说也有几千种。

关于茶的制造，以前的著作者，都讲"蒸茶"方法，是先将叶中苦汁蒸出，然后将茶叶用手或布揉捻一过，再放在太阳或炭火上面烘干。从前制茶有无用压榨的方法，虽不可知，而解块方法，在陆羽时代早已实行，是我们所可以深信的。

在什么时候中国也用现代制茶的炒焙方法，我们是不晓得的，不过大家现在都这样相信，茶用铁锅来炒，最后再用炭火来焙，是比较用汽来蒸，和日光来曝是好得多的。关于这两部的手续，要留待后面再讲。

茶在古代，被一般中国诗人理想化了。现在举一首茶歌证明如下："一碗喉勿润，二碗破孤闷，三碗搜枯肠，惟有文章五千卷；四碗发轻汗，平生不平事，尽向毛孔散；五碗肌骨清，六碗通仙灵；七碗吃不得，也唯觉两腋习习清风生。"

Te，Chia 和 Cha 是代表中国各地茶的方言，都已经翻译成各国的文字了。

在欧洲，茶是在十六世纪中期才有的，荷兰于十七世纪早期始有茶的输入。

茶在英国，在安娜皇后朝代，就已经成为很普遍的饮料了。一七〇三年，茶输入英国的数量是十万磅，到了一八〇五年就增加到七百五十万磅。那时茶还是叫做"中国饮料"，这种名称一直沿用许多年。每年中国茶的出口超出三亿磅，有一个时期茶的输出额竟占了中国出口贸易第一位。

茶业贸易，在十八世纪所以能够占那样重要的地位，一方面应当归功于美洲对于茶叶进口的优待，一方面也应当归功于一般英国航船的设计家。他们能够设计许多有名的茶船，像查勒格耳、德莫比勒、居第沙喀等，而居第沙喀那艘帆船，又成了英国在世界上一只最优美、最轻快的商用帆船。这一类的帆船，都把早期的茶运到伦敦去。大鹏和亚利罗两艘帆船，在一八六六年竞赛地把头帮茶从福州运往伦敦的故事，也已经成为历史上的事实了。

在十八世纪，中国还是供给世界各国茶的消费，不过在那时印度的工业已经有了长足的进步，锡兰和爪哇也都有茶的出产了。欧洲人把她统治下的产茶国家制茶的方法改变了，一种和中国不同的茶在市场上出现了。那时大家都认识新茶的价值，结果中国茶被侵夺，再不能与印度、锡兰和爪哇相劲敌。从那时候起，一直到现在，中国茶出口贸易的衰落，实有惊人的趋势。

中国茶的出口量（单位：亿磅）

时间	红茶和绿茶	砖茶和饼茶
1899	153.6	71.2
1913	109.2	82.2
1923	98.2	8.8
1927	79.6	38.6
1928	76.8	46.6

中国对于茶的出口贸易的失败，不但是受了外在因素的影响，而栽培方法的低劣，茶地的散漫，无系统的栽植，茶农的缺乏资本，不知保全茶质，和没有改良茶质的企图，在在都是使中国茶业贸易衰败的原因，和被摈于国际竞争的市场。

俄国因为有大宗投资的关系，所以占据华茶市场也较其他各国为悠久。但当大战前十年，俄国已经大量地采购其他各国的茶，到了战前后几年，差不多一半的俄国购茶契约，是和锡兰签订了。

中国也感觉过去因为对于茶业漠不关心的缘故，以致损失市场，于是在一九〇五年，特派一批委员到印度、锡兰考察茶业。结果在南京成立了一个特殊机关，专门研究茶的栽培方法。一九一五年，政府复在祁门设立茶业改良场，并组织委员会，以综理茶业改良事宜。至于私人设立的茶业改良场，在宁州也有一个。

茶的出口贸易，缺乏组织，也是一个可以批评的地方，在茶没有到出口商的时候，先须经过许多中人，纳许多捐税，结果生产者虽能生产极好的茶，仍得不到好的茶价，很容易使他们灰心。

产茶区域和茶市

关于中国原始茶的地理上的分布，据一般中国作家都以为最初是发现于福建武彝山，有的说是发现在四川或江南绿茶产区，或其他各省。但据最近报告，茶的产地是在中国北部。

从前华茶和欧洲各国贸易，常由广州出口，所以广东省成为茶业的中心。以后因为茶市移到福建，所以福州成为茶业贸易的中心了。现在广州所出口的茶，多半是工夫茶，橙黄白毫，以及小数的小种和乌龙茶，但贸易额都极有限。

福州茶业最旺盛的时期，是在一八八○年以后，过此时期，因为茶业贸易集中汉口，和印度、锡兰茶业的振兴，福州茶业被其侵夺不少。福州和三都澳所出口的茶，大半是工夫茶和乌龙茶。

在一个时期，福建厦门是茶的输出埠，大半的茶是输往台湾的；但自从一八九四年，台湾被日本侵夺，经她开辟以后，厦门就受她很大的打击了。

现在所有出口的茶，都集中在扬子江流域五省——湖北、湖南、江西、安徽、浙江和福建省。

湖北是生产红茶重要的省份，中国最大茶市——汉口——所输出的茶量，红茶约占五分之四。它是在扬子江上游六百里，于一八六一年开作商埠的，所有海洋轮都可以进口。在那里茶市每年从五月中开始，一直到了十月底为止；但其中以五月末至七月初为最活动时期。在一八九○年以前，汉口茶市，完全是操在英国人手里，以后因为她转移目光于印度、锡兰方面，所以英国所遗下来的地位，就由俄国人来接替了。在一九一五年，从汉口输出茶类中，单独砖茶一项，已有八千万磅了。

因为俄国茶市在一九一八年衰落了，所以汉口茶业也跟着衰落下来。从那时候起，湖北红茶的出口，大半是由上海转运。

湖南红茶是由汉口输出的，江西省的茶都集中在九江，红茶由九江运往汉口转运出洋，绿茶则由上海转运。九江也像汉口一样，在一九一八年因俄国茶业贸易的失败，受了很大的打击。现在这两个地方，都要等待俄国茶业贸易恢复原状时，才有转机。

浙江绿茶，除一部分是从上海转运外，每半都由杭州、宁波和温州出口。安徽的茶，除由芜湖出口外，一部分也从杭州输出。

云南和四川，多半制造劣等压榨的茶，运往西藏畅销。这一种茶叶，先用蒸汽萎凋，然后加点米浆，用手搓揉使成球状。米浆供给黏质，可使球状保持不变。四川红茶，是先运往宜昌，然后再由宜昌运往汉口。

茶在北方的山西、山东、河南和南方的贵州、广西也都有出产，不过这几省所出产的茶，都是用作本地消耗，没有外售。

自从汉口茶市衰落以后，在华茶贸易危险期中，所有茶业贸易均移到上海来了。在现在中国上半部各省的茶，从前是在扬子江口岸贸易的，现在也都转运到了上海。同时一般茶商也都跑到上海来做茶业的贸易了。

天津和张家口，在一个时期是华茶转运到俄国的一个重要市场。它的航路是从汉口到天津，到张家口，再经过蒙古沙漠到哈克图，就到了西伯利亚的边界了。这一条陆路，因为有了商人队的组织，所以沿路居民也跟着繁盛起来。一八九九年是陆路贸易最旺盛的时期，但第二年因为拳匪乱起，妨碍陆路的输运，改用铁路运输。以后虽然环境恢复常态，但除了一九〇四年到一九〇五年，日俄战争中东路停止货物输运，这一条陆路的贸易稍有进展外，以后陆路差不多变成没有用了。现在张家口不过成了茶转运到蒙古的集中地点罢了。

中国产茶地亩数若干，和出产数量多少，终没有正确数字。茶的生产，不过是一种乡村工业，和家庭中小生产，所以一切统计也不过是近于推测罢了。

中国人口约在三亿和四亿中间，以其通常用茶数量来推测，每年可产茶六亿磅至八亿磅，可说是比较近似的数目。不过在出口贸易发达的时期，其数目还是要增大的。

红茶的制造

中国红茶的制造，手续是非常繁复的，而这一方面的书籍又不多，最近对于这一类文字，多半是根据福兴保尔和爪哥生于十九世纪前半期到中国时所得的观察。

撒姆耳保尔于他一八四八年在伦敦所出版的《中国茶的栽培和制造》一书里，曾把红茶的制造法归纳如下：

把采来的茶叶，摊放在竹簟上，让它在日光和空气中曝晒，像草般地辗转它，反覆它，再把它放在荫蔽的地方，等待它发生香气，放在铁锅里来炒，用手或足搓揉它，最后再把它放在炭火上干燥，这样作就制成了很好的工夫茶了。

工夫茶是中国红茶一种很普遍的名称，它是从中国字"工夫"产生而来的，意思是说苦工，就是制造这一种的茶，比较制造其他的茶，要花费更多的时间和工夫的。

茶叶是日光中曝晒，要使它的叶茎萎软，而屈折又能不断。曝晒的时间，只好一二小时，阴天或雨天都不适宜。茶叶经曝晒后，稍为揉捻至呈红色时，再把它放在阴凉的地方去发酵，发酵时间，据一般作家说，可以经过六小时，但总以发生香气为准。

茶叶经发酵后，就把它放在热锅里，锅要用薪火烧得极热，虽然火度的强弱，和制茶品质优劣没有多大关系，而有的书本是这样说，中国最优良的小种茶，是从热锅里制成功的。

茶叶放在锅里的时候，常常发出爆裂的声音，这时即须开始翻炒。最初只带青草的气味，以后才有香味，现在茶叶已经萎软了，可以放在浅笔内施行搓揉。

炒叶使茶叶停止生机，至于以后的化学变化，则和绿茶制造时所发生的变化，完全一样。

茶叶经搓揉后，可再放入微火锅里炒熬，炒熬和揉搓，可以轮流施行数次。

最后干燥茶叶，应该要很小心的做，这一回的手续叫做焙。焙的方法，是在折腰圆筒形，底部开口的焙笼内施行。这种焙笼，有二尺五寸高，是放在炭火上面，中间要安置一个竹编的烘盘，用以盛贮茶叶。烧火时须极小心，勿使茶叶落入炉内，致笼中茶叶，蒙上一种焦灼的气味。

茶叶经烘焙半小时以后，即将烘盘取出，把茶叶来一回揉捻，揉捻后复放入焙笼。这样干燥和揉捻的手续，可以继续不断的做，一直等到茶叶松脆不能再捲为止。在干燥的时候，炉火可用粗糠或炭灰使它逐渐低微。这样经过几小时以后，最后一部手续，是把茶叶放在焙笼上面的烘盘，给微火去烘焙。

茶经过这样制造以后，就可以运到茶行包装。在那里茶是经过拣选的，并切成同样的大小，包成小包，预备运往出口。

上面所说的这一段话，是从撒姆耳保尔所著的那一部书里得来的。里面有许多叙述是太过于理想的，和现在祁门红茶制法的报告或许有许多不相符合的地方。

祁门茶是在安徽省祁门地方栽种的。茶味浓厚，香气极富，除真正祁门茶以外，没有一种茶有那样的香味。

有人说祁门对于茶的栽培不大十分注意，他们差不多不晓得什么叫做剪枝和施肥，许多茶树，因为杂草丛生，致于不能生长。因为采摘没有讲究，因为在茶行里面，所有茶叶是混杂在一起，茶梗和杂物，是由幼童用手拣除，所以清明节一到的时候，园主和他家里的人，都把所有茶树上的青叶，采摘下来了。

当秋冬和早春的时期，茶庄里非常冷落，好像劳工成了问题。但是在采摘前几天，到山上去的路径，又非常活跃有生气起来了。一般民众，都到乡村，或是山边，或是茶行里去找工作去了。

当太阳出来，叶上露珠消失的时候，也就是采摘开始的时候了。采来的茶叶，薄薄地摊放在竹席上，给日光晒，使其萎软，萎软后，再把它放在揉捻台上施行搓捻。搓捻后，茶叶是放在木桶里面，上面盖一条布，放在日光中发酵，发酵的时间，可以从一小时到二小时，看当日气候的情形来决定，不过在发酵时，茶叶尚须时时搅拌。等到茶叶变成赤铜色，再把它取出来，放在竹席上给日光曝晒，以后它的颜色就会变成黑色。

茶叶经日光曝晒以后，往往减去它原来重量百分之五十，假定新叶里面，所含水分是百分之七十，那么经过日晒以后，就只有百分之四十，或不及百分之四十了。

此后茶叶是被一般农户用口袋装上，带到邻近乡村的茶栈去发售了。茶栈又把它送到茶行里面，施行第一次的烘焙，使茶质不至消失。

茶行收买大量的茶叶以后，或用机器，或用手筛，施行拣别，拣别后，再照前面烘焙的方法，放在烘笼上烘焙一次。虽然这种手续非常劳苦迟缓，但用烘笼烘焙，无论如何都比用机器烘焙好，因为它可使茶叶保持茶质和香味。

茶在包装以前，还来一次微火烘焙，烘焙后，乘热装入锡箔二五箱里，预备运往汉口茶市。

在祁门茶区里的茶叶制造，所应当注意的就是说，虽然最好的祁门茶，都要制造到二星期之久，但因为气候的变化，影响茶叶的制造很大，所以每年品质的不同，是免不了的。

我们晓得上面所说的红茶制造法，和保尔所说的有许多不同的地方，同时在这里我们是不用炒茶的方法，来停止茶叶发酵的作用。

绿茶

制造绿茶的时候，摘下来的茶叶，能够愈快炒愈好。在茶叶摘下来和经过炒的手续中间，往往留一个空隙的时间，刚好给茶叶冷却。炒青叶前，在空气中曝晒，是不必要的，尤其是太阳曝晒是有害的。绿茶炒用的锅，应该要比红茶用的锅深一点，因为这样，每一次可以加增许多茶叶。茶叶在炒时往往变成黄绿色，并发出气体。

绿茶炒后，也像制造红茶一样，要经过一次揉捻，揉捻后，就把它放在平笔就中搓揉，使成团块，团块解散后，再用两手搓揉一回，以后就把它放在阴凉室内去干燥，干燥后，再来一次炒熬。不过这时须用微火，并须不时搅拌。等到茶叶有六七分干，叶色呈有黑色的时候，再把它取出，待冷后再来第三次的炒熬。这时火候须更为低微，茶叶经这一次炒熬后，叶色渐变成红色。

这时茶叶所呈现的颜色，是茶叶品质优劣的记号。在一个时期，制茶的时候，常常用一种人造的颜色投入锅里，使劣等的茶叶，也染成同样的颜色。

乌龙茶

乌龙茶的名称，是从中国字"乌龙"（意即黑龙）产生而来的。它是各种在固定形式下制造，和茶叶呈有黄绿色的茶的统称。它的种类也有几种，像厦门乌龙茶，福州乌龙茶，台湾乌龙茶，和安溪乌龙茶。

乌龙茶是半发酵的，它的制造和制造红茶一样，不过发酵的时间稍短一点。至于它的香味，是介在绿茶和红茶中间。详细的乌龙茶的制造方法，要留待下章台湾茶那一节里来讲。

花香茶

中国的花香茶，保尔已经说得很详细了，许多的花像金粟兰花，苜莉花，玉兰花和水栀子花等，都可以用来制造花香茶，不过有人说除开上面那几种花以外，还有许多的花是可以用的。

绿茶的燻花方法是这样的。茶经烘焙后，从焙笼内取出来，乘热气还没有退减的时候，把它倒在箱中，约有两寸那样的高，以后拿一握的花散布在茶叶上面，这样一层一层的花和茶间隔的铺着。通常花和茶分量的比例，是百分的茶，配三分的花。花和茶经这样混什以后，就把它放在密封的焙笼内施行烘焙手续，烘焙后，再放置箱内一天。烘焙的时间，约经过二小时，这时花已经燻残了，可以把残花筛去，将茶叶包装起来。

燻过的茶，可以搀什一些绿茶，其搀什的数量，是一和二十的比，就是花香茶二十分，配绿茶一分。茶经搀什以后，再把它放在微大的铁锅上来一回炒的手续，这样一包装就成了英国从前所叫做 Cowslip Hyson 茶了。

红茶燻花的方法，和绿茶稍有不同。它是把花放在焙笼上面慢慢的去干燥，干燥后，再把花研成粉末。至于花粉搀入红茶的时间，有的是在烘焙最后二次的干燥和揉捻，有的比较通常和经济一点，就是在做烘焙最后的手续的时候，把花粉散播在茶叶里面。

砖茶

砖茶在中国在宋代已经就有了，那时是装在金制的盒子里面，送给皇帝当作一种进贡的物品。在西伯利亚，砖茶是在十七世纪才发现的。

当福州辟作商埠的时候，俄国人就在福州用机器制造砖茶了。一八八二年砖茶茶业开始移到汉口去贸易，在通常状态下差不多百分之九十的出口砖茶，都是在汉口制造的。

虽然中国也有许多茶号，但砖茶的制造和出口，多半落在俄国商号手里。英国也投很大的资本做这一类的商业。

俄国制造砖茶的工厂里面，所有设备都是用新式的机器。关于砖茶制造的大概情形，上面已经讲过，但红砖茶的制造，茶叶和茶末是并用的，并且大半茶末是从印度和锡兰进口，在欧战前，每年茶末的进口有三千万磅。

绿砖茶的制造，只用茶叶，所有茶末和茶梗都不用。

在制造砖茶的时候，什物的掺什是免不了的。茶枝、树枝、木屑、松皮、树叶、锯屑，有时即煤烟也常常掺什在茶叶里面去制造。最劣等最粗大的茶叶是制造砖茶的原料。砖茶只含有等量好的茶叶六分之一的效力。

砖茶的形式，是长十二寸，宽八寸，厚一寸。绿砖茶是八寸到十二寸，宽五寸二到七寸。至于砖茶的重量，是二磅四两。虽然每箱可装砖茶三十六块至一百四十四块，但普通只装八十块。

俄国砖茶的等级，是分做二十等，但每级相差不远，所以实际上只分做上、中、下三等。

饼茶除用最好茶末做原料外，其他制法和制造砖茶完全一样。在俄国砖茶和饼茶所纳的关税很低，目的是在奖励压榨茶的制造。

中国茶的分类

中国茶的分类，从没有确定标准，大概可以分成两类，就是茶叶和压榨的茶。压榨的茶，有的是砖形，有的是圆形。这两类的茶，红茶和绿茶都有。

最繁复的分类方法，可算是以茶的原产地来分类了。所叫做原产地，不一定是茶树生长的地方，就是它的制造的地方，或是分等的地方，也可说是它的原产地。有的时候这一地方的茶，因为和某一地方的茶的茶质相同，也就把那个地方拿来做它的茶的名称。

茶可以依制造方法分类，或依采摘时间和采摘年龄来分类的。每一种的茶，都可以分成许多等级。

为避免麻烦起见，一般中国茶的出口商，自己成立一种分类的方法，来适应贸易实际上的需要。它的分类的方法，一部分是根据茶的来源，一部分是根据茶的制造的方法。

把中国出口茶拿来分类的第一个人是瓦德，他是美国一个有名的茶的作家。他把红茶分成二十二类，绿茶分成六类。还有一个托克沙夫，他最近也把红茶分做六十四类，绿茶分做四十八类。这一种的分类比较还精确一点。茶的名称，虽然分成多类，但这一类的名称，只有对于一般购买大批的中国茶的人，才会发生兴趣和效用。

出品茶往往不用它原来的中国名，而加上另外一种的名称。下面那几种是最有名的中国的红茶和绿茶。关于红茶方面，在安徽省的有祁门茶、建德茶，江西省有宁州茶，湖南省有安化茶、湘潭茶，湖北省有宜昌茶，福建省有板洋茶、北岭茶、清和茶、白淋茶、沙阳茶，和桐木关的小种茶。至于绿茶，有名的是安徽省的婺源茶、屯溪茶，和浙江省的湖州茶和平水茶。

中国红茶的分类，有的是根据茶叶制造的方法来分类的，有的是根据茶叶的优劣来分类的，一共也有十几类。制法方面，最复什的，像制造工夫茶，最简单的，像制造彩花白毫。彩花白毫的全部制造手续，不过是干燥罢了。至茶叶的优劣，从最幼嫩的茶芽像彩花白毫，白毫，以至于制武彝茶所用的最粗老的茶叶都有，茶用这种方法来分类，就有下列那几种。

茶从中国出口的有工夫茶。这一种茶，在制造的时候，像上面说的，要花费许多的时间，和受许多的麻烦。工夫茶有浓厚的茶味，可以再分做华北工夫茶，或叫做Monings（意即黑色的叶）是从汉口来的；和华南工夫茶（意即红色的叶）是从福州来的。还有一种很有名的工夫茶叫做Honly suekle corgou是从广州来的。

红茶捲成小圆形的叫做茶珠。

小种茶的制法，和工夫茶相同，不过是用粗叶制造的。它的名称是从中国字小种二字来的。它的外表，看过去很不好看，但是喝的时候，品质还不错。有一种茶叫做Padre Souchong是武彝山和尚制造的。

武彝这一个名称，最初是加花最上等的红茶上面的，现在差不多成了最劣等茶的称号，那一种茶是用最后采来的茶叶制造的。

白毫、橙黄白毫和彩花白毫，是三种茶的名称，这一种名称，是表示这一类茶是用最上等茶叶制成的。Pekoe是从中国字白毫二字来的，意思是说白的毫毛，这一种毫毛，能够从幼芽和嫩叶上面看出来的。在发酵时候，茶汁附在毫毛上面，现在黄色、橙黄色或含黄色。彩花白毫，是从春天摘下来的最幼芽做成的，同时也没有经过发酵手续。这一类茶完全是银白色的茶尖。

北岭茶虽然叶尖是黑的，但也像彩色白毫一样，是经过精制的。板洋茶，邵武茶和水吉茶，也像北岭茶一样，是经过特别制造，同时也是福建出产的。

有一种的茶，是经过燻花的。福州的花香橙黄白毫，是一种最上等的茶，它的颜色是鲜黄或青绿，茶叶捲得很紧，同时上面也有白的毫毛。

绿茶是依叶的捲法、大小和生产地来分类的。上等的绿茶，是珠茶、雨前茶、熙春茶和元珠茶。其他就是Waisan、秀眉和Hyson Skin了。Gunpowder的中国名是叫做珠茶，因为它的形状圆小如珠。真正的元珠茶，在中国是叫做Flvar tea是没有出口的。至于Young Hysun这个名称，是从中国字"雨前"来的！意思是早春，就是说这一种茶叶，是在早春时候采下来的。

Twankay也是一种绿茶的名称，这个名称是从中国字屯溪来的。屯溪是安徽和浙江两省交界的一条河流，最初被用来做这地方茶的名称。

珠茶分造三等出口，就是一号，二号，三号，占绿茶出口的第一位。它是由最幼芽捲成珠形。形状由最小的针头，到最大的豆叶，不过愈小是愈珍贵的。它是一种带有草黄色的饮料。

雨前茶分做五等出口，它是从嫩叶搓捲而成的，品质只低珠茶一等。熙春茶是从较大较老的叶制成的，茶味苦涩，也分做三等出口。出口的元珠茶，是照珠茶的制造方法，用较老的茶叶制造的，不过搓捲方面，稍松一点。

在茶叶贸易上，这一类的名称是用来区别茶的种类，和说明它是从哪一种茶叶制造的。不过它往往都加上茶叶产地名称，像上面所说的婺源茶、屯溪茶、湖州茶和平水茶就是这样。

中国人把茶分做五类，就是红、绿、黄、红砖茶和绿砖茶。每一类茶又分做四等，就是粗、嫩、老、新，这样，中国茶一共有二十种了。这二十种中，又分做精制和粗制的，分精制和粗制以后，又加上省名和产茶地的名称，所以这样一来，中国茶的分类，最终就有几千种等级了。

贡茶是没有出口的，普通都叫做Mardarin tea。在民国以前，这一类，它是专供朝廷里面大臣消费的，它是幼芽制成的一种最上等的茶。

这一篇短短的释文，是从C.R.Harler所著的 *The Culture and Marketing of tea in China* 一章翻译出来的。当时因为在乡僻地方，没有充分的参考书可用，所以尚有几个英文的名词，无法翻成中文，只好留待以后改正。致于时间的匆逼，中间还有许多秕译之处，这是译者所非常抱歉的。不过译者总这样的感觉，现在中国对于茶业书籍非常少见，即译本也寥寥可数，所以不揣浅陋，先译这一章，以后还想继续把全书译竟，俾对于茶业方面有小小的贡献，同时译者还希望国内茶业专家，对于茶业方面能够多多的著作和翻译，使一般有心研究中国茶业的人，多得一些参考的资料，这样中国茶业前途就一定有复兴的希望了！（译者附志）

《安农校刊》1937年第1卷第2期

一九三八

店庄新茶上市

新茶受战事影响较往年减少。

各洋行要求祁红在上海交货。

店庄茶已上市，龙井新茶已运抵沪，中国茶业公司及洋庄茶业公会办理茶业贷款，华茶外销办法商妥后，各洋行要求红茶在沪交货，各地产茶受战事影响，产额减少，兹志详情如下。

店庄新茶业已上市：

店庄茶：

（一）红茶可武彝、祁门、宁州、杭州四大类。（二）绿茶可分杭州、洞庭、黄山、新安、普洱、六安等六种，采摘及制造时期言之，分头二三四帮及秋茶等。头帮在谷雨前十日采制之，二帮在谷雨后十日采制之，三帮在立夏前后采制之，四帮在小满后采制之。秋茶在立秋日及白露节所采制，今头帮新茶上市后，首批温州等处所产之龙井茶，已由温装外输运抵沪，是项新茶除销天津等帮外，余为本帮各店门市零售。

洋庄茶叶开始贷款：

洋庄茶：

（一）红茶分祁红、宁红、温红、湖红、建红等。（二）绿茶分平水、徽州、湖州等，关于红绿茶之贷款，规定红茶由中国茶业公司办理，绿茶由上海洋庄茶业公会会员茶栈办理，洋庄茶上市约在立夏节前后，惟须经过各茶栈之制造，然后再发样品售给各洋行，正式新茶交易约在端节前后，关于华茶之外销经商妥，红茶由香港交货，上海凭样茶交易，绿茶（平水茶）由上海交货交易，（两湖茶）由汉口交易香港交货。

各地产茶今年减少。

沪市各经营华茶出口之洋行对于洋庄红茶交货，要求仍在沪办理，刻正与中国茶业公司商洽之中，至于今年各地产茶受战事影响，产额减少。闻祁门红茶今年产额预定自七万箱至八万箱，绿茶包括两湖、平水、徽州等总约产六十万箱，又在战区以内如湖州、杭州、洞庭山等处新茶，因茶农四散，无人采摘，茶商因秩序未复均不敢下乡收买云。

赣交通银行续办皖红茶贷款

南昌讯　交通银行对于农产实业投资，素极注重，以前在赣皖办理红茶贷款，数额曾达二百五十万元，与该省农产合作运销处，会同转发产地茶农及乡镇合作社，每年办理经过情形，甚为良好。兹悉该行对于此项贷款，本年继续办理，现在皖省茶区颇受战事影响，惟赣省办理情形，尚无特殊变动，故将贷款总额减低至一百万元，仍会同两省合作委员会直接贷放茶农，以利生产运销，此项大宗红茶，由当地产区实施检验后，即可办理装箱。目前长江交通虽陷中断状态，惟运输一层，业由承销洋商往粤汉路转香港出口，除运费较前略加外，尚无其他困难发生。

《金融周报》1938年第11期

茶叶公司经办红茶贷款

经济部商业司为激励华茶输出，经已令饬中国茶叶公司经办湘、鄂、皖、赣、浙、闽各省茶叶产制货款抵押，其总额凡四百五十万元，而皖赣两省占二百万元。兹以产茶之期瞬届，本省茶产可望丰收，农民需款孔殷，两省共二百万元犹恐未足，乃派祁门茶叶改良场场长胡浩川赴汉商请增贷，并接洽六安茶叶产销贷款，结果两省红茶贷款经已酌增至二百五十万元，惟六安茶贷款希望甚微。

《安徽政治》1938年第5期

改良的红茶制造法

晨　禾

红茶的制法，因时代及产地而不同，有中国式红茶制造法，又印度、锡兰、爪哇等地所行的所谓印锡式方法，以及日本的改良方法等等，红茶与绿茶以前皆用手制法，现在则变为机械化，而更加研究改良矣！中国式与印锡式，乃在室内萎凋及低温发酵之不同。中国式红茶，其制品风味软和，不适合欧美人之嗜好，当然是不利于贸易品的销售。反之，印锡式乃出于英国人之手，且向为欧美人士所欲研究改良者，故此其制品之市价增高，而贸易品当以日本式制者为佳。日本式原是学习印锡式得来，且几乎无甚差异，然而，日本曾经加以合理的部分改良。所以，今将改良之法述之如次：

（一）萎凋——萎凋是红茶制造上与摘采上，同为最重要的工作，若方法不善，则以后揉捻发酵完全不能举行，且对品质有很大的影响，故在设备上，方法上，程度上为最紧要之事，摘采上印锡地方避硬叶摘，因为绿茶硬软种种的混合，乃制造上最感困难的事，尤其对红茶应更为忌避。

其方法可在屋内设棚架行之，普通约十五至二十四小时，叶茎萎凋，约其叶可透见，中肋及主叶脉带黄褐色，茶叶之触感恰如鞣皮，重量减轻四五时为适度，过与不足皆使其品质减损。若失此时间则揉捻中常生碎叶，红色消减而成曇状者矣。

（二）揉捻——揉捻中可使茶叶之酸化作用进行，为制茶香味之基础也。其时间因原料等而不一定。揉捻之方法，乃使揉捻机（此机专为揉捻时用者）运转后，徐徐投入茶叶，暂时不加揉压，直至使其回转后，静止时加以揉压，揉捻达适当程度时，则茶叶之香气变化，稍带刺激性，其色亦带黄浅绿色，可用筛分别筛过，其残留不能通过者揉捻，至能通过为止，而二回式或三回式，亦此意也。于是再令其发酵，揉捻中应避过剩水分之榨出及高温，约为发酵前之重量四成的减省适当。若水减少过多时，则常使水色淡薄也。

（三）发酵——茶叶之发酵为红茶制造技术上独有之过程，事实上为生叶粗成分之变化，而发酵就在揉捻中破坏细胞时，压出液汁之一瞬间开始的。

大规模之情形，则设置发酵室，温度湿度能够自由调节！若小规模的简单方法，则可预备一洁净小室，设一相当之砖床，床面敷以炼过之瓦，其上载以厚4.5cm内外之容器（失之薄时陷于容易干燥，失之厚时对其香气有影响），以容茶叶，然后可覆以湿布，湿布在发酵前之水分量与室内气温之关系，可以绞于法加减之，发酵室内之温度，须保持20~25摄氏度，茶之温度则为30以内。其温度应常使之为百分之九十五以上，如接触空气须防止茶叶之外干，约过三小时则失其青臭而变为红褐色，放出似林檎之一种芳香，此时即可使之干燥矣。时间却因原料，揉捻中之发酵度，重量减去之多少，室内气温及香味之关系等，而有所加减。又于发酵之过程中，幼芽及粗大叶应分别处理之。

（四）干燥——急激的停止其发酵，至少要使其达82摄氏度以上；尤其是70前后，行炼干燥时应使其水分减少百分之五以下。

（五）精制筛别——印锡地方其精制筛别不委之于再制叶者，而于生产工场已有相当之设备，随即可以精制输出。其方法，先以其混合之茶入于筛分机（此机专为筛分茶叶粗幼者，其筛目各有一定之直径也）。可分为三种，由粗大者渐次再投入其切断部，或一定长之切断后又入于数种之筛分。尚来，此乃用唐箕及小箕或圆筛者。在精选场却于工场之一部密闭室，装置大旋风器。我国式制品可区别为：白毫、小种、工夫、粉茶四种。筛别之后，装满于干燥之箱，运出市场，或用箱壶等物装满贮藏之。

《农声月刊》1938年第215—216期

皖赣在港设处运销红茶

华中各省产茶，多由沪运销欧美各国，惟自上海沦落敌手后，多已直接输运香港转销欧美。皖赣两省府以现值红茶出造时期，若仍由沪输运出口，诚恐受暴敌种种留难。现已决定在港设运销总处，并已委派程振基、曾震负责赴港主持一切，现程、曾二氏在五月初旬间动程赴港策划进行。

《安徽政治》1938年第12期

一九三九

祁红顶盘亿同昌号汪经理访问记

今年贸委会在屯溪收购红茶，首盘最高价格为祁门历口亿同昌茶号，所制大德大面四十四箱。记者闻讯后，特往汪经理私邸访问，承殷勤招待，并畅谈该号详细情形。兹略述如次：亿同昌茶号开设至今，已七十余年历史，自汪经理经营以来，锐意改良。前二年首批红茶问世，售价均为三百元。考其旺销原因，不外：1.早收鲜嫩之草，该号在谷雨前即已收齐嫩茶。2.各次所收茶草，分别初制，各次所收茶草品质不一，若混合初制，则必发生发酵不足或过度现象。3.每次发酵量少。4.毛火过度，打毛火不便太低，以达停止发酵为度。5.足火须柔火，不宜过急，补火更加注意。关于包装方面，该号亦力求符合标准。如所用铅罐糊裱后，均经烘干，箱外更加钉□皮。此次荣获顶盘，决非侥致，特为介绍，以供茶业者参考。

《茶声半月刊》1939 年第 1 期

祁红首次开盘，最高价二百八十五元

财政部贸易委员会皖赣办事处为便利茶商销售，今年在屯溪收购皖省箱茶，并求评价公正起见，特组织评价委员会专司其事，详情已见本刊。兹悉祁红首次开盘，业于本月十三四两日举行完竣，最高价二百八十五元，为祁门亿同昌茶号所制（大面为大德），经理汪在宽，其余各盘亦大多在二百元以上。闻一俟货主允沽后，即可进行对样过秤手续，茶款在十日内结算清楚，如数实发，不收任何手续费用，并免去各种运什费，实已打破历年茶价记录，茶商莫不喜形于色云。

《茶声半月刊》1939 年第 1 期

安徽省茶叶管理处管理规则

第一条　本处为培养抗战建国资源，防止茶叶资敌，并谋提高其品质，维护从业者之正当利益起见，制定管理规则，凡在本省境内经营茶叶者悉应遵守。

甲、关于生产部分

第二条　本省产茶县份，应由县政府督导茶农组织生产合作社并由本处派员指导栽培、采摘及其他技术方面应行改良事项。

第三条　为提高茶叶品质起见，下列各项应严于禁止：

一、潮茶

二、烟熏

三、日晒

四、烟烘

五、脚揉

第四条　毛茶价格不得低于生产成本，亦不得故意操纵，妨害产量与推销。凡收购毛茶者，应就所在地议定最低价格，悬牌公告，并须呈报本处备案。

第五条　凡经营制茶之公司、厂号、合作社（以下简称制茶者）均须提出纯利至少百分之十补偿茶农，俾充办理农村福利事宜之用。

第六条　毛茶交易以兑付现款为原则，遇有特殊情形，如运现困难时其迟延付款，时期亦不得超过一个月。

第七条　收购毛茶不得克扣斤两并须应用市秤。

乙、关于精制部分

第八条　制茶者皆须向本处为合法之登记，并须填明本年度能精制箱茶之箱额。

第九条　前项箱额经核准后不得中途变更，如遇原料缺乏以致不能交足箱数时，应予事先陈明，已贷款者并应按照比例缴还贷款。若以同样原因拟增加箱额时，亦应事先陈准，如需贷款仍可继续申请以示奖励。

第十条　制茶者应有固定场所，即每一场所不得有两家或两家以上之制茶组织，所有登记字号不得另加某记。

第十一条　关于制茶之技术、茶箱之包装等项，本处得派员分赴各茶场就地检验，如有不符规定者，本处得责令其改进，如屡戒不悛，除注销其登记证外，已贷款者并追还贷款本息。

前项检验标准及施行细则另定之。

第十二条　本处为推广国际贸易起见，每年应作箱茶销路之精密调查，制成报告分发各县，制茶者以期供需适应。

第十三条　凡制成品如经本处验明焦酸霉烂或水分不合时，视其损坏程度如何，或发回重制或禁止销售。

丙、关于运输部分

第十四条　凡毛茶篓茶箱茶及其他包装成品皆须经本处核定并发给许可证方得运出省境，但经中央机关就地收购持有本处凭证者不在此限。

第十五条　凡外销茶包括箱茶花香，于制成后皆须运至本处指定地点，交由本处所派人员收□并代运至销售地点，不得自运。

第十六条　本处得在省境边界设立检查所或与税局取得密切联络，施行检查，凡不合本规则第十四条之规定者得予扣留。

丁、关于推销部分

第十七条　箱茶连同检验合格证明书交到本处后，按批布样，每批五十大面，其布样先后依本处收据号码为准。

第十八条　箱茶销售应先征得货主同意。

第十九条　售得茶款由本处代收，除扣还贷垫各款及百分之二茶叶改进基金外，余数即日交付贷主。

戊、关于其他部分

第二十条　本处得取缔一切操纵与剥削行为，经查明属实，虽双方同意亦在严惩之列，取缔事项与惩罚办法另定之。

第二十一条　本处得招商承包办理仓库与运输事项，其承包人以投标方式决定之。

第二十二条　本规则如有未尽事宜，由本处呈请，省政府修改之。

第二十三条　本规则自呈奉省政府核准之日施行。

《茶声半月刊》1939年第1期

关于祁红植制之一得

张祖声

　　茶以能兴奋解渴，人多嗜之，植物性嗜好品中与咖啡烟草同为一般人所不能须臾或缺者也。故其销路之广实足惊人，我国出口，茶向占首席，其中尤以红茶为多，而祁红乃吾国红茶中之最上者，全国独步，销数虽少，价格颇高，祁红创制告成一因自身植制之不事改进，一因外茶之勃兴，六十年来无甚发展，吾人处身茶业，当不能漠然视之。祁红因上述关系以及天然环境之适于茶植，实有尽先改进之必要，缘祁区早晚多雾，湿度常在百分之九十以上，即中午亦常超过百分之七十。气温终年无酷暑严寒，土壤多系沙质壤土，有沙土黏土之利，无沙土黏土之弊，根据前人报告，祁区土质，氮磷钾诸要素均富，天然环境，极适茶植，是以品质胜常，此其所以远过其他产品之一因也。惟其植制情形，缺点殊多，对于整个祁红前途影响至巨，如能于各方面注意改进，则于国际市场不难驾凌他国之上，爰作斯文，以备万一之参考也。

　　（一）土壤及地势：茶树喜酸性土壤，土质不宜过黏，普通以沙质壤土为最适宜。茶园高山平地均可开辟，惟山地茶园，斜率不能过大，以tanA等于三分之开方三为最适，过大则因表土养分易被雨水冲失，茶树生长不良，或竟不生长，此种现象在平里茶场之一角可以证明。该处土质甚好，但因斜率过大约在tanA等于开方三以上，茶树竟全不生长，所以斜率在开辟山地茶园时，不可不注意及之。如经济条件充裕以辟阶梯形为上。

　　（二）茶园布置：整理茶园不特工作方便，并可使茶树生长繁茂，修齐美观，畦沟应划分清楚，使排水良好，茶树种植以直条形，或单丛形。前者较为经济，但须注意各株间距离，以免成长后互相倾挤。单丛形即数株成一丛，各丛有相当之间隔，虽占地较多，但采摘方便。园中杂草应除者，防夺养分也。故宜常予耕耘，一方除草，一方通气。

（三）整枝：整枝可抑制茶树长高，而使枝势蓬茂，株面扩张，因此茶芽增加，每株产量较之不加整理者有相当增加，此盖移其长干养分而长枝叶也。园艺学上多用之，至芽叶感受风日平衡，生长较易整齐，未亦可漠视也。

（四）施肥：作物生长之地，土中养分，因作物吸收，雨水流失，逐年枯竭，如不设法补充，产量必如开矿式之逐年减少，因之施肥遂成经营任何农业之必要手段。目的在维持地力，促进作物生长，增加产量。茶树吾人所需者为芽叶，故应于相当时期（春茶发芽以前，以及春夏茶采摘以后）施以氮质肥料，盖氮肥有促进植物枝叶茂盛之功，乘其蓬勃发芽之际而采摘之。此外磷肥钾肥亦宜同时兼用，前者可使植物枝体中原形质健全发展，增加对于外界一切之抵抗力，后者可助光合作用时糖类之转换，施肥种类以有机性为上，因俱有改良土壤物理性之力也。

制造：此部工作对于成茶品质，关系至巨，能转劣为优，亦足转优为劣，故其重要殆可不言而喻。作者此来祁区，实地观察一班茶农茶号土法制造经过，类皆草率从事因陋就简，多有未合，若辈只知制造红茶须经采摘、萎凋、揉捻、发酵、烘焙五步手续，因此有如配药式之依照先后程序进行，绝不考究其所以必经此五步手续之原因，对于制出成茶，难具把握。如遇天阴多雨，惟有顿足锁眉，一筹莫展，此种靠天吃饭之侥幸心理，对于任何事业必致失败，更何况乎制茶之不能有一将就。夫制茶每一程序，步步相连，均足影响成茶品质，此亦无怪乎败多于成，难具把握也。兹就管见所及，将各部必经原理，应行改良之点列次，望海内明哲予以指正。

（一）采摘：以嫩芽为原则。因单宁、水浸出物、茶素之含量均随茶之生长而渐次减少，故如采摘过老，制出成茶品质降低，因前三者实决定品质之重要因素也，其次嫩芽为分生组织之细胞构成，细胞小而膜亦薄，全为纤维素组成，原形质亦浓，细胞间无空隙。老茶乃为永久组织细胞构成，细胞大而膜亦厚，由木栓质、角皮质纤维素组成，富弹性，细胞间空隙大，原形质浓度减低，前者制出之茶叶不易破碎，而后者多碎末，且因组织疏松，密度减低，泡茶时多浮水面，故宜嫩采。普通以一芽两叶为最合宜；再嫩，品质固好，影响收量，乃经济问题，过老影响品质，采摘之茶不应老嫩混杂，因其在组织上、成分上既现不同，对于以后各部程序自有先后差异。茶叶采摘后放入竹筐中不可施以压力，同时筐孔不宜过小，盖两者俱足变坏茶叶，摘下之嫩茶不可久留筐中，应即萎凋，以防变化。

（二）萎凋：细胞中及细胞间空隙在初摘下时充满水分，各部呈紧张状态，组织间之涨力甚大，弹性极强，受加压力即易破碎，故不能即行揉捻，萎凋目的即在减少一部分水分，松弛细胞间之紧张状态，减低组织间之涨力，使能达于揉捻目的，故萎凋之适可程度亦以此为准，不足或过度，均足影响以后各部操作，普通一般农家多采日光萎凋法，取其迅速省事也。但日光萎凋如遇光线强烈时，叶面蒸腾难以均匀，尤以主脉叶柄部分特别显著，同时摊放面积过大占地不少，普通每十方尺只摊生草一市斤，故如大规模制厂采用此法，则晒场将须数十亩面积，摊晒以后，须时加翻拌，天雨尚不能进行，故非上策。室内萎凋，一般农家亦间有采用，将茶叶摊放竹簾上，放置架端在室内萎凋，此法当无蒸腾不匀之弊，惟所需时间太多，往往在二十小时以上，故如遇大量生草，而又天雨，常感不便。作者近提倡离心力萎凋，因其蒸腾平均，所费时间甚短并可节制自如。外国大规模洗衣作，用来干燥湿衣，短时间之内，大量湿衣即可蒸干，航海驾驶室，汽车司机座位前之清洁视屏莫不藉此作用成功。离心机之构造为一发电机式之磁圈，藉外界电力之作用转动整个机构，茶叶在机器转动以后由中央之盛受器以一定之速度落下达于轮腔四周，分摊均匀。轮之旋转方向系与地面垂直，其速度可由附加 Rheostate 节制之，（详细图样当在后期发表）惟此种设置普通茶农茶号不易举备提倡之目的，在将来茶叶一旦由政府设厂大规模制造农家不得自制时，当可达到。至萎凋之作用，作者认为不仅限于水分之减少，组织之变类，其他化学变化亦在日时进行，可由下列事实证之。茶之香气随萎凋之程度逐渐增加，此种香气之由来，或由变化而起，抑由水分减少细胞液浓度增加所致，则未敢遽断，但总由变化而来。因之所谓茶叶芳香油者，作者认为并非原来存在于茶树之叶中，而由其原存在叶中之某项物质变化而来，观诸一九三二年红茶与鲜叶成分比较表益可断矣，鲜叶中之芳香油为零，红茶中为微量。

（三）揉捻：目的在使细胞中含有之一切物质曝之于空气中，使起变化，一方使其线条紧凑，整饬形状。因此萎凋以后之生叶，务须力揉，使达于上两目的为止，但茶汁不可使其流失，否则将来成茶之水浸出物、茶素等均将减低，殊为可惜，一般土法，咸用脚揉，取其力大而揉量较多也。然此种方法任何人均不应满意，因茶叶制成后，将入口中，以足揉之，对于卫生之道，未免太不讲求，故亟宜设法取缔。手揉固较洁净，然以其量少时费，所用之力亦无从计较，亦非良法，大量生产时，决难赖以应用。故机揉之需，实为当今刻不容缓之急，量多时少，而线条□汁亦可达于充分要求该项揉机，应附加压力表，俾能由此得知所加之力从而调节之也。作者并非崇拜机器万能，□以非如此不足以副要求，至该项揉机之设计刻亦在进行中，容于后期与离心机、烘焙机同时发表。揉捻应注意之点：

（1）团块宜时予松散，以防温度增高进行不正当之发酵。

（2）用力应各部均等，应免一部过度，一部不足之弊，影响发酵不能一律。

（四）发酵：红茶之所以变红，全由此部而来，其适度与否，将来成茶色香味之程度均赖决定。其得失，关系重大，一般咸视为在全部制造过程中占最要，良非无因。茶叶在发酵过程中引起复杂之化学变化，最显著者厥推单宁，经过发酵以后，含量常能减少百分之十，他如蛋白质、淀粉、叶绿素、糖类等，亦有增加或减少。茶叶经此而变红。各家理论分歧，一般则认为由茶单宁经养化酵素之促媒作用，在空气中进行变化成为红棕色之养化单宁。但日本学者根本否认之，以为茶叶变红，乃其中之Flavone变化而来，究竟如何，有待于吾人今后之努力以解决之也。至于发酵进行中，温度增高原因，乃由能□变换而来，原不足怪，第其程度，不能测量也。

当发酵作用进行之际，诸种条件，必须适合，才能得良好结果，缺一即难奏效，影响非常显著。故从事实际制茶者对于此部程序所遇困难特多，偶一不慎，即遭失败，兹特不辞烦□，申述其大要如次。

（1）温度：发酵之进行，赖酵素之作用助长其速度，而酵素活动之能力，视外界环境而定。一般酵素最适之活动温度在40摄氏度至55摄氏度间，过高因其胶质态蛋白质凝固即失却活动能力，过低活动能力减小。但在茶叶发酵，其中特殊之酵素最适温度不宜超过30摄氏度。

（2）水分：酵素在发挥其接触作用之际，发酵叶水分之含量应有定规，普通含水量，应与土壤中之含水量相仿佛，保持百分之四十五至百分之五十左右为最适宜。所以遇天气干燥时，应调节空气中之相对湿度，以防其过度蒸散。吾人熟悉各种化学变化必须在溶液中进行，过干变化迟钝。但过湿，因需空气之故，通气不好亦足妨害进行，且可溶性物质，将致流失。

（3）光线：一般的讲光线对于酵素有害，特别是短波光线如紫外光线，所以发酵不宜在日光中进行即此理也，因此发酵宜择荫处进行。

（4）养气：发酵进行之际，空气之流动，实不容忽视，因其为变化之源。但直接急流空气亦不相宜，因蒸散所含水分与（2）抵触，同时蒸发吸热，减低温度与（1）抵触，影响进行，总之空气宜流通，而以间接和缓为条件，大规模制造，应另备发酵室。

（五）烘焙：即在发酵达于适度时，施以制止，防其过度发酵，发生劣变。作用即利用高温凝固其胶质态蛋白质，同时减去水分，使诸种条件具不适变化之赓续进行，但其温度不可过高，因茶叶中有机物质炭化时放入异味，因干叶表面组织之疏松对于气体有吸着作用，同时急速去水，其中原来水溶性物质之物理状态改行，影响其溶解度，故急火烘干，水浸出物量减低即此理也。如用热空气干燥，应将其中含有之不洁气体洁净以后始可，松树烧着后其中树脂等类物质分解以后发生气味足为茶叶表面组织吸收故不可不注意及之。烘焙时，宜常翻掉，使其各部减木平均。补火时香气之发生，恒在水分蒸散以后此盖芳香油之沸点较高大约在150度以上，同时存在组织内部。茶叶在空气中吸收之水分包在此种芳香油之外层成一薄膜，因两者不相混和故也。所以在加温时，水分先蒸发，然后香气出来。

《茶声半月刊》1939年第1期

祁门茶业改良场访问记

丁汉臣

　　祁门茶场在安徽省红茶出产名地的祁门县。自民国四年创立，到现在已经二十四年了，是历史最悠久的一个茶业改良机关。全国茶界闻人专家，差不多都和它发生了一些渊源的关系，在我国茶业改良史上占着很重要的一页。记者此次和同事张灏先生奉浙江省农业改进所派来该场考察，得会到许多专家，看到很多新式的机器，耳闻目睹，获得了不少很宝贵的心得。

　　该场现任场长是茶界著名的专家胡浩川先生。当我去访问的时候，胡场长适在离城五十里的平里分场。次日回城里总场，即去晋谒候教，在一个简洁的会客室里会到了，他着了一身草绿色布质的学生装，头发是长长的分批在两边，面容略呈□黑而带了几分风尘之色，举止镇静而诚恳，说话简洁而有头绪，和蔼而谦恭，一口略带六安土音的安徽官话，一见就知道是一位忠厚苦干的学者。

　　我们略述寒暄后，他因为即须到屯溪茶业管理处去公干，仅是把该场的概况，作一个很简略的叙述，记者再和该场其他诸先生谈话所得，在历史的和现实的两方面，把该场的情形具体的记载如下。

　　该场成立于民国四年四月，场址在祁城南乡的平里村，现在改为平里分场，那里是茶产的中心地点。场名农商部安徽模范种茶场，民国六年十一月更名农商部茶业改良场，范围很大，主管至德和江西的浮梁、修水等县份茶事改良。分场达八十余处，经费除部给外，皖赣二省都有巨款补助。十五年九月北伐军入境，因经费中断而停办。直到十七年四月才由安徽省政府接办，叫安徽省立第二模范茶厂，仅是保管性质，八月改名安徽省立第一茶业试验场。十八年二月改名安徽省立第一模范茶场，八月中止办理，又入保管状态。十九年二月更名安徽省立茶业试验场，二十一年十一月更名安徽省立茶业改良场，二十三年七月扩大范围，由全国经济委员会、实业部及安徽省政府合组祁门茶业改良委员会主管办理，改名祁门茶业改良场，并合并江西修水茶业改良场，这时事业最大，由胡先生接任场长。二十五年七月改由安徽省政府办理，实业部协助经费，修水茶场由江西省农业院接办。胡先生接任场长以后，事业日益增加，设备渐渐充实起来了。他继前场长吴觉农先生的主张，馨芜园，垦新园，渐具规模，应用科学方法从事栽茶，并作各项重要的研究与试验。同时因为平里交通不便和其他的关系，乃在县城的南门外凤凰山麓，圈地建屋，即是现在的总场。总场有工厂两座，一是初制工厂，二十四年建成，里面装备着自德国克虏伦铁工厂买来的最新式机器——揉捻机、干燥机、毛茶筛分机、精茶筛分机和最新式的萎凋、发酵设备，这些都是国内仅有的。还有一座是精制工厂，二十五年兴建，规模也很宏大。平里分场，除前吴场长向台湾大成铁工厂买来的大成式干燥机和揉捻机，和旧有的白井式揉捻机（手摇的和动力拉的各四架）外，还先后添建了复制工厂及五百焙炉的烘焙室各一座，棚下萎凋室一座，现在还拟建造化验室一座。

事业正在顺利的进行，不幸八一三上海民族抗战的巨炮轰响了，省部双方都紧缩经费，该场又入保管时期，直到现在，胡先生仍旧是保管员的名义。可是胡先生感觉到茶为换取外汇唯一特产，该场责任较平时更外重要，决不能因为政府没有钱而放弃了这伟大的事业，所以抱定"个人不离场，工厂不空废，茶园不生荒"的三大原则，苦干硬干到底。今去二年，该场与中国茶叶公司合组"祁门联合制茶厂"，技术方面由该场负责，制茶资本由双方担任。去年应用新置的克虏伯厂的制茶机械，作初次的试用，结果除烘干机稍逊外，其余均极完美，尤以加温萎凋设备，利用风扇，调节温度，过去制茶上最感困难的是受天时的限制，现在已经可以打破这种困难。去年春头，几十天不停的阴雨，他们仍旧继续工作，未尝间断，而且有大量的生产，完全是靠着这完好的设备。今年因机件奉令疏散，改收湿毛茶，用手工制造，因为制造上有该场职工严密的管理，方法上较一般茶号稍有改良，出品无论色香味三方面，都很好。至于平里分场是由该场自己经营，收买生叶和湿毛茶，制成精茶，该处用机器制造，效力颇为强大。去年制茶盈余数万元，今年也很有把握。

至于茶园，共有八九百亩，除平里有一部茶园，已有生产（今年春茶采得生叶一万四千斤，夏茶至少在五千斤以上）可以自给外，其余的就是拿这笔盈余来维持的。现在不特胡先生的三大原则，可以做到，而且还可以继续做些研究和试验的工作。近来贸易委员会又补助三万元，做该场研究试验和训练的经费，那末，以后事业的进度，自更有可观了！

关于研究方面，目前所注意的可分化验、栽培及病害虫三项。化验事宜已由张祖声先生担任，张先生对于茶叶化学颇有研究。据告记者，现在作各项制茶成分的分析，探求改良品质的途径。至于病虫害及栽培试验两方面，听说已先后物色专家担任研究。

此外，关于训练方面，因为现在茶业人才的需要，大有供不应求的趋势，该场有见及此，招收高中程度的学生，名为技术助理员，训练一年。这项训练工作由对于训练有经验的熊良先生负责，以期造成茶业改良的专门人才。胡先生曾告诉记者，此项训练的目标，是使他们在工厂里是一个良好的管理人员，在行政机关里是一个优良的茶业行政人员，在试验场里是一个娴熟的技术人员。熊先生也对我说："养成刻苦耐劳、能做事的精神。"如此，将这一批训练成功的人员送到社会上来，定是一支茶业改良界的生力军。

这是无疑的，该场在这保管期内，事业方面不但不停顿，而且是蒸蒸日上，是由于胡先生的能牺牲个人的利益，用全力来维护事业，发展事业的精神和坚忍的毅力，同时在胡先生领导之下的诸同仁，也是具有和胡先生同一样的精神和毅力，所以才有如此美满的果实。其余的我们姑不去谈它，当是看着下面的两件事，就可以知道了。第一，该场在历史的过程中，时停时办，尚有如潘忠义、张本国诸先生的继任至八九年的，而且现在生活费仅发到一月份，他们尚毫无怨言，努力的在做事，如果没有事业心和坚忍的毅力，曷克臻此。第二，当你到场里去的时候，就可以觉得到像是一个家庭式的工厂。大家在忙着做事，为了事业甚至连睡觉也可以牺牲，他们人生的真意义，好像就是为了制茶，茶制得好，大家开心，坏了那就有无限的懊恼，比损失了什么还要难过似的。同时，大家都只有一条心，是"力求制茶的精良"。如果没有事业心和坚忍的毅力，又曷克臻此！

这一次访问，不特在物质上收到很多的成果，就是在精神上也受到很大教训，"祁门茶场"是深深的印入我的脑海里了。

《茶声半月刊》1939年第2期

祁南茶厂与合作社之现状

成 之

一、一般情况

祁门固为全县产茶，但在气候、土壤等自然环境影响之下，驰誉于复兴茶业市场之祁红，实仅产于地势高峻，丘陵河流纵横□□之西南二乡，东北乡虽亦为山陵枇比，然所产之茶，一般人意为叶片厚实，叶绿素成分较高，亦适为制造高级红茶之用，而制造绿茶，则相得甚宜，故祁山茶区自然间已分有西南乡为红茶区，而东北则有独产绿茶之现象。因此，红茶号亦多集中于西南乡。

过去，茶号社产茶数量之消长，全为茶市所左右。茶商于往年茶季未开始前，莫不细度本年茶业市场行销之畅滞，而谨慎从业，尤夏茶价贬值过甚，未敢大事经营。本年自贸易委员会颁布茶叶统销政策，而保证茶商什一之利后，业茶者风险减轻，同时又有茶管处之大量贷款，因是去年经营获利之茶商，固挟资乐于从事，即休业数年者，亦为相率风起，重振旧业，于是号社林立。查本年祁门全县登记成立之茶号社有二百五十三家，与去年一百四十家相比较，竟骤增百分之八十以上，全县如此，祁南情形已概可想见。

茶与社既多，其制茶数量，亦当为比例增高，查本年全县各茶号向茶管处登记之总箱额为六万四千八百七十二箱，与去年三万九千箱之生产额推算，亦增至百分之六十以上，此一差额所需之毛茶数量，如依照过去茶农之情形而能尽量采制，固不难达到，然乃本年毛茶初上市时，开价颇高，茶农以利之所趋，遂早采早制，过去之采六叶者，本年于茶芽长至三四叶时，即行采制应市，此在祁茶品质上固较为优美，然于产量上又不免低减矣。

毛茶之供求关系，既突破均衡状态，茶价之高涨，乃为必然之趋势。本年茶市在谷雨前二三日，高在百元以上，然直至立夏后二三日，因茶号社之抢买结果，始终稳定在四五十元之间（二十三两秤）。茶农获利之优厚，实为以往之所罕见。于此影响之下，在东乡毗邻南乡，二十里以内一带之茶农，过去之采制绿茶者，本年亦多改制红茶，虽其品质稍差，而红茶产区似有扩大之现象。

本年祁红毛茶，虽已为尽情采制，而大部之茶号社仍未能制足茶管处预约箱额。此次调查祁南五十四家茶号社登记之总箱额为一万四千四百四十箱，而各号社之实制箱额仅及一万零三百箱，平均出箱率约为原登记箱额百分之七十一。其间资力优厚之茶商，在提前赶制之结果，固有制足预约之箱额，然在资金有限之茶号，因山价过高而仅制百分之三四十而已无力继续收制者，亦不乏其人。

二、茶号

（一）几种不同之经营方式

本年祁南茶号，依其经营性质之不同，大别有四：一、官营性之安徽物产运销处制茶厂。二、类似半官性之徽州制茶公司。三、纯系商营性质之普通茶号社。四、茶叶运销合作社。此四类中，占数量最多、业务最大，而情形亦较复杂者，厥为商营之茶号，尤以本年茶叶管理处办理茶厂登记与贷款之关系，少数茶商更有多种之经营方式出现，如为数号合厂经营或数厂联合经营，形形式式，方式殊多。兹将独资经营一厂，或合资经营厂者除外，复可得如下之三种形态。

A. "合厂经营"。此一形态，乃以集合二家或三家资力稍差之茶号，于同一制茶厂中共同合作，经营制销。其经营办法于表面上，各号乃分别设立分庄收购毛茶，在进货簿上亦为各号分别独立记账，然丁毛茶进厂复制时，则为混合制造，于各项开支账之簿面上，有为一号出面署名，或为共同记名。至成箱运销时，各号依箱额平均分配，分别标别大面运销。此类茶号对外名虽有数家，实则内部完全一致，盈亏亦为共同负责，其所以对外用各号独立名义者，谨为希图多量之贷款耳。然在茶商方面之理由，彼谓优点有三：（1）运制箱额增多，箱茶成本可平均减轻。（2）本年祁南茶号过多，原有合理之厂舍及有经验之茶师，非合厂实不易得。（3）集合小经营为大经营，俾扩大业务范围，以利事业之进行。

B. "分厂合作"。此种形式如于表面上观察，如毛茶之收购、复制，及箱茶之运销，均为各号单独进行，俨如各自独立经营之茶号。然各号经营结果之盈亏，实乃共同负责，如甲号亏蚀而乙号有盈余时，则相互弥补，此一性质，茶商称之曰联号。

C. "合作复制"。其办法乃集合二家或三家业务范围较小之茶号，于同一厂舍中，经营其制销业务，共同聘用茶师职员，及厂舍制茶用具之租赁。其复制费用，依各号社之制茶比例分配，在收购毛茶与箱茶运销等业务上，各号仍分别独立经营，盈亏亦为各自负责，故其办法不过为毛茶复制上之合作，以减轻复制费用而已。

（二）本年茶号业务经营困难之所在

本年祁南茶商业务经营困难之焦点，乃为不能制足其营业计划中预定箱额，其致果之因，分析可得数点。（待续）

祁南茶厂与合作社之现状（续）

成 之

第一，本年祁南茶号较多，需求之毛茶数，当亦比例增高，各茶号为制足其预定之箱额计，于是广设分庄，互抬高价，形成抢买之风。本年茶价空前之高涨，此乃实其主因。

其次，在屯茶山价高涨影响之下，行销亦当为颇俏，于是茶农于青茶揉捻后，即行出售，不如往年之略行干燥手续，甚至有少数茶农加水揉捻，因是毛茶水分提高，影响于箱茶做折之减短矣。平常年间，祁南毛茶一般之做折，平均多在百分之四十一左右，而本年根据此次调查五十四家茶号社之结果，平均仅及百分之三十一，相差竟有百分之十，此于毛茶成本无形间实又提高颇多。比如照上述之做折计算，每一百市斤箱茶，在平常年间仅需毛茶二百四十四市斤，而本年则须三百二十三市斤，须多耗毛茶七十九市斤。今依本年毛茶一般之平均价格，每市担三十五元计，每市担箱茶就多耗毛茶成本二十七元六角七分，折计每市担毛茶价格则须提高八元五角六分。故是实际上三十五元之茶价，如照过去之毛茶做折推计，毛茶价格即高在四十三元五角六分之数。

毛茶价格于有形与无形间，既均为提高，故是资力有限之茶号，仅经营至其业务计划中百分之六十或七十之箱额时，其资金即已告罄，无力继续经营矣。间有少数资力较为雄厚之茶商，虽欲大事收制，亦因本年毛茶采摘较早，产量有限，毛茶来源之断绝，亦为□拮制茶箱额原因之一。

毛茶成本之提高，影响制茶数量之减少，而复制箱额之减少，则又影响于制茶成本之提高矣。盖茶师职员之任用，及制茶用具、厂舍之租赁，以茶季为单位，而非依制茶数量之多寡计算，制茶二百箱之费用与复制四百箱实增加无几，同时本年祁南茶厂较多，茶师、拣工之薪给及号租均为提高，茶商于制茶成本之层层提高，业务经营，遂较以往艰难多矣！

三、合作社

祁南茶叶运销合作社，自民国二十二年祁门茶业改良场倡导以还，初时社数较少，而该场亦督导有方，成绩昭然。嗣因茶业频遭厄运，失败茶商因资金枯竭，经营为难，及见合作社之能得政府贷款，遂多方利用茶农组织合作社，历年来数量上虽有增加，而其质则背驰，合作前途，其可危乎。

本年祁南合作社经正式登记成立者有二十四家，其组织均为理监制，以理事长总揽一切社务。其社员之组成分子，有茶农，有士绅，亦有失败茶商，在真正茶农所组织者，其旨趣固属纯正，然惜数量颇微，而茶农间又缺乏合作干部，于是社务之支持，仍多仰赖于过去之茶商，社务致难正确发展。至于茶商士绅之所以高树合作旗帜，而致畸形之合作社普遍存在者，原因有四：（1）茶商资金短绌者，茶厂登记不易成立。（2）茶商因鉴于去年登记成立之茶号，不易贷款。（3）士绅与茶农相互为用。在地方，士绅以拉拢茶农为社员，达其经营目的，而茶农亦盼于附近境内多设茶号，冀图茶价之高涨。（4）指导机关之缺乏严密之监督与指导。

以此成立之合作社，虽外悬合作之名，内仍为商营之实，以故茶区中对合作社之一般舆论，如收买社员，伪造假账等等，随时可闻。

四、结论

根据上述之情形，较值注意者，问题有三。

1.茶号数量增多，在各号社竞购毛茶情形之下，茶价固可抬高，于改善茶农经济生活与刺激茶农早采早制，提高祁红品质二点上，固已相当成功。然因号社过多，各茶号之制茶数量，平均减低而成本却不能依制茶数量同比例之减少，因是祁红之生产成本提高矣。此于茶业管理当局，宜予注意与研究者问题一。

2.本年因毛茶市面颇俏，间有少数茶农于博得高价之外，复有加水揉捻，以增加重量而图厚利，此与茶叶品质影响颇巨，今后宜予注意者二。

3.茶叶运销合作，原为茶农自制、自运、自销，以免除中间商层剥削之合理之经济机构，今后应如何调整原有之合作社，与普遍成立合作组织，以扶植茶农，提高产品，取茶商制度而代之，以裨益社会经济。（完）

《茶声半月刊》1939年第4期

红茶为什么容易焦

胡浩川　讲　杨鸣歧　记

焦是做茶所最犯忌的，好茶中加了一些焦，评价的时候就难望得到高价。俗语说："一粒老鼠粪，弄坏一锅粥。"焦所给予好茶的影响，实在有这么大。

一般人以为"焦"是烘焙时火力过高的关系，但他们用低温时，仍不免有焦茶发现。我们细细推敲的结果，知道红茶之所以变焦，有六个主要的原因。

一、火工过大

在烘茶之前要注意两点：（1）每一烘炉内之木炭务求纯净，并须压得紧密，使生火后，不致有陷孔冒烟。（2）开火时各烘炉内之火力及每一烘炉内之火力务须平均，以免火力不匀向上之弊。烘焙时，并需随时注意各炉内之火力的突然增大，这样胥免火力过大，而致茶叶生焦。烘焙最适宜的温度，在70摄氏度至80摄氏度。

二、翻拌不勤

红茶烘焙时必须勤于翻拌，因热空气上升，首先与靠近笼顶（笼心盘）之茶叶接触，此茶，在最下层，所受之温度较快而高，若不时时将它翻到上面，而把上面的翻到下面，那它就有发焦的危险。在适宜温度时，每刻钟须翻拌一次，多则更佳。

三、翻拌不周

通常最容易犯焦的毛病，就是翻拌不周密。普通在翻拌茶叶时，仅仅将上层的茶叶搬动一下，或者将全笼茶叶无秩序的大拌一次。这样的翻拌，茶叶受烘程度不同，干湿难匀，常易焦坏。故翻拌茶叶时，一定要把下层的茶叶翻上来，上层的茶叶翻下去，那才妥当。此外笼顶与笼壁相交周围缝内的茶，更须翻拌清楚，若马虎贪懒，必致因小失大。

四、摊量不均

如果烘茶时，各烘笼里的摊量不均，那么量少的烘干速度比量多的快，若待多者烘干后同时下烘，则少的焦了。故各烘笼内茶叶摊量一定要平均，在直径一尺六寸半而深九寸（笼口至笼顶）的烘笼内，每笼烘茶摊量，以三四市斤为宜。

五、铺摊不均

每一烘笼内的茶叶，须铺摊均匀，并不能略露孔隙；因烘笼内茶叶所受的火力与温度相同，薄处茶少易干，每易变焦。若露孔隙，炉内之热空气因密度关系，皆由孔隙处外流，此孔隙处周围之温度因而增高，则茶亦易于焦坏。

六、宿茶未清

烘笼四围或笼顶，时常留有少量已烘干的茶叶，若不留心把他除去，再烘的时候，他就会变焦，混合在多量的茶里，虽不足影响茶味，但总是一个缺点，所以下烘之后，一定要将烘笼内的干茶用棍敲除干净。

以上六点，都是很重要的原因。都是在烘焙的工作上发生的，因此烘房内务须要精细地去管理，不能使工人随便的不合规则的去做，并且要明了红茶管理不比绿茶容易，手续稍有差池，立即发生毛病，烘房内的工作还不过是最重要的一部分呢。

附注：本文未经胡先生校正，如有错误当由记者负责。——记者志

《茶声半月刊》1939 年第 4 期

祁红评价初步检讨

一、屯溪评价的结果

记得贸易委员会皖赣办事处的收购皖省箱茶办法公布以后，关于价格问题，曾

引起一度争论，目前祁红评价大部已经完毕，兹根据该会屯溪评价结果，作一初步的检讨。现在先将祁红屯溪逐日评定价格列表如下：

日期		评定价格（每市担国币元）			备考
月	日	最高	最低	中心价格	
六	16	285	160	225	
	17	265	100	215	
	20	285	150	220	
	22	260	100	190	
	24	285	75	220	
	26	280	80	155	
	28	285	65	175	
	30	265	75	150	
七	3	195	165	185	
	8	225	65	140	
	10	210	65	135	
	15	260	65	115	
	24	260	75	115	
	30	225	70	130	
	31	265	65	120	
八	12	265	38	120	系芽雨
	25	285	90	120	
合计		285	65	175	

上表系根据该会茶叶评定分数单编制，因为每天所评大面数不同而每大面的箱数也有多少，重量又不一律，在未成交过秤前，要计算每市担的平均价格，非常困难，所以现在改用中心价格，这里适用的中心价格的计算方法有二，即中位，或众数者，不用众数而用中位数的原因有二：

一、距离从65元至285元全距有220元，比较已算很大，而每天评价的平均不过五十个大面又不甚多，所以价格的分布非常散漫，所得众数便不易准确，虽然美国统计学专家金氏有并组法之说，但究竟应并至几组为止，也很难确定。

二、根据经验，皮尔生氏有一近似之公式，根于算术平均数与中位数之数值而决定众数之值，其公式如下：

Z=X-3（X-M）

式中Z为众数，X为算术平均数，M为中位数，所以行数和算术平均数的距离最远，而中位数和算术平均数的距离约等于算术平均数和众数距离三分之一，由此可知中位数比众数和算术平均数接近得多了。

二、屯溪评价与战前上海趸售价比较

祁红在抗战以前都是运到上海去卖的，因为材料不易收集，现在将金陵大学营业经济系调查，所编纂祁门红茶之生产制造及运销所载根据财政部国定税则委员会出版上海货价季刊与月报之每月十五日上海趸售市价记载列举民国十四年至二十三年上等祁门红茶之每月平均趸售价格如下：

月别	平均价格（每市担国币元）	备注
一	106.09	
二	105.33	
三	103.3	
四	103.58	
五	180.22	
六	193.55	
七	165.99	
八	160.39	
九	148.03	
十	133.63	
十一	117.82	
十二	116.02	
全年	136.16	

由上表可知：（1）祁门红茶在上海的趸售价格远较屯溪今年评价为低，而且从前由屯溪运到上海系由水路绕道长江，后来杭徽公路筑成后改用汽车装到杭州再由火车运沪。每箱运费屯杭间250公里约0.86元，杭沪间186公里连报关及摘税约0.61元，共需1.47元，而上海洋行的种种，陋规每箱约须2.01元，在屯溪出售均可免除以每箱平均57斤计，上海每担的趸价还须减去5.9元。倘以长江水运计算，则当不止此数。（2）上海趸售之每年最高价，皆在新茶上市的五六月中，六月以后，即逐渐降落，季节变动，甚为显著。其原因为洋行操纵，在新茶刚上市的时候，对

小数量的箱茶提高价格等到大批茶叶运到上海后，便拼命杀价，以致造成了产地抢制之风，影响品质至巨。我们看到今年屯溪的评价，虽然有略有降低，但是在最后几天还有285元的最高价，可见完全依品质评定。使制茶考一□过抢制抢运的心理，而专心从事于品质的改进。

三、屯溪评价与战后香港茈售价的比较

抗战以后，全国茶叶均由贸易委员会统销，同时把市场移到香港，根据富华公司茶叶课的统计，民国二十七年祁红香港的平均为国币170元（原系港币现以1.045法定汇率折合）倘以民国廿五年的全年平均价每市价，87元为100，则民廿六年每市担平均价75元的指数为86，民廿七年的指数则为196，已较前二年高涨二倍之多。而从祁门运到屯溪经兰溪温州运到香港每箱运费至少当须10元，每担约须17元。所以实际上屯溪今年的评价已高出去年港价每市担约22元。

四、屯溪评价与生产成本

今年的毛茶山价很高，同时因为生活程度也比较的提高，百物腾贵，制造费用也跟着多了不少，据作者调查某茶号的毛茶收价，其平均每市担为32.7元。

此数字系根据其账簿计算而得，尚有进茶的时候从陋规上占的便宜未计在内，但该茶号恐引起同业妒忌故嘱勿收真名发还。尚以每回把湿毛茶制成精茶一担计，则每市担精之毛茶成本为13.8元另加制造费，一每担26元（此点容待另文讨论），茶商及什市二利15.68元，综计每市斤精茶生产成之为172.48元，屯溪评价尚较此价高出本0.52元，对茶商的正当利润，也能顾及。

五、结论

由上可见今年祁红屯溪评价的结果，比战前最近十年的上海茈售价和战后的香港茈售价都高得很多，因时对于毛茶的山价也提高了不少，茶商的生产成本又能顾到。价格很是稳定，所以只要国外的推销有办法，祁红的前途实在是非常乐观的。

我们现在先来看一看最近十几年来祁红售价的趋势。

年别	全年平均价(每市担国币元)	备考
民国十四年	113.96	
民国十五年	126.79	

年别	全年平均价(每市担国币元)	备考
民国十六年	125.43	
民国十七年	103.59	
民国十八年	102.05	
民国十九年	130.54	
民国二十年	214.5	
民国廿一年	184.84	
民国廿二年	121.34	
民国廿三年	138.57	
民国廿四年	缺	
民国廿五年	87.18	
民国廿六年	75	
民国廿七年	170.98	香港价格

民国廿年以前的价格，与伦敦之汇兑率息相关，即银价愈跌，茶价愈涨，兹将民国十四年至廿三年伦敦平均汇兑率指数列表于下，以为证明（以民国十五年为100）。

年别	汇兑率指数
民国十四	106.8
民国十五	100
民国十六	85.1
民国十七	88.7
民国十八	80.2
民国十九	57.8
民国二十	46.9
民国廿一	57.7
民国廿二	56
民国廿三	63

自从法币管理以后，国币与英镑之汇兑率已稳定不变，所以此后祁红的价格当可不再受到伦敦汇率的影响了。

至廿二与廿三两年因为国外实行茶叶生产限制协定，所以价格便较高涨，然而从一般的趋势来讲祁红的价格还是在逐渐的下跌，这是因为祁红向来以销售英国为主，上海售价往往以伦敦市价为转移，现将民国十四年至廿三年的伦敦普通工夫茶每磅平均价格及指数列表于下（以民国十五年为100）。

年别	价格（便士）	指数
民国十四年	7.13	92.4
民国十五年	7.71	100
民国十六年	6.75	87.6
民国十七年	6.25	81.1
民国十八年	5.94	77
民国十九年	5.17	67
民国二十年	4.69	60.8
民国廿一年	4.1	53.3
民国廿二年	6.67	86.5
民国廿三年	8.67	112.4

民国廿七年香港价格所以突涨的原因，那是我们已另外找到一个很大的主顾，对俄易货的成功，使各种华茶的价格都高涨了不少，听说今年对俄易货的合得因国内茶改纠纷的影响，签订倍感困难，结果如幸终归圆满，国内的运输路线亦能有转法，只要世界大战不马上爆发，相信今年的祁红售价至少当可维持去年同样的高度。

本文材料来源：

1. 贸易委员会皖赣办事处：茶叶评定分数单。

2. 金国宝：统计学大纲。

3. 金陵大学营业经济系：祁门红茶之生产制造及运销。

4. 贸易委员会：茶人手册。

5. 富华公司：统计月报。（完）

《茶声半月刊》1939年第6期

祁门茶业改良场技术员工训练计划大纲

茶之为物，在国家经济上，乃一重要之特产，其在吾省安徽所占地位，尤属崇高无伦！二十五年，我省政府首创统制统运销制度，为全国倡，局部着手，当仅限于祁门区之外销红茶。二十七年，推及屯溪区之外销绿茶，同时六安区之内销青茶，并告开始。二十八年，普及全省，茶之调整业务，逐年扩大，生产亦与运销并重，事重体大，省茶业管理处与财政部贸易委员会合作，以求并力迈进。乃工作实施，深感干部员工不敷征用。于以有训练技术人才之决定，为速成计，并以高级技术人员及技术工人训练作业，委托，本场办理。兹于略述缘起之既，并将训练计划大纲，略陈如下。

甲、高级技术人员

子、训练编制

一、名额年资

名额以二十五名为度，年龄自二十岁至二十五岁，资格限高级农业及同等学校毕业。

二、入学手续

采用考试制度，就地取十五名；呈请建设厅在皖西取五名。

三、在学待遇

受训期间称"实习员"，供给住宿，月给二十五元至三十元，得视作业成绩，随时加减。一年结业，考试成绩及格者，给以"技术助理员"名义。

丑、训练目标

高级技术人员训练，在茶业推广业务上，以造就全能之干部技术人才为目标。就可能范围内，务使学者在实习期间，除受督导努力实习外，同时并探求茶叶产制上应用科学之原理，考察当前茶业病态之所在，昭示研究改良之途径及方法，以备将来实地工作与继续钻研，具有基本之智能。训练期满，希企所有实习员，散入茶业行政机关，为一健全之茶务管理人员；散入公私制茶工厂，为一健全之工厂管理人员；散入公司茶场，为一健全之茶园管理人员。

寅、训练原则

一、技术修养

以"尊师重道""敬业乐群"为原则。凡学习一种专门技术，必先对之有崇高之体认，然后以坚韧勇敢之意志，克勤克苦之精神，虚心学习，始可与言成就。盖技术工作，不为实事求是之力行，但恐循视直觉为用，则所得者，仅属皮相肤受。农场作业，固甚繁复，工厂经营，尤非浮泛敷衍，所能将事。实习工作，必得先知先能，随事指点，乃能得心应手，触类旁通。共学共作，随地商量，乃能交闻换见，取精用宏。尊师所以重其有道，敬业所以乐乎有群也。

二、技术训练

以"做学问"为原则。"做学问"云者，综言之，即治茶业有关之学问也。析言之，则为三事：技术训练，由"做"入手，其有不能者，从而"学"之；不知者从而"问"之。训练之道，不以被动为务。受训练者，使之事事出于自动。技能理知，因其所学所问，适合需要而授予之。事非必至，不以教其所教为尚也。

卯、训练办法

训练原则为"做学问"，一切办法，亦即从此出发，即采取"自学辅导制"是。

一、技术训练

以"做"当先，到场之后，即受技术人员领导，参加技术及其有关作业。每一作业开始时，由领导者实地加以简要说明。以探以作，并为适当示范，使之有所观摩。

二、实习者

发生疑难，除劝诱随时随地提出问题，就其需要予以相当解答之外，并不时开座谈会，导师及实习员全体出席。导师于实习员日常作业生活所考察者，从事讲述，以励上进而勉不力。关于各项技术事宜，规定范围，集中心力，用启发式导诱发问，从事探究。此座谈会之作用，实合集体讨论及集体训话而为一会也。

三、实习员天资不一，兴趣不齐

同一训练之下，为促成进步平衡计，补偏益短，辅之以个别训练。日常作业，责令各有日记。每一作业实习，告一段落之后，调整日记，作一报告。即由导师支配三人至五人为一组，相互审核，共同作一组报告。各组再行相互审核，作一总报告。

1.技术作业，段落错综。

日常实习，所得偏畸。即事穷理，表里精粗，必须豁通一贯，始能致之应用，且可凭所心得，求其改进。则于每一技术作业，随事实习之后，储备材料，利用机会，使之自始迄终，独立工作一过以至数过。反复丁宁，必至确实放手能做而后已。

2.茶叶生产工作，有季节性。

生产期中，长日实习，否则，即以半日实习，半日授课。

3.农村情形，非有彻底明了，则从事推广作业，即将无以致其合理有效。茶农生活状况考察，合作组织，均须予以实地工作机会，必要时，派入茶叶管理处合作指导团见习。

4.茶业行政业务，交易业务，亦须使之见习。于适当时期分别派往茶叶管理处及财政部贸易委员会皖赣办事处，承受指导，为必要之训练。

辰、训练科目

一、关于术科者

（一）茶树栽培：

1.茶园开垦：

2.旧园整理；

3.播植种苗；

4.无性繁殖；

5.品种改良；

6.剪整枝株；

7.老树更新；

8.中耕除草；

9.施用肥料；

10.病虫防除；

11.茶叶采摘；

12.其他。

（二）茶叶制造：

1.初制作业：

A.萎凋；

B.揉捻；

C.发酵；

D.气干；

E.烘干；

F.其他。

2.复制作业：

A.筛分；

B.整定；

C.风簸；

D.拣剔；

E.补火；

F.均堆；

G.包装；

H.其他。

祁门茶叶改良场技术员工训练计划大纲（续）

（三）品质审查：

1.干看法；

2.湿看法；

3.其他。

（四）茶叶化验：

1.成分；

2.水分；

3.灰分；

4.浸出物；

5.其他。

（五）茶务管理：

1.工厂检定；

2.生产指导；

3.茶叶检验；

4.茶农调查；

5.茶叶合作；

6.其他。

（六）交易手续：

1.扦样评价；

2.对样过秤；

3.成交结账；

4.其他。

（七）其他作业：

原料鉴别，成茶储藏以及不属上列各门技术有关事项。

二、关于学科者

（一）茶树栽培；

（二）品种改良；

（三）茶叶制造；

（四）茶叶化学；

（五）茶叶贸易；

（六）茶叶政策；

（七）农业经济；

（八）农村社会；

（九）特别讲座。

巳、成绩考查

一、平时考验

由导师就日常学习及自修作业各项，随时观察考核。评定成绩，采用记等法。

二、报告审查

实习报告，由导师分别审核。评定成绩，采用记分法。

三、临时测验

术科及学科，训练至一阶段时，分别使之演做并出题使之解答。评定成绩，记等及记分参用。

四、结业考试

完全出题考试，采用记分法。但其他成绩不及格者，不得参与。

五、成绩计算

记等与记分并用，累计平均之。

六、补习办法

凡有某项作业不及格者，施以个别训练，从新审查。

附注：记等记分法，以戊等及六十分为及格。

午、任用留习

一、结业考试，于二十九年二月举行。

二、结业成绩及格者，由本场商同茶管处及贸易委员会酌量任用。

三、结业考试成绩不及格者，或未参加结业考试者，留场补习。造就无望，不在此列。补习期间，得停给津贴，并令自备费用。

乙、技工训练

从事茶业生产之农工，具有纯熟技能，未尝不实繁其人。惟以操业各别，知彼昧此，所长限于一偏。习种植者，不事制造。能制造毛茶者，而于制造精茶，茫然不讲。精茶制造，又各异其所习。焙茶者不能筛茶，簸茶者不能风茶。此虽合乎分工原则，未可尽非。但吾国茶叶采制，一年类仅两次，毛茶制造，一春一夏，为时不足三四十。精茶制造，虽可延长，亦不过四五十日以阅百日而已。如此分工，在生产上实无若何必要。茶叶栽培，多为山农副业长年劳作，两季采卖，所得每每不敷所费。谋此农家副业茶叶健全发展，端在倡导栽培及制造之生产一贯经营。产销合作，组织尚矣。其精茶制造，虽由栽培者自理。而技术作业，表里精粗，一无了解，乃全部操于雇佣工人之手。利害不切其身，劣变既已往往难免，经营未尽所当，又复在在甚多。以是运销结果，聘折时有。转不如出售其原料于商场为稳健，根本之图，惟有授茶农以加工技术。茶叶制造，改变目前商厂工业而为家庭工业小型经营：茅舍草棚，均可布置工厂；竹箩布袋，颇可代用工具。酌有扩充，遂完配备。家庭少壮，任技术作业之主干；老弱妇孺，悉为助手。小之则家为单位，大之则联合数家或十百家为集团之营造。机构建在技术，规模形于生产。组织有无，顺其自然。合作成否，视乎环境。至其出品或多零星，现以中央统制，实行就地收购。农民尽可但售精茶，均堆包装，即由收购机关为之。则茶叶生产经营：以种以采，初制复制，一手完成，免徐中介加工之商业行为，茶农因可倍增其利得。茶叶改进，促进复制，不及初制有效，尤要者在采摘精到。种制一贯，遂事改进，亦可出于自动，边僻入里，而有一条鞭之效验。目前商厂技工，多行出包制度。待遇未优，操作且苦，偷工耗料，比比而然。自家经营，亦得不戢自已。审是数端，则招募茶农子弟，训成技工，作为推广，课及茶村干部，当前茶叶企业经营，根本予以改革。通农工商从业者，为一贯，致力政府茶叶政策，圆满完成。意义重大，事实必要，则此理论之实践与开展，无不有赖乎是。

子、训练编制

一、名额年资

名额以三十名为标准，年龄自十八岁至三十五岁，资格限定粗识文字及身体健全之茶村青年。

二、入学手续

就地招经收予口试及检查身体，合格者并试其劳作能力，干事智力。

三、在学待遇

受训期间，供给住宿，月给津贴九元至十一元，得视其业成绩，随时增减。六个月结业，必要时，得延长之。

丑、训练目标

技术工人训练，在养成从事茶业经营之优良全能技工。自茶子下种以至精茶成箱，举凡茶树栽培，茶叶制造（包括初制及复制），茶叶烘焙，茶叶审查，须步步学到做到，且必臻于纯练而后已。贯以科学之茶叶知识，授以基本之茶叶技能，散入茶村，使之发挥全能力量，领导茶业企业，通农工商为一贯之合理经营。

寅、训练原则

一、技能训练

以"做学问"为原则。

二、智能训练

以灌输常识为原则。

三、精神训练

以实行新生活为原则。

卯、训练办法

一、技术方面

分成若干小组，以本场熟练工人为组长。任何作业训练，由做入手，在茶园及工厂中，使之观摩演习，渐以效能。其不知者，则诱致请益，以利指导。

二、知识方面

授课为主，采取单级复式之教学法。茶业教材，侧重自编，公民、国语采用坊间成人补习教育课本。

三、精神方面

注重自我批评，集团训话，生活检查，周会刺激。

以上为一般之训练方法，辅之以个别训练。

辰、训练科目

一、茶树栽培

1.茶园开垦；

2.旧园整理；

3.播植种苗；

4.无性繁殖；

5.品质调整；

6.剪整枝株；

7.老树更新；

8.中耕除草；

9.施用肥料；

10.病虫防除；

11.茶叶采摘；

12.其他。

二、茶叶制造

1.初制作业：

A.生叶处理；

B.萎凋；

C.揉捻；

D.发酵；

E.气干；

F.烘干；

G.其他。

2.复制作业：

A.筛分；

B.整定；

C.风簸；

D.拣剔；

E.补火；

F.均堆；

G.包装；

H.其他。

3.品质审查：

A.干看法；

B.湿看法；

C.其他。

三、其他作业

1.工厂管理；

2.原料鉴别；

3.成茶储藏；

4.贸易手续；

5.合作组织；

6.其他。

巳、成绩考查

一、平时考查

就平时实习作业观察考核。评定成绩，采用记等法。

二、临时考查

各项作业训练至相当阶段时，分别使之演做，或举行口试，评定成绩等级。

午、派用留习

一、结业于二十八年十二月举行。

二、结业成绩及格者，由本场商同茶管处及贸易委员会酌予派用，并介绍工作。

三、结业不及格者，留场补习。（续完）

在祁门茶叶改良场一周

一、绪言

到祁门茶叶改良场去见习，这是多么令人兴奋的一个消息啊！当徐先生把这消息报告给大家之后，每个同学，都感到非常的愉快，都希望日子的早些到来，终于在十一月四号的早晨，一个个背着干粮袋，神气活跃的，坐在露天的卡车上，向祁门进发了。车子像风驰电掣般，转瞬间，两个钟头过去，那包围在万山层中，一重重像阶梯似的，上面种着一排排高低相等，大小差不多的茶树，金黄色的泥土上衬着翠绿的叶丛，又整齐，又美丽，这是多么的新鲜，多么刺人眼目啊！两座新式的灰色楼房，在这美丽的茶山底怀抱里迄然峙世着。啊！我们的目的地到了，同学们的响亮底语声，震散了迷濛的朝雾，太阳公公也钻出头来向我们微笑了。

日子一天天很快的过去，一个星期的见习，不知不觉的给带走了，十一日那笨重的卡车又给我们从百二十里外的山城带回来了，时间一点也不能允许我们再留恋一刻，回想起这几天在改良场里的生活情形和走时的那种热烈的情绪，真的，有慨然之感啊！

七天，虽然是个短短的一周，但是在见闻上，在知识上，我们所得到的是胜过两个月的书本上的想像了，现在把我们所得到的一点实习经验，分别写在下面算是我们到祁门茶场的一个纪念，也就是我们七天见习的一个工作报告。

二、见习事项

一个星期内所见习的工作，有下列各端。

一、参观初制、精制工厂，及新垦的茶园；

二、见习红绿茶毛茶采摘及初制工作；

三、见习田间技术包括茶园开垦茶树栽培及管理；

四、见习红绿茶复制工作。

三、见习的意义

一、拿实际的工作，配合我们课堂中学习的理论使理论行动化；

二、把茶叶的合作指导人员与产制技术人员密切连系起来，站在一条战线上，为茶叶前途而努力。

四、见习工作概要

此次见习事项，不外上述四点，兹将各项工作见习的情况缕述于下：

一、参观初制、精制工厂。到场的上午，整理，住宿，下午由该场潘忠义、李绪炳、胡汉文三位先生领导参观初制、精制工厂。初制工厂是西式二层楼房，因战时关系，机器都已搬到平里分场，仅由三位先生按装置的处所，口头解释，告诉我们楼上是萎凋室，西面装暖室，有活动的木棚，可以任意调节温度，东面装扇风堆栈使室内空气对流，萎凋室的隔壁有供、藏原料的储藏。楼下分三部，一部是揉捻机，因机器揉茶，有很大的压力，可以使茶汁充分挤出，同时有解块机，将揉捻压成块的茶解开。一部是发酵室，发酵有两个条件，一是适宜的温度，一是适宜的湿度。厂外有水塔，用自来水管通水到室内乃调节湿度；开关窗户和放黑布窗帘来增减室内温度。普通发酵的温度在二十摄氏度左右。第三部是干燥机，干燥的目的，在杀死酵素，停止发酵作用，机器烘干，温室适宜，不致有焦烟现象，干燥机旁装分筛机，分□茶叶的等级。精制工厂是三层楼房，最下一层是筛、扇□的作场，第二层是拣场，最上一层是茶工宿舍。烘房是单独建筑的，可容烘笼二百余，精制工厂所用的工具大多采用我国旧式的。

二、参观改良的新垦茶园。改良场的周围，有新垦的茶园二百余亩，茶山都是阶梯形，每一阶每前面新土高，后面原土低，排水沟开在后面，既便于排水，又不致损害阶级，每一阶每做成畦，茶树栽塔，采用条播，可以节省地积，采摘、整枝管理都很方便。茶树都是民国二十三年和二十四年栽种的，去年已试摘，今年有一部分实行小摘。茶园绝少杂草，据说春夏季每月锄草两三次，秋冬季也要月锄一次。

三、实习红绿茶采摘初制。五日上午，分两队实习采茶，由改良场导师分别担任指导，采摘要嫩，标准的一芽两叶，同时要注意杂草茶籽等劣异物，不可混在茶叶里。因为现在已降霜，所摘的虽是一芽两叶，然而质地都很老，大家将才采摘的生草，拼和起来，深绿色和比较老的用来做绿茶，黄绿和比较嫩的用来做红茶。这天气温很低，红茶萎凋需要时间很长，所以下午仅实习绿茶初制。绿茶初制第一步是杀青，略微蒸发水分，杀死酵素，消灭发酵作用，所需温度在华氏一百四十度以上。第二步是揉捻，用手揉，方法有三，一、单把揉，二、双把揉，三、上下揉。揉捻的目的，在使茶汁充分挤出，条线紧细，第三步是釜烘。（未完）

《茶声半月刊》1939 年第 13 期

在祁门茶叶改良场一周（续上期）

第二日（六日）上午继续实习红茶初制，经过一夜，萎凋已达到相当程度，红茶萎凋的程度：一、用手捏一把茶叶，将手松开，茶叶成一团，没有弹性了；二、颜色暗绿，无鲜艳光泽；三、叶脉叶梗折不断时。萎凋后发酵，利用阳光，促其发酵，使颜色变红，茶味变浓，萎凋后再行揉捻，揉捻的目的与绿茶揉捻目的相同。最后一步是烘干，烘干先用毛火，略微减低水分停止发酵，□冷后再行补火。

四、实习田间技术。六日下午由潘忠义先生领导，先参观荒山开垦。开垦荒山要注意土的深度，斜坡和有无森林，与将来种植是否经济。开垦的方法，先将柴草割掉，烧成灰，开沟做阶级，都须事先测量划定。潘先生告诉我们做阶级的方法，曾经过两次的失败：第一次是用木桩筑坝，久之木桩腐烂，坝溃级毁；第二次是用树根筑坝，也同样地遭受失败。最后才知道用现在这种办法。第二步去参观苗圃，苗圃和直播比较起来，最大的优点是易于管理，便于选种，节省工作劳力和时间。

五、实习栽植茶树。七日上午，全体同学，在茶园一低洼之地，选了一片平地，做成畦行，栽植茶树，先将畦开沟，用条播栽植，条与条间隔五尺，我们是双行条播，行间距约一尺，株距约四五寸。幼苗主根要栽截去一段，使多生细根，能多吸土中养分，栽下后土要打紧，使泥土与根部贴紧。栽植茶树，一方面是实习茶树栽植方法，一方面是留作来场实习的一个纪念。

六、红茶绿茶复制见习。八日的工作是见习红茶复制，红茶复制有两个目的：一、整饬形态；二、汰除劣异，所用的方法有分筛、风车扇、打袋、簸盘、拣别，用的筛子从四号起到铜板筛止，铜板筛上货做花香，簸下货是茶末。筛的方法很多，有吊筛、手筛、抖筛、团筛、顶筛、捞筛、撩筛，筛的技术，非有长久实习，不能应用。风车是用在汰除轻质夹杂物，有正口、子口、平口，凡劣碎片、茶毛、灰尘以及其他特别轻的夹杂，受了风力吹打，抵抗不住，就从平口飞了出去，比较轻一点的挨次下坠，入了子口，正口漏下的都是正茶。扇在表面看来，很是容易，可是用力大小，何样茶要何样扇法，确属不易。复制时分成各号的茶，目的便于依等级来整饬形态和汰除劣异，经过复火后仍行拼堆，红茶的名称所以很是单纯，只有正茶、芽雨、花香三种。复火有两个目的：一因毛茶复制时，在空气中不免吸有水分，利用复火的火力，使制成的茶，水充分蒸发装箱后不致发霉成块；二是藉复火的火力，发挥香气。

九日实习绿茶精制，绿茶复制的三个目的：一、整饬形态，二、汰除劣异，三、分别等级，比红茶多一个目的。复制所用的方法，也不外乎人力和器具两种。红茶用的筛子是从四号起，绿茶是二号起，二号三号的筛上货做贡熙，四号起做珍眉，改良场所做的绿茶共有五种：抽芯、珍眉、特贡、普贡、针眉。绿茶花色多，这也是与红茶不同的地方。绿茶经过分筛以后，用簸盘、风车，拣剔来达到形态整齐和没有夹杂物为目的。绿茶比红茶难拣得多，不但是要剔去劣异，最重要的是要分等级拣出，普通红茶的工人，不会拣绿茶，就是这个原因。红茶的头子，用打袋打碎，绿茶则用砻磨细，红茶不需要着色，绿茶最高的理想，也是以不着色为原则。然而在目前，采摘没有进步，各农家采摘的茶，标准不一致，这种原料做成的茶，老嫩不一，自然有深绿的，也有黄绿的，为了迎合场上的需要和顾客的心理起见，所以绿茶必需着色，着色的颜料，过去所用的大都有毒，妨害消费者的身体健康。普通绿茶所用的颜料有三种：一、改良黄，二、靛青，三、白粉。

五、见习中有意义的几次集会

工作除了上述各项实习外，尚有几次集会，对于茶业的知识，有不少的领会，并含有重大的意义，特分别报告于下：

一、茶话联欢会。我们到场的晚上（四日），场方备了许多精美茶点，全体工作人员及技训班同学和工友，在精制工厂二楼招待我们，一方面是表示欢迎之意，一方面是利用这个茶话会，增进友谊，加强技术人员与合作指导人员的联系，站在一条战线上，共同奋斗，发挥力量，这种意义是非常重大，会中并有余兴，至晚十点始尽欢而散。

二、祁门茶叶改良场，高级技术人员训练班补行开学典礼。五日上午，本班同学参加祁茶改良场高级技术人员训练班补行开学典礼，程处长铸新特由屯溪来祁参加，并在大会上对我们训话，其要点：一个人的目的不仅在物质方面的享受，最重要的是精神上的需要。第一是知识上的需要；第二是娱乐上的需要；第三是道德上的需要——高向的理想。

胡场长在会上对于改良场的沿革，并有扼要的报告，该场能在抗战时期，经费拮据情形能在胡场长"一、同人不□场；二、茶山不生荒；三、工厂不空废"三原则下，实行苦干、实干精神，实为我们将来工作的座铭。

三、总理纪念周。六日上午八时，场方和我们联合举纪念周，胡场长在纪念周中，对于我们来场实习，有详尽的指示，并出了一个题目"病态的徽州茶叶怎么健康化"，叫我们每人作一篇论文，最后并讲演"红绿茶之分野"，兹列表记录于下：

	红茶	绿茶
（一）	采摘要嫩，一芽两叶	不用像红茶那样嫩，一芽三叶
（二）	原料用黄绿色的叶子	用深绿色的叶子
（三）	发酵	不发酵
（四）	受火力低，容易焦	受火力高，不易焦
（五）	抗菌力弱，易发馊	抗菌力强，不易发馊
（六）	抗湿力大	抗湿力小
（七）	名称单纯	名称复杂
以上红绿茶产制上之不同点		
（一）	规模要小，不宜多	规模要大，不嫌多
（二）	每批需要原料小	每批需要原料多

	红茶	绿茶
（三）	毛茶山价涨落激烈	毛茶山价市价□定
（四）	本年标准价一七五元	六五元
（五）	不易超过标准	容易达到标准
（六）	危险性较大	危险性较小
以上红绿茶经营上之不同点			

总之，红茶是做茶容易看茶难，绿茶是看茶容易做茶难。

四、郊游会。七日下午举行郊游会，地点在城东五里许的一个寺庙——青萝寺，参加的人有场方全体工作人员和我们全体同学，并携有茶点，情致颇浓。

五、讨论会。每天见习工作，发生疑问时，在当天晚上的讨论会提出讨论，由场方技术人员负责逐题答复，这样对于问题有更深一层的了解。讨论会共举行四次，五日晚上举行第一次讨论会，讨论中心是茶叶采摘和毛茶初制，六日晚上举行第二次讨论会，讨论中心是田间技术，八日晚上举行第三次讨论会，讨论中心是茶树栽培和红茶复制，九日晚上举行第四次讨论会，讨论问题是绿茶复制，四次讨论会，讨论问题四十余。

六、讲演会。十日上午八时，举行学术演讲会，胡浩川先生讲"制茶的品质本位和经济本位"，大意是：红茶应以质品本位为主，经济本位为辅；绿茶应以经济本位为主，品质本位为辅，总之经营要以不发生危险为原则。我们所讲的经济本位，不是像一般茶号，从陋规上来求经济，而是一种合理的经济。

傅宏镇先生讲"本年安徽省茶叶管理工作"，大意是：本年茶叶管理的目的在策进生产，改良制造，维护茶农、茶工、茶商之权利，以巩固战时茶叶经济，主要工作，一、指导产制技术，二、调整运输机构，三、调剂茶业金融，四、普及产地检验，五、严密合作组织与训练技术人员。

并由张祖声先生讲演"土垠调查与茶叶问题"及潘忠义先生讲"从事组织茶业合作社的经过情形"，其意是：我们为茶农组织合作社，增进他们的利益，但是一般的茶农，受压迫太深，往往吓怕，不敢参加组织。事实上，合作社组织以后，农民确实获得利益，那时推行组织便容易了，然而却来了一个问题，因为有了利益，其他分子，又企图混入，不是生产分子，而是茶号老板，或者其他土痞，挂羊头卖狗肉，所以对于社员的成分，不得不慎重考虑。

最后是李绪炳先生讲"祁红的毛病和防治法"，大意是：

甲、酸茶——发酵过度所致。防治法：应立即上烘，未及烘时，应摊布日光下，令其停止发酵。

乙、馊茶——上烘来不及和烘焙没有干燥，堆在一处所致。防治法：摊开置于透风阴凉处冷却。

丙、焦茶——有六个原因：（一）火力太大；（二）火力不匀；（三）翻烘不周到；（四）上烘量不均；（五）摊布不匀；（六）宿茶未净。防治法：上烘应随时留意，勤加翻烘。

丁、烟茶——原因：（一）炭火没有烧透；（二）有炭头；（三）茶末翻入火内。防治法：留心炭火，已发生烟味之茶，赶快拿开。

戊、霉茶——茶含水分太多。防治法：烘干要适度。

七、个别谈话会——十一日下午举行个别谈话，共分五组，每组由场中导师分别担任发问共有四点：（一）每人报告过去的学历；（二）谈个人投考茶合训练班的动机；（三）入班后的感觉和志愿；（四）发表每人来祁实习的感想。

八、话别会——十日晚上八时，在精制工厂二楼举行，会中有许多先生赠言和劝勉。

六、见习中所感觉到的几点

一、在实习中，对于茶树栽培管理，以及茶叶制造已有一个有系统的概念。

二、几次有意义的集合，获得了不少的宝贵知识。

三、胡场长的坚忍意志，苦干实干的精神，以及场中工作人员对事业的抱有浓厚兴趣，增加了我们事业上前进的勇气。

四、因空袭的关系，改良全部机械已搬至平里分场，以致不能实习茶叶机械制造机，这些不能不说是美中不足，引为遗憾的。

《茶声半月刊》1939 年第 14 期

本所近事

派员考察祁门茶业。

本所前于六月五日派技士丁汉臣及丽水县中心农场场长张灏赴祁门屯溪等产茶区域考察茶业，顺道赴本省平水茶区及淳遂茶区视察，于七月十四日公毕返所。

《浙江农业》1939年第12期

一九四〇

安徽省二十九年红绿毛茶山价之规定

安徽省外销之红绿茶，施行统制统运统销，业已有年。农商交便，惟经营茶业者之利益，尚未达到平衡水准，质言之即从来，"种茶无利"现象，未能完全消除。年来业制茶者所得利润，每多超过十一之外，此于发展整个茶业之国策，不免有推行未能尽致之憾，事实所在，无可讳言。当前有效办法，惟有"规定山价"，根据事实，悉折中于至当，适应变通，求合理于无偏，俾种茶业及制茶业者有所遵循，茶之企业庶可以抵交利共荣之域，不正当之工商厂号，无以遂其投机取巧，茶农亦不致有所贬值有所居奇，而一切负有监督职守机关，以有明确准则，随时随地便于尽其核察纠正之责，不仅专事茶业管理机关已也。

山价规定，事属创始，当前毛茶交易，畸形病态，直若不可方物，陋规恶例尚不与也，其最要者，如天然品质之有差异，成长身骨之有老嫩，人工采制之有精粗，干燥程度之有悬殊，以是用秤大小，山价出入，一山之阻，一河之隔，每每各不相谋，甚至一个厂号门市分庄，内外异其用秤，中午下午不旋踵间，价格可以几生涨跌。是则山价规定如何把持中心，不容不予以适当之斟酌，兹将规定内容各述如次：

甲　规定之目标

一、促进嫩采初制，提高毛茶品质。

二、保护茶农利益，稳定农村经济。

三、实现种茶经营，为有利之企业。

四、取缔茶农□杂，防除厂号亏苦。

五、制止厂号陋规，免除茶农剥削。

六、禁止不正当商贩，行无理操纵。

七、正当制茶业者，使知有所依据。

八、辅助中央收购政策，稳定实施。

乙　规定之原则

一、红绿毛茶山价分别予以规定。

二、山价根据下列之情形决定之。

1.租税利息经常支出；

2.培植采制约费工资；

3.本年必需物价指数；

4.参考去年一般扯价；

5.茶农应得正当利润。

三、约定最高最低以扯价为中心。

四、毛茶品质不齐，有伸缩之余地。

五、毛茶干湿不一，得因地而制宜。

六、毛茶之用秤，多以市秤为标准。

七、低劣之毛茶，厂号应拒绝收买。

丙　规定价格

甲、红毛茶

子、最低价：

1.湿胚不得低于二十元。

2.干胚不得低于二十五元。

丑、中心价（厂号所进全部毛茶扯价不得低于中心价）

1.湿胚四十元。

2.干胚五十元。

寅、高价：

1.湿胚六十元。

2.干胚七十五元。

乙、绿毛茶

子、最低价：

1.湿胚不得低于二十元。

2.干胚不得低于四十四元。

丑、中心价（厂号所进全部毛茶之扯价不得低于中心价）：

1.湿胚二十五元五角。

2.干胚五十五元。

寅、高价（优异不在此限）：

1.湿胚三十一元。

2.干胚六十六元。

以上规定，均系春茶，子茶（即夏茶）临时按照需要，并斟酌春茶情形另行公布。

《茶讯（福州）》1940年第16期

祁门茶叶改良场组织规程

二十九年五月三日省府第八二〇次委员常会通过

第一条　祁门茶业改良场直隶安徽省政府建设厅技术事宜，并受经济部之指导，掌理茶业各项改良事宜。

第二条　本场分设技术、业务、推广、事务四股，各股就业务之繁简得分组，职掌各该股一应事宜。

甲、技术股

一、栽培组

关于茶树育种、栽培分项试验计划报告编拟，及其他与制造有关之研究事项。

二、制造组

关于制茶试验审查、分级包装、改良计划报告编拟，及其他与制造有关之研究事项。

三、化验组

关于茶叶土壤肥料之化验分析计划报告之编拟，及其他与茶事有关之理化研究事项。

四、气象组

关于当地气候之观测、记载、统计、报告，及其他与茶事有关之气象研究事项。

五、病虫害组

关于茶树病虫害之防除与其防除方法之研究计划报告之编拟事项。

乙、业务股

一、茶园组

关于经济茶园之管理、垦植、调整与园工之督导预计算之编造及其他有关事项。

二、工厂组

关于经济制茶用费之出纳、原料之采购、茶工之雇用、制造之督导、器物之备办、保管预计算之编造及其他有关事项。

丙、推广股

一、调查组

关于各茶区茶叶产销调查、茶叶农商经济调查、编制各种统计图表、拟具计划报告及其他有关事项。

二、指导组

关于推广改良品种栽培指导、制造指导、编拟浅说计划报告、示范展览及其他有关事项。

三、卫生组

关于疾病防治、卫生教育保健工作、编拟计划报告及其他有关事项。

丁、事务股

一、文书组

关于文书之拟办、收发及卷宗之保管、印信之典守、报告之编制及其他有关事项。

二、会计组

关于款项之出纳、账簿之登记、经临各费预算计算决算之编造及其他有关事项。

三、庶务组

关于器物之购置、财产之登记保管，会同技术、业务各股管理工人及其他有关事项。

第三条　本场设职员如下。

甲、场长兼技术主任一人，秉承安徽省政府建设厅之命，综揽全场业务事宜，暨监督指挥所属各职员。

乙、业务股主任一人，秉承场长之命，主持规划业务一应事宜。

丙、推广股主任一人，秉承场长之命，主持规划推广一应事宜。

丁、事务股主任一人，秉承场长之命，主持规划事务一应事宜。

戊、技术员五人至十人，承场长及技术主任或业务主任之命，分任各该股组事宜。

己、技术助理员七人至十二人，承场长及技术主任或业务主任及技术员之命，助理技术一应事宜。

庚、推广员三人至六人，承场长及推广主任之命，分任股内各组事宜。

辛、事务员三人至六人，承场长及事务主任之命，分任股内各组事宜。

壬、雇员一人至五人，承场长及各主管股主任各组组员之命，助理指定一应事宜，至必要时并得添用临时雇员。

癸、其他临时专任人员。

第四条　前条各职员之任用。

甲、场长兼技术主任由建设厅遴荐，省政府任命之。

乙、业务股、推广股、事务股主任及技术员、推广员及其他临时专任人员，由场长遴呈，省政府建设厅委任之。

丙、事务员、技术助理员及雇员、临时雇员由场长委用，呈报省政府建设厅备案。

第五条　本场为培植茶业技术及推广人才，得开办技术员工训练班及招收练习生，其办法另订之。

第六条　本场为应地方需要，得呈准设立分场或其他附属机关，酌派本场职员管理之。

第七条　本场每周开场务会议一次，会议规程另订之。

第八条　本场各项办事细则另订之。

第九条　本规程如有未尽事宜，得由安徽省政府建设厅修订之。

第十条　本规程自安徽省政府核定并征得经济部之同意颁布之。

祁门茶叶改良场剪影

王功懋

祁门茶叶改良场在中国近代茶叶改良史上，占着重要的一页。祁门是全国著名的出产红茶地，关于改良红茶工作，作者此次由皖省茶管处选派在祁场受技术训练，亲历其境，见闻比较确切，当此抗战已到第二期，全国经济建设事业在中央整个计划之下向前推进的时候，祁门茶叶生产事业想必为各地人士所关心，兹特将见闻所及，报道于下：

（一）祁茶场设置沿革——分为四个时代

（1）省协国立时代。民四至十七，初名为农商部安徽模范种茶场，后改为农商部茶业试验场。

（2）完全省立时代。自民十七起至民廿三止，这几年中间先名为安徽省第二模范制茶厂，当时是保守着原状，当年八月，又更名为安徽省第二茶业试验场，十八年二月，四度更名为安徽省省立第一模范茶厂，至当年八月，接省令撤销停办，幸经农林部干部人员力争，及本场负责者的努力，至十九年十二月，始予恢复，那时更名为安徽省立茶业试验场，廿一年十一月，六度更名安徽省立茶业改良场。（至廿二年度后，再告一次大变更）

（3）国省合立时代。廿三年七月由全国经济委员会，实业部，及有关农业改良机关，扩大组织，七度更名祁门茶业改良场。

（4）国协省立时代。廿四年后，实业部协款，归皖省府管辖，名称至今尚未变更。

（二）场内概况

总场址是在祁城南郊外，沿屯景路段转入场内便可看见二所高大洋房矗立着，一所是初制工厂，廿五年七月完竣，全是西式建筑，楼上有萎凋室，化学研究室，底下有引擎室，发酵室，机械室，及技术研究室。内部机器采购于德国克虏伯铁工厂，设有揉捻部、干燥机、发酵机、揉茶筛分机等十余部现下因避免敌机空袭，都是疏散在乡村里，还有一所三层的精制工厂，最高层是工人宿舍，中层是拣场，光线和空气都很充足，底层是筛场，其旁设有烘房，此外尚有几间茅屋可作厨房厕所之用，这是已有的设备现在还是力求增设之中。

新垦的茶园，面积计有二百余亩，全是梯形的茶地。在场四周，全布满着齐整的茶树，这种合理方法的栽培，既便于工作，助成茶树生长，并且可以点缀风景。祁门人民，于早晚饭后，常三五成群的来此散步，这无异于一个环境优美的公园。

（三）苦干的工作人员

祁场能够在时停时复的环境中，可能有今日蒸蒸日上的进展，无疑的是要归功于工作人员的意志坚决，耐劳刻苦的精神！于是值得给予每个从事生产工作同志做榜样的。我记得有一次，祁场场长胡浩川先生，曾说过，在艰难困苦中他是抱着个人不离场，工厂不停废，茶园不荒芜的三大宗旨来苦干，胡先生这种坚毅不拔的服务精神的确是值得使人钦佩的。

（四）茶季中的祁场

每年茶季开始，场内工作人员，终日在工厂内督导工作（力求技术上的优良）。茶工多由外面雇来，都能服从祁场指导而工作，烘房内茶工，汗如雨的落在两肩，一双万能的手，在火锅里抓着；拣茶的工人皱着眼皮，弯着背，张开一双手，很敏捷的拣着茶叶中夹杂物，还有管理茶园的工人，在烈日下负着锄，列着队，在茶山上工作着，这种现象，确是后方努力生产的好模范。

（五）其他方面

（1）研究方面：最注意的是化验、栽培，及除病害虫三种，由祁场物色专门人才担任，力求茶叶品质的优良，以谋推广。

（2）训练方面：去年皖省茶管处委托祁场举办高级技术人员训练及技工训练，今年仍续办理。技术人员训练目标，在工厂里可以为一个良好的管理人员，在茶业行政机关成为一个优良茶业行政人员，在试验场成为一个熟练的技术员。技工训练，目标为养成耐劳刻苦的精神，在茶园茶厂内，成为一个健强的技工，如果受训员工能循此目标做去，定是以后一支改良茶业的生力军。

上述概况，是作者亲所见所闻的，如果能够不断的进展着，今后的祁场工作，更会突飞猛进，对于中国的茶事业上定有伟大的贡献。

一九四〇年七月二十一日脱稿于祁场

《皖南人》1940年第1卷第3期

统一安徽制茶业者名品及商标

安徽省茶叶管理处技术科

茶界的俚语："茶叶卖到老，名字记不了。"的确茶叶名称是很复□，而且茶商对于茶叶的取名，并无一定标准，例如"抽蕊珍眉"之为"特别珍眉"与"真正珍眉"以及简作"抽珍""特珍""真珍""正珍"，或简以"珍"字，而复叠为"珍珍"，或舍其主要名"珍眉"仅用客名"抽蕊"，或于品名之上，冠以种种名称，最习见者如"名家""婺东""家园""婺北"，这是茶叶品名取称之不合理。

"生，财，有，大，道""捷，足，便，先，登""夺，得，锦，标，归"，这是屯绿箱茶的普通大面名称（即商标），"祁贡""贡贡""祁品"等则是祁红的普通大面名称，千篇一律，绝不有些稍异，每家茶号之箱茶，几无法分辨，这又是箱茶商标取称之不合理。

这两种箱茶包装的不合理情形，亦是历年茶业衰败症结之一。

各茶厂商标去年业经规定，绿茶各厂均经遵用，惟红茶以本处成立即届茶汛，各厂均已制就成箱未及办理，专为统一制茶业者品名及商标，特订定统一办法（附本期专载）。这箱茶管理敏捷办法，亦是复兴茶业的起点。

（一）分辨简易

过去习惯，箱茶包装的外面，没有茶叶品名，故箱内装些什么茶叶无从知道，这对茶业管理行政，绝不方便的，在包装外面冠以品名，不但可以立即分辨红绿箱茶，就是箱内装的是何种品名，亦即可一见即明。

（二）便于运储

红绿箱茶每年出产约有二十余万箱之，又在抗战时运输困难，此堆储巨量箱茶，若无显明商标，品巨无法区别，势必相互混乱，有显明及一定地位之商标及品名则箱茶堆储有序，运输爽通。

（三）利于推销

扦样、对样、发货，这是推销手续必需的程序，混乱的商标品名有统一规定，亟少在推销程序上，省去稽查的麻烦。

《茶声半月刊》1940 年第 16 期

祁红现有采制技术上之缺点及其改进方法

黄奠中

一、前言

祁红为我国茶叶之最优良者，乃世界人士高贵饮料之一，香味醇和，品质特异，不仅为国内一般出品所不及，即印度著名之□□□红茶，亦莫能望其项背，尊为世界红茶之王，实属允当。

祁红既具有天然崇高无上之品质，惜其在产□加工之人事上尚未能□其合理之改进。每月一部□至大部□品，因受□□，品质竟降至低劣。即就其低劣产品之出售价格而论，常□优异者□差二三倍以上至四五倍以上，同一祁红，同一生产区域与环境，其优劣悬殊一至如此者，苟非人事之左右，□又何因？

祁红产品，□劣次居多，其逐年售价之减少，夫□□之阻滞，损失□大，目前亟应改善所有劣次出品，使悉在□平□上，是□不□□进茶叶生产□之利益，于祁红茶□前□□□展，□关切□□。

□祁红生□之受制于人□者，不外两端：一、直接方面，□工技□，未□□□之境。二、间接方面，产销组织，未□□□健全，加以一般制造□工从□□，□□技术拙劣或不明□□，即□□有之□□□经□，亦难能致其精到，□商徒具手续，事实貌合神离，致此品质优异之祁红，亦常不免丧失其天赋之禀性。

近年以来，政府力倡茶叶之改进，创立产销管理机关，专事统筹茶叶一应产销有关事宜，一面指示茶农组织产销合作，行新式之经营；一面对旧有复制厂号，加以严□取缔与促进。此关于生产运销之组织，已大见刷新，并仍图谋彻底改革，今后祁红之于人事间接影响，可以□无过滤。惟是加工技术上之缺弊，仍复存在祁红所有产区，承既往而弗变，改善推进，迨已不可再迟矣。

二、原料采取之不讲究

原料优劣，最能影响制茶之品质。优美原料，决为制成高级茶叶之先决条件。此原料之优劣与否，一半由于先天之茶树栽培与生长环境，一半则取于后天之采摘及其处理，是故研究制茶技术，应自生叶之采取着手。

祁红原□□□本身所具有之品质，异常优美，□□得□者，已有独到之处，即其在栽□生长环境中，已获得天时地利之宜。□□到者，在采摘上未能□其人事之合理□□之当年□理作业，□为□□□□□一□□叶采摘，□□□□□□莫如贪□务□，□□□□贪□量之□□□不顾之□□，贪□□□，采摘□□□□□□质愈□低下。纵有优□□先□□□，□此□□受其□□而□□。祁红产区，亦不免有此情形，□□其最大□事如次：

甲、采摘不时

红茶品质，嫩者佳尚，所以标准采摘，有一芽二叶之倡导。盖取其叶质软嫩，便于采制；且其所含特殊成分，亦适于红茶发酵处理。祁红产区，行标准方法采叶者，占绝对少数，大多贪图数量。茶树新生芽叶，长□适当时期，蓄留不采，□□有三叶四叶以至五叶以上，下部叶质多半硬化，其所含特殊成分，至是亦起变化，而不适于红茶之揉制。此种原料，用以制成干茶，形当粗老，品质亦必极低劣，尤其老叶发酵不良，为红茶之所最忌。

乙、手术不善

任何作业，贪多必趋粗□，茶叶采摘既老，分量增多，摘工不敷，□必以老幼从事，其采摘技术既已低劣，且复极□粗率能事。指□切□，拳□搓挪，种种无理，不一而足。更有不问其为芽为叶，为枝为梗，或老或嫩，亦不分□□，□□混入一□，以是，芽叶多被碎□受□，以至变劣，且又以□枝□梗，□□□□，初制与复制之加工，均有极大困难。

丙、□□不□

祁红□□采摘，□□□□□□□外，低等□，更□采□前一年之□□□□花乳（结果）急□□不□采□之茶□其他部分，甚至有□□□□□□□□□以□其□非茶□之枯枝败叶□□□屑□□。此不但损□□茶品质，且益增□□□上无限烦难与人工。

丁、处理不慎

茶叶既经采摘之后，脱离母株，即失去生物应有之生存依据，易受环境影响而起□剧变化。当地摘茶，习以大篓盛积，每隔半日，方行□□一次。摘量稍多，乃至积压，如是叶间发生高□，常起红变□象，且叶枝梗因紧压碎断受□而至劣变者，亦所不免。因之，茶叶自采摘运输以至制造之前，靡不失□原有之新鲜形质，且加工之际，又未能为优劣之分级与夹杂之剔出。如此原料，欲得其成茶优异，不易事也。

三、初制处理之不周到

初制一步，是茶叶加工之成败关键。内在品质之高下，大部取决于此，事实操掌成茶优劣之□纽，其于技术处理，盖不能不昭其审慎周密也。

祁红初制，最初亦如屯绿之毛茶全由茶农处理，复制厂号仅收买干毛红茶以行复制，继以山价低贱，茶农渐将其毛茶干度减低，乃至不为烘焙，仅于发酵后行一度日光气干，即予送售，故祁红之初制，现已分为两段经营，自生叶萎凋揉捻以迄发酵诸多手续由茶农担任，干燥另成一□，由复制厂号为之。但以技术之基础未立，从业者之敷衍所事，其于处理实施，同一不能致其周到。

甲、萎凋不匀

萎凋一项，是红茶初制之第一步加工，处理如何，最能影响以后全程作业以及成茶之品质。当地茶农，每多忽其重要，总难达到最适当之均匀一致之萎凋。此虽于气候设备人力诸端，有莫大相关作用，要以茶农不能善其所事，不无为因。此外，天气阴雨，致行人工加温萎凋时，又每多烟熏红变等病，此更人事之未能尽其周致也。

乙、揉捻不足

当地从事初制加工者，即为从事茶树栽培之茶农，于初制之□理，徒知其□绩，不明其意义，独于揉捻一项尤甚，通常揉捻中之茶叶，条线未之紧结，叶汁并未充分流出，即以将事。揉捻既未充分，发酵倍感困难，条线不紧，复□尤多耗失，成茶色味淡薄，形状粗大。减损品质，莫此为甚。

丙、发酵不适

祁红发酵，一向采取高温干燥之环境。对于大气温湿度高低与发酵之影响，从不考究。在发酵中之茶叶，内外干湿不匀，温度且不相等，发酵进行，难易不一，其程度自亦有极大差殊。尤其茶农纯以未经烘干之毛茶送售复制厂号，辗转延搁，发酵靡不失之过度，甚者，即变为馊酸。

丁、干燥不当

当地茶农，习以发酵茶经一度之阳光气干，即送售复制厂号。此其发酵□气干之程度事实极难齐一。复制厂号收进之后亦不复及，予以混合烘干。且在其烘干手续中，又未能致其合理如烟熏炭焦馊酸□烂等病，诸呈百出。经则足以减低成茶品质；重则足以毁坏萎凋经营至复制后之覆火，意义尤极重要，但□尽其□事者，亦属鲜少。

四、复制技术之不完善

复制一步，乃系茶叶制造上之再加工。探其目的，无非将毛□之茶叶，做□适合需要之形态，以便□售。□覆制作叶之进行，亦□以此为其□□。

祁红复制，无□□创制之方法，亦无专□之技工，其技术渊源，大半采自附近茶区□□□□茶之复制方法，从□技工，又全为□西河口□□源或其他□茶区所雇用。故直至今□，祁红复制技术□□□不稳，而无确切之□□□一致之□□，祁红年中出品，参差不齐，在销售上极其不便，实非□采摘□初制之不到所由致也。

甲、筛分不精

筛分为复制作业之主体，一切复制加工皆以此为中心。祁红复制，在筛分一项，多有未能尽其最大作用，筛分□之茶叶，无论为长为短，或粗或细，分□不为精密，优劣难以分清。且□实施手术，较之屯绿尤粗□与拙劣，即此粗放之筛分，亦不能达于匀致。如此加工，□与复制之真义，相差何啻天壤。

乙、分级不严

祁红分级，仅以采制日期为唯一之依据。其于同时采制之茶叶，品质优劣，毫不顾及，要知在同一时间内制茶，采摘有老嫩，加工有精粗，混为一级，极不合理。何况在初制处理中，千殊万异，甚有遭受劣变茶叶，拼入一起，即有损整个产品品质。是祁红出品，年多劣次者，非其全部之劣次，乃其分级不严有以致之也。

丙、形态不饬

茶叶原为美术性而兼半奢侈性之消费物品，其贸易之兴衰，常取决于品质之优劣，尤于外观形态，为消费者第一鉴赏之必具条件，更不可不为适应，加工。红茶市场需要之形态，而低次祁红产品，每难能达到。若粗细不匀，长短不称尚其余，甚焉者，形状不类，与一般出品相差悬远，使人无从辨识。

丁、□劣不净

祁红在采摘上既不讲究，劣质茶类及夹杂物居多，复制加工，又未能一一汰除。茶类之夹杂，如梗片老叶，固所在皆是，低次产品，甚有□泥土碎石以及细小竹头木屑之非茶类夹杂，亦不能□以剔净。坐是产品不能一致□于精美，尤其属于饮料之茶叶，其□□更□其□产品为□甚。

五、技术上□有之改进

综观前述祁红在采制技术上之缺弊，事□与□诱致之原因，虽极复杂，然撮其紧要，不外下列数点：

（一）技□□□□，动荡□□；

（二）加工□□工人，技术拙劣；

（三）采制加工作业，互不连贯；

（四）出□分级不齐，漫无标准。

凡此诸端，虽有由生产经营者以及加工从业者之敷衍所事及有□粗制□所促成，但其技术本身之劣点□多，殆已为不可讳言之事实。今仅就前此所述各点，略抒其改进意见如后：

甲、创立标准采制方法

□□生叶采摘毛茶初制以及精茶复制，逐□□以详确之研究，创立一贯而有系统之祁红采制标准方法。然后，一切采制技术，均以此标准方法为依归。中心有其所在，不复如今之东仿西效，加工从业者亦知有所适从矣。

乙、造就采制技术工人

祁红采制加工从业工人，多自外地招雇，来源复杂。尤其复制茶工，多为江西河口及婺源，两大□别，各拟其原有方法以从计，自是其是，互非其非，以此等无专□技术之工人，而为此高贵产品之加工，殊非所宜。目前应一□对旧有茶工加以技术上之淘汰，训练□一□再就实地或其附近县区□□全能技工，灌□以科学知识，训□以标准采制方法，使为技术改进之先驱。

丙、密切技术上之联系

茶叶之为□□□工，自原料采制以迄制成□□，一切技术，应□一贯之联系。而□□分离，祁红之采制□□为分之经营其□□□□乏连贯。□制□□□，不以复制□□为其生产之对象；□制经营者，亦不以原□□□为其适应之加工，即□一初制经营或复制经营者，亦□不相□。以是，加工技术，□无系统，更不能□互□□。今□亟应使采制之一应技术，□相互间之沟通，为一贯之联系。如是，技术实施，方能致于合理。

丁、制一成品分级标准

任何一种产品，必须有一致之标准，方适于市场上之销售。祁红年中出品，既如是优劣悬殊，几无相类，无法使之拼□，鸡零狗碎，难为大□推销，障碍前□，莫此为甚。俟应将整个产品□□分级标准，并严加限制，其一应加工技术悉按分级标准，因应实施，然后，成品质量，自可渐趋于齐一。

《茶声半月刊》1940年第22期

安徽外销茶叶生产成本初步研究

铭 之

第一章 前言

茶叶是安徽惟一的特产，亦就是我国抗战资源，它在安徽每年出产在十二万箱，价在三千万元以上。

自从抗战发动以后，茶叶因能吸取外汇及易货的关系，由政府统运统销。不但增加茶叶输出，换取大量外汇，并且保障农商利益，安定农村经济，在抗战时期的茶业农村，反显着蓬勃活泼的现象。

提高收购价格，固然是保障农商正当利润，但究应提高若何程度？就非从研究茶叶生产成本着手不可，因为货物价格的提高，不能盲目的提高，必须有所依据，方不致有逸计划经济的统制目的。

我国关于经济的调查统计工作，素乏研究，对于茶叶生产成本，尤更少精密的基础。年来战时的物价，不断飞涨，茶叶生产成本，□□无穷变化，兹将本处二十八年茶叶调查资料，集合茶叶生产成本方面的，加以整理，汇集是□，举内容挂一漏万，但愿供茶业同志简易的参考。

第二章 外销毛茶生产成本

第一节 茶园管理费用

1.茶园管理的一般情形

安徽外销茶叶，红绿兼有，其产区广阔，几及皖南全部，惟红茶产区，以祁门至德二县为多，故又称祁红区，绿茶产量以休宁歙县为多，集中屯溪，故又称屯绿区。

茶树为多年生作物，自种植四五年，方可开始采摘，以后逐年增加产量，而十余年岁，为产量丰盛的时期，二十年后即形衰退。

本省各处茶园栽培情形，陈□简陋，经营粗放，如出一辙，茶农但冀售得好价能得眼前温饱，已属满意，至如何改良品种，改善栽培，扩增生产，提高品质，皆无所计。再茶树多栽种于山坡、田溪、路旁，故形成茶农每视植茶为副业的观念。

茶园管理更为漫不注意，如中耕年每年仅一次，或难"一年两交钉"的□，亦不过高庄茶区而已，施肥的漫无标准，茶地的百草丛生，树枝的枯朽不齐，如此粗放经营，奚有优良的产品。

2.茶园管理费用的因子

一、摊分垦植费。茶树垦植后，既须四五年方可开始采摘，其间如茶园开垦、茶树种植、中耕、除草、施肥等工费及地租，理应分摊在各年茶园管理费用内。

二、栽培人工。在茶叶采摘年龄内，每年茶园中耕、施肥、除草、修理及其他管理人工。

三、肥料。培壅茶树用。

四、农具修理折旧。茶树种植器具加锄钯等，亦应依照各种工具使用年龄，分摊于各年茶园管理费用内。

五、地租。茶园的租金。

六、经营资金利息。

3.茶园管理费用诸因子的估计

事实上，茶园管理费用很难于精密的计算，因为：

一、安徽茶农既以副业方式来经营茶园，对茶园管理费用，又无详细的记载。

二、施肥中耕除草间作物大于茶树，无法估计与分摊。

三、地租种茶工具，亦与间作物无分轩轾。

四、茶园经营，人工每多利用家工，更无精密支付记载。

五、用秤的不一样。

上列许多的计算困难原因，所以茶园管理费用仅能约数的估计。

（一）摊分垦植费。每亩需开垦人工五十工，每工连伙食以五角计共二十五元（战前一般情形），在未采摘以前的施肥除草中耕，每年间约计五元，五年共二十五元，及幼苗或种子价值约为三元，合计共五十三元，依照土地报酬渐减律，摊分于各年茶园管理费用内。但安徽的茶树年龄，大都皆在二三十年以上，高庄茶园的茶树年龄甚至达七八十年以上，统扯年龄在四十年左右，则每亩每年应摊开垦费一元三角二分五厘。以红毛采摘较为细嫩，每亩能采六十六斤（茶叶生产是逐年渐减的，这是依照大概普通情形），绿毛茶采摘较为粗放，每亩能采一担（平地约每亩一担，山地每二亩一担），则红毛茶应每担（每斤二十二两秤）应摊分二元一分，绿毛茶应摊分每担（松罗秤每斤十八两四钱）一元三角二分五厘。折合市秤，红毛茶为每市担一元二角四分二厘，绿毛茶每市担九角七分九厘。

（二）栽培人工（每市担为单位）。

种类	红毛茶			绿毛茶			备考
	工数	工食费（每工）	合计	工数	工食费（每工）	合计	
除草	3工	4角5分	1元3角5分	6工	4角5分	2元7角	
施肥	4工	4角5分	1元8角	2工	4角5分	9角	
中耕	3工	4角5分	1元3角5分	7工	4角5分	3元1角5分	
合计	10工		4元5角	15工		6元7角5分	

（三）肥料（每市担为单位）。

种类	红毛茶			绿毛茶			备考
	数量	单价	金额	数量	单价	金额	
油粕	143斤	3元（每担）	4元2角9分				
草木灰				200斤	1元（每担）	2元	
人粪尿	5担	2角（每担）	1元	5担	2角（每担）	1元	
合计			5元2角9分			3元	

（四）农具修理折旧。各种农具价值，约计五元，能用十年，折旧每年应摊五角，每年加修理费五角，则合计一元。

（五）地租。每担一元五角。

（六）资金利息。红茶当年经营资金利息，以栽培人工肥料农具拆旧地租合计十二元二角九分，以周年利息一分计，则须一元二分二角九厘。绿茶当年经营资金利息，以各项费用合计为十二元二角五分，亦以周年一分，则共一元二角二分五厘。

（七）合计。

安徽茶园管理费用（每一市担毛茶）

单位：元　时期：二十八年

茶类	摊派开垦费	栽培人工	肥料	农具修理拆旧	地租	资金利息	合计	备考
红毛茶	1.242	4.5	5.29	1	1.5	1.229	14.761	
绿毛茶	0.979	6.75	3	1	1.5	1.225	14.454	

第二节　毛茶初制费用

1.毛茶初制的一般情形

安徽红绿毛茶，初制皆由茶农为之，兹将毛茶初制的一般情形略述如下：

（一）红毛茶的初制。

（1）采摘。茶农于茶季前，向各产区预先雇定采摘工，在谷雨前后，即行各集登山开园，拣选新叶，分别采摘，但各茶农为减低成本，不就细□择采，连枝带叶，顺手拉下，以求量的增加，不求质的改进。

（2）凋萎。用竹簟平铺地面上，再将鲜叶匀薄铺放其上，置太阳光下曝晒，翻排数次，候鲜叶凋萎，以手捏之，叶部柔软折而不断为合度。

（3）揉捻。置凋萎合度之鲜叶于桶内，用足踏揉，或于竹簾上用手揉捻解块，使叶部细胞完全破碎，细捻成条。

（4）发酵。以揉成条之青胚，量于预先曝晒日光中之木桶，用湿布盖好，松紧合度，仍置于日光下，使温度增高，□于发酵，温度与湿度相配合，则发酵良好，味浓厚，而叶底鲜红，香气亦随之透出，是为红胚。

（5）烘晒。成条的红胚，仍用竹簟晒于日光下，是为打天火；烘笼内用高温烘焙，使水分蒸散，至五六成干度，是为打毛火；再烘至极干度，是为足火。

（二）绿毛茶的初制。

与内销绿茶的各种茶类别制法稍有不同。

（1）采摘。预备男女工，于采摘期内，上山采摘，其采法较红毛茶更为粗放，每日采下鲜叶，由采摘工携回过秤，摊放于阴处，至下午六七时，将一日所采集的鲜叶，开始炒青，故其采摘工，即为炒制工，此与红茶初制经当不同。

（2）炒青。增速叶部不起红色变化，须用武火杀青，炒时用松柴烧热铁锅，再将山青倾入，锅内每次约一斤左右，用敏捷手术，上下掉炒，约五分钟取出。

（3）揉搓。将已炒好的茶叶，放置竹簟竹簾上，揉捻约二三□分后，为防止叶部起红色变化，抖开再揉者数次，有叶液透出，直至茶叶紧捻细条为止。

（4）炒烘。将揉捻完毕的茶，或炒或烘，呈十分干燥后即成毛茶。

2.毛茶初制费用的因子

（一）采制人工。即采摘鲜叶和制造毛茶的工食费。

（二）柴炭。即制造毛茶用的炭火。

（三）灯油。安徽农村的制茶情形，大都日里采摘，晚上炒制，晚上制造毛茶需要大量灯油。

（四）器具修理折旧。焙灶烘笼及房屋的设备，理应依照使用工具年龄折旧，及每年修理费。

（五）经营资本利息。茶农每年向茶号预借款额，以茶叶产量保证的支付利息。

3.毛茶初制费用诸因子的估计

（一）采制人工。采摘人工与制造人工的工食计算制度，各茶区皆不相同，红茶以采摘青叶计算，每斤（老秤每斤二十二两）四分，每天每人能采二十斤，每工伙食费二角，揉捻及烘晒毛茶，每老担需工五工，每工食费一元，每三担青叶能制毛茶一担，则每担红毛茶采制人工：

每担（老担）毛茶采摘工人=3×4元+300/20×0.2元=15元

每担（老担）毛茶初制工人=5×1=5元

每担（老担）毛茶采制工人=15+5=20元

折合市担以0.618折计=20×0.618=12.36元

绿茶区的采制工人，皆联系一起，青叶采摘后，即由原工制成毛茶，工食也合并在内，普通每担（绿茶交易惯用松罗秤，每斤十八两四钱，合市秤〇点七三九折）毛茶约须采制工三十工，（高庄区须三十五工，低庄区二十五工，统扯以三十二工算），每工约需工食费八角，则每担绿毛茶采制人工：

每担（老担）毛茶采制人工=30×0.8=24元

折合市担以0.739折计=24×0.739=17.736元

（二）柴炭。祁门至德的茶农制造红毛茶，经发酵后稍予日光曝晒，则行挑至茶号出售，故全为湿胚，不另烘焙，一则以增加产量，一则以减少人工，其柴炭可勿列入。

绿毛茶以每担需柴三百八十斤，去年柴价约计每担四角五分，则每担绿毛茶需柴费一元七角一分。

（三）灯油。毛茶制造既多在夜里，需灯油甚多，以每夜需灯二盏，每盏用油三两，制造期以七天计，则需灯油二斤十两，以去年柴油价格约每斤五角计，则需费一元三角一分。

（四）器具修理折旧。制红毛茶器具，较为简单，约估一元，制绿毛茶器具，则较复杂，如锅灶等，其修理折旧费约需二元。

（五）经营资金利息。红毛茶由茶农自挑至茶号出售，尚无农商间资金实放的现象，绿毛茶则每年由茶号预贷茶款，每担十元至十五元，第二年，贷款茶叶以市价售于茶号，并扣还本息，若以周息一分计，则应扣每担利息一元至一元五角，平均以一元二角五分计。

（六）合计。

安徽毛茶初制费用（每一市担毛茶）

单位：元　时期：二十八年

茶类	采制人工	柴炭	灯油	器具修理折旧	经营资金利息	合计	备考
红毛茶	12.36			1		13.36	
绿毛茶	17.736	1.71	0.75	2	1.25	23.446	

根据前节各项估计，去年红绿毛茶生产成本合计如下：

安徽毛茶成产成本（每一市担毛茶）

单位：元　时期：二十八年

茶类	茶园管理费用	毛茶初制费用	合计	备考
红毛茶	14.761	13.36	28.121	
绿毛茶	14.454	23.446	37.9	

毛茶生产成本中诸因子的货币价值，常趋物价涨落而定，即所以每年毛茶生产成本可有增减。

安徽省的毛茶经营方式，各有不同，红毛茶惯习即以湿毛茶出售，故上列的毛茶生产成本，即以湿毛茶计算，若以湿毛茶折算干毛茶，则增加四分之一之生产成本。

绿毛茶的经营不如红毛茶零碎，并需长期贮藏，故皆为干胚，上列的绿毛茶生产成本价值，即以干胚计算。

上列红绿毛茶生产成本估计，较实际毛茶生产成本，或要稍大，因茶农的摊分开垦费器具折旧及自力人工每多未予计入。

第三章　外销箱茶生产成本

第一节　箱茶精制费用

1.箱茶精制的一般情形

茶农制成毛茶后，即可□售于绿茶厂号，经各厂号烘焙筛分拣剔匀堆等手续，即可装制成箱，是为箱茶。

安徽既兼产红绿箱茶，惟两个产区中心，祁门与屯溪，相距□不过二三百里之间，但其精制作业，却全然各异，兹将茶叶专家胡浩川先生，对于祁红与屯绿精制作业的分演，有关生产成本的经济部门，作为箱茶生产成本计算的参考：

（一）祁红处理手续较屯绿为简便。

（二）祁红原料质地较屯绿为细嫩。

（三）祁红成品级别较屯绿为单纯。

（四）祁红生叶采摘较屯绿为粗放。

（五）祁红毛茶干度较屯绿为悬远。

（六）祁红折耗副产较屯绿为巨大。

（七）祁红经营规模较屯绿为狭小。

（八）祁红创制时间较屯绿为短近。

（九）祁红费用一切较屯绿为浮浪。

总之，精制手续虽然繁杂，但原则不外整饬形态，汰除劣异，与分别品级。

2.箱茶精制费的因子

箱茶精制费用即为箱茶加工费用。

关于箱茶精致的方式，不但各不同类茶区的不同，就是同一茶区里面亦往往各异，结果箱茶精制费用的因子亦不律。

兹将普通精制箱茶的加工费用的因子约可分述如下：

（一）制茶：包括制茶的筛工（扇工簸工在内）烘焙工（绿茶为烘工红茶为焙工）拣工杂工等。

（二）职工薪金：经理或掌号、内外账房、□客、司秤等茶场管理人员及厨司门房打杂等。

（三）材料费：制茶用的材料，包括柴炭或绿茶调制着色用的黄粉、青靛、白粉、白蜡等色料。

（四）包装费：包括锡罐、木箱、篾篓及衬纸等。

（五）生产设备：制茶器具的租金及修理费，或添置□用的折□，房屋修理，锅炉搭制等。

（六）厂屋：制茶厂屋的租金。

（七）用税：包括所得税、营□税、茶业公会会捐以及地方目□捐等。

（八）杂费：包括利息、伙食、灯油及其他各项杂支。

3.箱茶精制费用诸因子的估计

（一）制茶□工职员薪给，及厂房租金，皆以全□为支付单□，而不以制造箱茶数量而论，皆成本较大，产茶数量越多的茶厂，其精制费用一定较制茶量少的为便宜。

（二）制茶厂号的经营合理，与精制加工的费用得当，亦能影响精制费用的高下。

（三）制茶折耗不但与原料成本有关，且为精制费用增降标准。至德红茶以八折做，祁门红茶以六折做，所以红茶的精制费用亦较祁门为低。

兹将安徽红绿制茶厂号以普通产量为标准的每担精制费用。

屯绿箱茶精制费用表（以700箱为标准）

单位：市担/元　时期：二十八年

类别	项目	全季需用金额	说明
制茶工人	筛工	619.5	茶司□□担做工3个半工，每工工□6□，则每毛担做工2.1元，合市担1.52元，每箱装茶57斤，则每箱工□约0.885元，以700箱计
	拣工	598.5	拣工每担1.5元，则每箱0.855元，以700箱计
	焙工	957.6	焙工市担2.4元，每箱1.368元
管理费	职员薪金	650	以全季计，管号120元，账房二人共180，水客5人共350元
	杂司	200	厨房看门等约200元，以全季计
材料费	柴炭	238.4	每担茶用炭60斤，每担炭价1元，每担茶用炭约0.6元，每箱0.342元，以700箱计
	滑石粉	100	700箱茶需滑石粉2箱，每箱50元
	白蜡	64	700箱茶8斤，每斤8元
	青靛	56	娇心靛每罐8元，700箱需7罐
包装费	木箱	630	木箱每只0.9元，以700箱计
	铅罐	910	铅罐每只1.3元，以700箱计
	篾篓	322	篾篓每只0.46元，以700箱计
	箬叶	28	每百套4元，每箱需0.04元，以700箱计
租赋	厂租	600	以全季计
	生财	400	以全季计
捐税	营业税	336	每箱0.48元，以700箱计
	公会捐	315	每箱0.45元，以700箱计
	公益杂捐	350	每箱0.5元，以700箱计

类别	项目	全季需用金额	说明
杂支	伙食	500	每日5元,以100日计
	灯油	45	约需洋油5听,每听9元
	利息	1406.4	资本1万元,以月息1分计,贷款每箱24元,700箱共1680元,以月息8厘,计皆6个月期
	其他	70	以每箱0.1元
合计		9396.4	

每箱计装精茶57斤,700箱合计绿茶39900斤。

每担绿箱茶需精制费用=9396.4/399=23.55元。

祁红箱茶精制费用表(以200箱为标准)

单位:市担/元　时期:二十八年

类别	项目	全季需用金额	说明
制茶人工	茶司	320	每名茶司能做茶10箱,200箱则需20名,每名全季包价平均16元
	拣工	240	每名茶司需拣工1名半,20名茶司需30名拣工,包价每名全季8元
职员薪金	职员薪俸	350	经理1人支100元,内外账房共支60元,看货3人各支30元,司秤3人各支30元,管理1人支40元,皆以全季计
	杂司	48	厨司、看门、打杂等4名,每名12元,皆以全季计
材料费	木炭	200	以每担炭价1元,每担毛茶约做精茶1箱,每箱炭价平均1元,以200箱计
	木柴	30	
包装费	木箱	164	木箱每只0.75,花纸每百套7元,合计每只0.82元
	铅罐	460	每只净铅3斤半,市价每担60元,度纸5分,焊锡5分,工费2角,合计每只2.3元
	篾篓	76	每只0.38元,以200箱计
	箬叶	4.8	每箱0.024元,以200箱计
租赋	厂租	300	以全季计
	生财	100	以全季计
捐税	营业税	96	每箱0.48元,以200箱计
	公会捐	100	每箱0.5元,以200箱计

类别	项目	全季需用金额	说明
杂支	伙食	420	工人50名,每名每日0.25元,职员10人,每人每日0.5元,以24日计
	灯油	50	
	利息	960	资金及贷款约2万元,以月息8厘,以6月期计算
	场地	24	门庄收茶无场地,在分庄收买,每担需场地3角,以80担计算
	其他	200	来往邮电茶司酒资等
合计		4142.8	

每箱装精茶60斤,200箱约合120市担。

每市担精制费用=4142.8/120=34.5233元。

第二节　箱茶生产成本的总计

箱茶生产成本的计算公式:

箱茶成本=(毛茶生产成本+茶农正当利润)/做折+箱茶精制费用

毛茶生产成本与茶农正当利润之和,就所谓毛茶山价(即毛茶买卖的价格),但茶农正当利润,须观茶市情况、茶叶品质而增减,无一定标准,姑且暂予勿论。

则箱茶生产成本估计(红茶以六六折做,绿茶以七五折做为标准):

红箱茶每市担生产成本=28.12/(66/100)+34.523=77.13元

绿箱茶每市担生产成本=37.6/(75/100)+23.35=75.48元

每担毛茶制成精茶,尚有副□:如红茶的花香,每二百箱精茶,即有四十箱花香;绿茶的雨茶,三角片,茶梗及茶籽等,但它们的收入仅能弥补做工的支出,故未列人。

上列箱茶生产成本,尚有产地运□各费,未计在内,如至德箱茶每至屯溪,每箱应加运费约五元,祁门箱茶每箱应加运费一元七八角,休宁与歙县绿茶则在当地交箱,故产地运费似□省略。

但去年实际毛茶山价的扯数,红毛茶为每市担三十六元(祁门茶场毛茶收购扯价),绿毛茶为每市担四十点六四五元(以松罗秤五十五元折合),则去年红绿茶实际箱茶生产成本该为:

红箱茶实际生产成本(每市担)=36/(66/100)+34.523=89.068元

绿箱茶实际生产成本（每市担）=40.645/（75/100）+23.35=77.543元

第四章　本年茶叶生产成本估计

本年物价高涨，尤以米价为甚，茶叶生产成本亦因之扶摇直上，兹将茶业生产成本的诸因子，在本年度内高涨情形，略述如下：

（一）人工。

皖南一带，去年茶季时的米价，每担十六元，今年茶季开始已高至每担二十七元，较去年指数高涨百分之六十六，食盐、猪肉、油亦高涨百分之四十，但此项人工费用，统扯已高涨百分之五十四。

（二）柴炭。

白炭去年每担（大秤）为一元八角，本年已□涨三元四角，高涨百分之八十九。

（三）灯油。

菜油去年一元二斤，今年一元仅一斤十二两，高涨百分之二。

（四）肥料。

菜饼为茶园垦植主要肥料，去年每担六元五角，今年价为每担十一元，高涨百分之六十九，但普通茶园惯用绿肥及自有人屎尿，不费本钱，姑作高涨百分之四十。

（五）工具折□。

工具依照原价折旧，但修理费，亦□增，暂作高涨百分之十五。

（六）摊分开垦。

依照历年原价摊分，似可无用提高。

二十九年安徽毛茶生产成本估计表(一)红茶

单位：市担/元

	摊分开垦费	栽培人工	采制人工	柴炭	肥料	器具折旧	灯油	地租	利息	合计
二十八年	1.242	4.5	12.36	—	5.2	2	—	1.5	1.22	28.022
高涨百分率	—	54%	54%	89%	40%	15%	20%	—	—	41.14%
二十九年	1.242	6.93	10.034	—	7.4	2.3	—	1.50	1.229	30.635

二十九年安徽毛茶生产成本估计表（二）绿茶

单位：市担/元

	摊分开垦费	栽培人工	采制人工	柴炭	肥料	器具折旧	灯油	地租	利息	合计
二十八年	0.97	6.75	17.739	1.71	3	3	0.75	1.5	2.475	37.9
高涨百分率	—	54%	54%	89%	40%	15%	20%	—	—	43.65%
二十九年	0.979	10.395	27.313	3.232	4.2	3.45	0.9	1.5	2.475	54.444

二十九年祁红箱茶精制费用估计表（以200箱为标准）

单位：市担/元

类别	项别	廿八年需用金额	高涨百分率	廿九年需用金额	说明
制茶人工	筛工	320	40%	448	
	拣工	240	40%	336	
职员薪金	职员	350	40%	490	
	杂工	48	40%	67.2	
材料费	木炭	200	89%	378	
	木柴	30	50%	45	
包装费	木箱	164	60%	262.4	去年每只0.75,本年1.2,高涨60%
	铅罐	460	52%	699.2	去年每只2.3,本年3.5,高涨52%
	篾篓	76	31%	99.56	去年每只0.38,本年0.5,高涨31%
	箬叶	4.8	62%	7.776	去年每百2.4元,本年4元,高涨62%
租赋	厂租	300	50%	450	
	生财	100	50%	150	
捐税	营业税	96		96	
	公会捐	100		100	
杂支	伙食	420	60%	672	
	灯油	50	30%	60	
	利息	960		960	
	场地	24		24	

类别	项别	廿八年需用金额	高涨百分率	廿九年需用金额	说明
杂支	其他	200	20%	240	
合计		4142.8	34.85%	5585.136	

廿九年红箱茶精制费用（每市担）=5585.136/120=46.543元。

二十九年屯绿箱茶精制费用估计表（以200箱为标准）

单位：市担/元

类别	项别	廿八年需用金额	高涨百分率	廿九年需用金额	说明
制茶人工	筛工	619.5	40%	867.3	
	拣工	598.5	40%	837.9	
	焙工	957.6	40%	1340.64	
职员薪金	职员	650	40%	910	
	杂工	200	40%	280	
材料费	柴炭	238.4	89%	450.576	
	滑石粉	100	10%	110	
	白蜡	64	20%	76.8	
	青靛	56	86%	104.1	去年每箱0.7元,本年每箱1.3元,高涨86%
包装费	木箱	630	55%	976.5	去年每只0.9元,本年每只1.4元,高涨55%
	铅罐	910	92%	1747.2	去年每只1.3元,本年每只2.5元,高涨92%
	篾篓	322	30%	418.2	去年每只0.46元,本年每只0.6元,高涨30%
	箬叶	28	62%	45.36	
租赋	厂租	600	50%	900	
	生财	400	50%	600	

类别	项别	廿八年需用金额	高涨百分率	廿九年需用金额	说明
捐税	营业税	336		336	
	公会捐	315		315	
	公益杂捐	350		350	
杂支	伙食	500	60%	800	
	灯油	45	20%	54	
	利息	1406.4		1406.4	
	其他	70	20%	84	
合计		9396.4	38.46%	13009.976	

廿九年绿箱茶精制费用（每市担）=13009.976/399=32.61元。

　　总之，本年物价飞涨，有关茶叶产制的因子，亦因之高涨，惟它的高涨率不一，有的甚至高涨百分之百，有的虽尚无高涨表现，统扯本年三月底，茶叶成本皆高涨至百分之四十左右，这是有过之无不及的数字。

《茶声半月刊》1940年第23期

一九四一

安徽省茶叶管理处三十年度红绿茶厂社申请登记要点

（一）凡持有本处发行给二十九年度厂制茶登记证之各茶号及各县合作社，业经本处调整核准备案者得予申请。

（二）商营茶厂及合作社以联营及设立联合社为原则，红茶每一单位厂社至少须精制五百箱，绿茶每一单位厂社至少精制二千箱。

（三）本年红茶制造箱额总额以七万箱为限，其分配数量于下：

祁门总额为四万九千箱：

1.场厂五千箱。

2.合作区联社九千箱。

3.商号三万五千箱。

至德总额为一万六千箱：

1.合作区联社二千五百箱。

2.商号一万三千五百箱。

贵池总额为三千五百箱：

1.合作区联社五百箱。

2.商号三千箱。

石埭商号一千箱。

歙县商号五百箱。

（四）本年绿茶制造箱额以九万箱为限，其分配数量如下：

休宁总额为五万二千箱：

1.场厂一万箱。

2.合作区联社八千箱。

3.商号三万四千箱。

歙县总额为三万二千箱：

1.合作区联社六千箱。

2.商号二万六千箱。

祁门总额为六千箱：

1.场厂四千箱。

2.商号二千箱。

（五）本年准予登记之制茶号社务须依照登记箱数十足交箱。

（六）本年红茶制造厂社以下列户数为限：

祁门：商号七十家为限，合作区联社十八家为限。

至德：商号二十七家为限，合作区联社五家为限。

贵池：商号六家为限，合作区联社一家为限。

石埭：商号二家为限。

歙县：商号一家为限。

（七）本年绿茶制造号社以下列户数为限：

休宁：商号十七家为限，合作区联社四家为限，厂场二家为限。

歙县：商号十三家为限，合作区联社三家为限。

祁门：厂场一家为限，商号一家为限。

（八）申请登记时期，红茶自即日起至四月十日止，绿茶自四月十五日起至二十五日止。

（九）申请登记地点：安徽茶叶管理处。

《安徽茶讯》1941年第1卷第4期

以战时生产为重

祁门茶业改良场，乃东南各产茶省份一个数一数二的茶叶产制技术机构。祁门茶业改良场的建立，无论如何，是与祁红有利，是使祁红品质提高，是使祁红进步的。茶场每年产制若干的箱茶，吾人可视为示范性质。断不可视为"与民争利"。吾人相信，有茶场在技术上指导祁红的种植、产制，必能使祁红"精益求精"，在海外市场上，获得更多的顾客。结果，得到实际利益的，是祁红，不是"茶场"。退一步说，茶场买茶，不用大秤，不压山价，稍得实惠者，亦为茶农。

吾人姑不论"茶场"之于"祁红"的影响如何。吾人为抗战，为建国，极愿呼吁祁门茶界与改良场，相忍相让，以战时生产为重。一时的龃龉，不必延长下去，更不必张大开来。吾人吁求双方，在相忍相让下，息事宁人，在以战时生产为重的大前提下，各抒己见，重言于好，求得事项之合理解决。吾人本此立言，不识双方

有同感否？（转录《徽州日报》）

《安徽茶讯》1941年第1卷第5期

皖南特产调查

　　皖南各县山脉绵延，气候温和，雨量调节适宜，特产品极多，产量亦巨，单以茶桐二项而论，已足支持皖南百分之八十以上人民生活，左右整个金融基础。惟以贸易状况向未步入正轨，商贾盈余颇丰，而农民终岁手胼足胝，不得一饱。抗战以来，特产品能换取外汇，购置军火，增强抗战力量，中央设立贸易委员会统制购运，价格提高，品质改良，而产额亦年有增加。兹将调查所得分述于后，以供稽征之参考。

　　一、茶叶。皖南所产茶叶，计有红茶、绿茶及青茶三种。前二者属于外销，而后者属于内销。祁门、至德二县出产红茶，欧美驰名，因其味极浓厚，而醇香无比，英人喻之曰君子茶，其高贵可想而知。每年出产四万六千余担，价值八百余万元。休宁、歙县、黟县三县出产绿茶，年产六万余担，价值一千一百余万元，行销英、美、俄、非、摩洛哥一带，对外统称屯绿，品质优良，全球称誉。红绿茶皆以屯溪为总集散地，抗战以前，由上海洋行委托茶栈向产地贷款收购，故价格完全由洋商操纵。民二十四年，皖赣红茶运销委员会成立，红茶贸易受政府统制。二十八年三月，安徽省茶叶管理处成立，管理全省红绿茶之产制运销，由贸易委员会贷放毛茶及箱茶贷款，统制运销，洋商无法操纵，农商利益亦倍于前。今将红绿茶之产量列表于次。

产地	红茶		绿茶	
	毛茶产量（市担）	成箱数量（箱）	毛茶产量（市担）	成箱数量（箱）
祁门	36336	58479	9540	1905
至德	8178	22646		
休宁	1786	357.05	37168	74528
歙县			18315	30588
黟县			2400	
合计	46300	81482.05	67423	107021

红茶、绿茶而外，尚有内销青茶，出产地为太平、泾县、休宁、歙县一带，年产十万余担，由客帮茶商运往山东、天津一带销售，价值约四百万元。总共红茶、绿茶、青茶年产二十余万担，价值二千三百余万元。从事茶业生业者，数十万人，妇女占百分之三十。故茶业之盛衰，实足牵制整个皖南经济之繁荣，而对于抗战力量之支持，尤为重要，历年茶价，根据安徽省茶叶管理处之报告，列表于次。

红茶历年茶价统计表

年别	14	15	16	17	18	19	20	21
平均价格	113.96	126.78	125.43	103.59	102.05	130.59	214.5	184.84
指数	100	111.23	110.06	90.9	89.55	114.42	188.4	162.2
年别	22	23	24	25	26	27	28	29
平均价格	121.34	138.57	缺	87.18	75	70.96	200	223
指数	106.48	121.06	缺	76.5	65.81	150.01	175.5	195.68

绿茶历年茶价统计表

年别	25	26	27	28	29
平均价（市担元）	66.37	73	99.13	128	未评出
指数	10	109.99	149.35	192.85	未评出

茶业在皖南所占地位，既如此重要，蔚为本区内一大税源。本处为慎密稽征，对于区内茶号分布情形，产区状况，经详加调查以作依据。二十八年红茶、绿茶纳税单位，及所得利得两税征收数字，列表于次。

县别	纳税单位	免税单位	所得税额	利得税额
祁门	201	11	43863.39	39773.76
休宁	104	16	21512.85	11764.77
歙县	94	9	9200.59	5738.26
合计	399	36	74576.83	57276.79

《直接税月报》1941 年第 12 期

祁门红茶

洪素野

吾国茶产以安徽为中心，其品质之佳，产量之多，各类之繁，都为他省所不能及。而皖省中又以祁门、六安为最著。"六安茶"专销国内各地，香味俱称极品，惟制法烦而出品少，仅能供品赏，不足以裕国富。"祁门红茶"则与婺源绿茶，同为行销海外的名产。今日之祁茶之名，已无远弗届了。

祁门红茶的历史并不很早，查明朝"南京户部志"，国家岁贡"茶"部中，尚无祁门之名，其中关于皖省的仅谓："六安州上南京礼部芽茶三百斤，广德七十五斤，郎溪连平茶二十五斤。"又段一说："成化三年，奏准南京供用库岁用芽茶，坐派池州府二千斤，徽州府三千斤；叶茶徽州府二千斤，滁州二百斤，广德三百斤，计天下贡茶共四千零二十二斤，而以建宁茶品质为最上。"（大概系建德、宁州二地）可见当时非但祁茶无名，即安徽全省的茶产，在国内亦未占重要地位也。据说祁门以前向制青茶，大约始自清同治初年，当时每年产额，仅值十余万元。直至光绪二年（一八七六），始有黟县人来祁，设子庄于历口，督同茶师制造红茶，颇费苦心。茶成后，初运销汉口一带，一般洋商都觉其香味较之"宁州红茶"更胜，因之销路大畅，以后仿制者日增。到光绪四年，茶号已有七八家。光绪八年间，渐增至十余家，今日则达一百四五十家了。

茶的种植，半赖地利，半属人事。祁门土壤得天独厚，依化学分析，多为砂质土壤，富于酸铁质等养分，加以地多崇山峻岭，海拔极高，均最宜于植茶。此外，如空气湿润，云雾浓厚，使茶树上部得到充分水分；地多川流，又多雨水，使之适于生长；尤以森林稠密，可以调节寒温，遮蔽风日，防止天灾。凡此种种，都非易得，宜其能驰誉中外也。

论祁茶产额。据前北京农商部第三次调查，总数为三万八千五百余担。民国三年，祁门茶税据统计，则为二万二千四百余担。民十九年，安徽建设厅调查，仍为此数。民二十一年，皖省茶业改良场所调查，计出口总额已减少为三万八千五百余箱，每箱五十斤，则仅得一万九千余担了。民二十四年产量，亦约略相等。

全县茶林面积，闻约在三万五千至四万五千亩之间，以西南乡为富，最著名的历口之"雨前"，及闪里之"白毫"，都产西乡。红茶以外，尚有少数仿六安茶制法，名为"安茶"的，在两广一带负盛名，产于南乡。东北二乡，尚未贵品也。

关于祁茶的栽培方法，亦探得一二。第一步须先"垦荒"，其步骤又分为砍柴、开掘、翻土、垄地四事。次为"种植"，种子多为当地茶园所产，于每年旧历十月间采集后，埋于向阳地窖中，至翌年春季掘起播种。种时掘地成穴，直径约一尺，每穴自六七颗至十余颗，土覆以土，厚约三寸距离，行间相隔三四尺，株间二三尺。三为"耕耘"，年约二次，于旧历二月间茶将发芽时，及八九月间结实时行之。四为"施肥"，肥料多为草木灰、菜饼及人粪，年施一二次，多在二三月与九十月间。五为"剪枝"，此法向不大施行，故此间恒有一二十年的茶树，从未修剪一次者。盖一因不知其利，次因爱惜过甚使然。六为"采摘"，新种茶树，须四年后才可开采，初采时仅摘春茶一次，留其小枝嫩芽以养树势，至七年后，始成一犹可用的壮树了。茶中有"头茶""二茶""三茶"之分，亦采摘先后之不同耳。前者采于清明至立夏前，隔二十天再采者为二茶，继采者则为三茶，品质与价格亦因之大相悬殊。综计每亩茶园的栽培费，约需三十八元左右。

红茶制法。与前曾记述的徽州绿茶烘青等，各有区别，先后计分八项手续：（一）晒青，俟鲜叶在日光下晒成暗绿色，叶边呈褐色，叶柄柔软无弹性时为适度。（二）揉捻，使茶汁外溢，片片成为紧细条叶而止。（三）发酵，将条叶盛木桶中，覆以湿布，再紧压之，置日光下，使其色泽转红，质味加浓。（四）烙焙，普通多在日光下干晒，约至五六成干度便出售了。以上四项都由园户去做，所谓"毛茶"是也。茶号购取毛茶后，仍须经过火力烘焙，谓之"打毛火"。至筛分时则再烘一次，名为"打老火"。（五）筛分，于毛茶经过老火后施行，茶筛约分十三四种，筛眼大小各自不同，惟相差甚微耳。如制茶五百箱，便需大小筛百余只。其步骤计分为：一、"大茶间"，即筛分毛茶为净茶之第一处。二、"下身间"，即将第一处筛过的余茶成为净茶的第二处。三、"尾子间"，即制造筛头筛底的茶为净茶之处。上项茶工，每人每季工资伙食约二十四元，工作时期不到五十日。（六）拣别，纯由女工担任，每季工作三星期，每人仅得工资六七元，供给伙食。其拣法与前述之绿茶烘青相同。（七）补火，因恐筛拣时难免有潮气侵入，故于装箱前再烘焙一次，使茶呈灰白色为度。（八）官堆，即将各号筛分过的茶，分堆于官堆场上，以木耙细加爬梳，使之混合，流入软箩中，再秤其分量，而后装箱出售，庶各号庄之茶，不致有粗细不匀之弊。以上为红茶制造的大概情形，欲求其详则非一二千字所能尽也。

祁茶装潢，概用木箱，外糊花纸，纸上加印牌号茶名，箱内衬以铅皮及毛边纸，总计装潢费，每百箱亦需九十余元。

祁门茶号，近数年来，较前骤增。民十九年全县仅九十余家，二十年增至一百十四家，二十一年竟突增达一百八十二家，二十四年又减少至一百四十五家。其所以增减无定者，盖因此间茶商资本大半系每年茶市前集股而成，其有固本资金者闻仅二三家耳。据熟识茶情者相告，当地人之设茶号，与别处之拨会近似，如有人能于茶市前，向亲友或殷实绅商筹集相当资金，即可开设茶号，而自任经理，薪金每季可得四五百元，对于茶号整个营业的盈亏，类多置之不顾。万一销路疲惫，茶价衰跌，则结账时自有股东负责，与彼无涉。祁门茶业之衰落及茶号之狂增，此亦一因也。

关于茶号制茶经费，兹以头号茶而论，计除毛茶由贸费每箱（约四十五斤）需洋一百十余元外，尚有本庄开支，子庄开支，房租器具，茶工，装箱，税捐，转运，洋行及茶栈用费，贷金利息，附加捐（如教育，公安，慈善，同乡会，公会等）以及杂支各项，每箱共需三十九元上下，故合计每担需要洋百元，此系就制茶五百箱以上而言，若不及此数，则成本更重。

祁茶售价，在民二十一年间，每担曾达三百六十两，为突破历年记录之最高额；民二十二年已跌至二百二十两，全县亏折数约达五十四五万元；二十三年则仅售二百一二十元；二十四年则仅二百元上下。探其惨落原因，主要者约有四点：一因成本昂贵而售价反低。二因销路疲退，如英国政府重征华茶进口税，每磅加征四便士，每担折计约合华币二十五两，与原有税率合并，须付税银十五两之巨，其他各国销数亦远不如前。三因茶号激增，原因已略如前述。园户中因此遂以奇货可居，争求善价。茶号又因不必自出资本，不惜放盘抢买，终至成本益大，亏折亦愈巨。四因洋商操纵，盖华茶贸易，不能直接运销海外，以至盘价全操诸西人掌握，故就使每年产额全数销尽，也不得不以土货奉呈于旅华外商，于茶农、茶号所获正复有限。此外，茶农本身，只知墨守成法，于栽培、制造诸端，从未稍事改良，以致产量、品质，都只有退无进，亦为祁茶失败之处。今后补救办法，唯有使栽培科学化，以增加生产；制造机械化，以减轻成本；贩卖合作化，以避免商人盘剥，则祁门红茶的前途尚非绝无希望者，否则难免不如湖、宁、温各地红茶之一蹶不振也。

关于红茶销路，以前以汉口为中心地。民九以后，汉地茶市衰落，遂移至上海。祁茶运出，系先由昌河经江西景德镇，以至饶州，再由大轮输出鄱阳而达九皖省茶税，在清时原分皖南、皖北两总局。皖南设在屯溪，祁门则设一分局。民国后各自分立，南茶行销外省者，每百斤征税二元二角五分，本省征税二元，洋庄者每百斤征洋一元一角余。裁厘后，改设茶类营业税，茶税除照千分之五抽税外，尚有当地之教育、防务、慈善等附加捐，及临时种种特捐，故茶号负担亦颇不轻。祁门教育经费，几全视茶业兴衰为转移。以前每年可收茶捐九千元，近年来已不到六千元，故各小学多有提前放假以节开支者。

总之，祁茶荣萎，不但关系全祁人民生活，且影响国家对外贸易。我国的二大输出品中，丝已日趋没落，无可转回，惟茶尚未至绝境，必须急图挽救。近有中茶公司成立，对于皖茶的改进和运销都正在积极努力中，当不失为衰落中的皖南茶业之一福音。

六月二十二日寄自太平

《皖南旅行记》，中国旅行社1941年，第137—143页

现阶段的安徽茶业

吴志曾

一、导言

在过去，我国每年出口货物的大宗，只要稍有一点常识的人们，就会想到丝和茶这两件东西，但是因为我们的科学知识，无可讳言的，赶不上人家，一般民众的文化水准较低，不知道利用科学方法，以从事于生产事业的改良，以致昔日足以自夸的出口货物丝和茶，也就一落千丈，不克与世界上科学发达的国家相抗衡，这是我们黄帝的子孙，所引为奇耻大辱的一点，也就是我们目前所应设法改进的各项事业中的一端。自从七七事变以来，我们的敌人，日本帝国主义者，更积极的实现其既定的经济侵略政策，以期破坏我国的经济独立，由最近日汪协定的内容中看起来，即可知道其野心的所在，除继续加紧其的政治侵略和文化侵略以外，是集中全

部□力，以施行其经济侵略，所谓以战养战的无耻口号，何尝不是以此为出发点。因此，我们要破坏其阴谋诡计，我们要争取独立自由平等，我们就应该埋头苦干，脚踏实地，除掉加紧军事方面的抵抗以外，我们应集中全国才智之士，努力生产建设，确立经济基础，以期适合现代国家的要求，迎头赶上，不为时代的落伍者。生产专业的亟应发展，确为当前迫不容缓的需要，我们要就各地之特产，设法予以改良，使量的方面可以增加，质的方面可以改善，也就是利用原有的生产事业，加以扩充与整顿，应用最新式之科学方法以处理之，使成为一种健全的生产事业，使能增加生产，提高素质，以换取外汇，安定金融，在抗战建国的繁重任务下，争取我们最后的胜利。

茶为吾皖的特产，虽以抗战期中，暂时的进退，不能使吾皖的疆土，完整无缺，但是作战略上撤退的区域，并不是吾皖产茶特盛的地方，故实际上皖茶的产额，比之战前，实在没有减少，虽直接或间接受到战□的影响。

茶当然也是足以换取外汇的产物之一，因为作者生于皖，长于皖，故就本土的特产，而略陈其梗概，以备当局之参考。关于安徽现时茶叶的大概情形，想亦为我国人关心茶业现状者，所愿得知其一二，故作者不惮烦琐，不□简陋，率尔执笔，以就正于诸君子之前。文中所有的数字，系由挚友胡家□君，最近在中茶公司驻皖办事处，代为搜集的，书之于此，以答胡君的热忱。

二、皖茶产销的概况

关于皖茶的产销情形，在二十八年度以前，政府未加统制，故数字略有出入，兹据财政部贸易委员会所□之二十七年度管理全国茶叶产销报告中，皖区部分近三年产量的估计，录兹于次。

屯溪绿茶		
二十五年度	54000箱	32000市担
二十六年度	55000箱	33000市担
二十七年度	56000箱	34000市担
祁至红茶		
二十五年度	66000箱	38000市担
二十六年度	73000箱	42000市担
二十七年度	66000箱	38000市担

上面所述之屯溪绿茶，系包括徽属数县中的休宁、歙县、祁门诸县而言者，所谓祁至红茶，系指祁门至德两县而言，盖皖茶之言外销者，当属上列数县而已，他如皖西北所产者，乃内销青茶，目前皖茶管处所管理之范围，只在皖南诸地，而皖西北方面，则有茶叶改进所等茶业研究机关以管理之，兹将皖西北及皖南各县内销茶产量分布的数字，为二十八年度所调查者，列表于下：

皖西北各县内销茶产量之分布

六安	21178市担	立煌	12000市担
舒城	3293	岳西	10734
桐城	75	寿山	28
宿松	125	霍山	18000
庐江	966	太湖	824

皖南各县内销茶产量之分布

广德	1000市担	南陵	70市担
郎溪	3000	旌德	9300
宣城	15000	绩溪	3000
宁国	2700	歙县	38858
休宁	13710	铜陵	4300
黟县	3450	石埭	5700
太平	12000	泾县	7500

关于二十八年度红茶及绿茶，由祁茶管处推销之大概情形，有如下之所述：

第一，红茶方面推销情形。

品名	面数	箱数	重量	金额	平均价 167.65
正茶	1055	65464	5759165	6302190.76	46.17
芽茶	79	1857	81074	36219.05	25.17
花香	402	15462	982827	253267.36	25.17
总计	1536	82783	6823066	6591677.17	96.51

第二，绿茶方面推销情形。

品名	面数	箱数	重量	金额	平均价
特别珍眉	556	21201	1399853	1561330.38	111.54
普通珍眉	548	42191	2529195	22431457.97	88.28
特别贡熙	552	27570	1386152	1134264.16	81.81
普通贡熙	339	14084	609711	2674742.34	43.42
正针眉	497	13994	862960	456395.31	52.88
副针眉	369	8635	469976	170723.08	26.68
虾目	17	424	17829	19357.8	111.38
麻珠	27	282	35256	29406.25	83.41
共计	2905	128381	7310932	28477677.29	79.52

皖茶产销的大概状况，大抵略如上面之所述，至二十九年度之统计表，目前尚未调查就绪，故未便列入。

三、各区茶厂的分布

在二十七年度以前，皖茶区茶厂的分布情形，苦无适宜的统计，兹将二十八年度及二十九年度两年来茶厂茶社的分布状况，叙述如次，藉明大概。

二十八年度				
红茶号	祁门	190	至德	74
红茶合作社	祁门	74	至德	16
绿茶号	休宁	114	歙县	81
	祁门	11		
二十九年度				
红茶号	祁门	200	至德	61
	贵池	17	石埭	6
红茶合作社	祁门	77	至德	32
绿茶号	休宁	81	歙县	91
	祁门	7		
绿茶合作社	歙县	3	祁门	1
	黟县	1		

各区茶号的分布，约如上述，从此点观之，我们可以知道安徽产茶特盛之区，

大抵不在皖西皖北皖东，而在皖南，对于气候、土壤诸自然条件，当有密切之关系，这是我们所应该特别注意而不容漠视者。

四、毛茶山价的调查

自二十五年至二十八年中的茶叶，均□获有厚利，而以二十七年为最，其外因并非外汇涨落之关系，亦非售价提高使然，□因毛茶价格低落，成本减轻所致。换句话说，就是茶农吃了大亏，所以今年毛茶的山价，系由皖茶管处规定，而该处又以救济茶农为目的，因此，毛茶山价为之提高不少，盖一般茶农之利也。本年度红绿毛茶的山价，有如后列：

红毛茶（以市担为单位）：

最低价：

1.湿胚不得低于二十元。2.干胚不得低于二十五元。

中心价：茶号收进毛茶之扯价不得低于中心价。

1.湿胚四十元。2.干胚五十元。

高价：

1.湿胚六□元（最高价不得超过一百元）。2.干胚七十五元（最高价□价不得超过一百二十元）。

绿毛茶（以市担为单位）：

最低价：

1.湿胚不得低于二十元。2.干胚不得低于四十四元。

中心价：茶号收进毛茶扯价不得低于中心价。

1.湿胚二十五元五角。2.干胚五十五元。

高价：优异不在此限。

1.湿胚三十一元。2.干胚六十六元。

以上规定，均系指春茶而言，夏茶（即子茶）尚未有所规定，盖须斟酌当前情形，而有所更动也。

五、管理机构的组织

在管理机构之组织未述之先，特将本年度内外销茶的收购及管理情形，稍微叙述一下，关于内销茶方面，本年由皖茶管处及中茶公司皖办事处合组联合办公处于屯溪，专掌内销茶各项事宜。嗣因避免敌人抢购起见，由财政部订定管理全国内销茶办法大纲，令各茶区遵照办理，故皖茶当局亦尊该办法管理内销茶。凡运往上海出售者，应缴纳平衡费用，其征收数额，即以本地价格与上海价格之差额计算，但路运费出去，换言之，即茶叶内地之价与沪价平衡，若要运往上海，势必多出一笔平衡费用，若在内地出售，虽然价较便宜，但不必缴纳平衡费用，于是敌人要想抢购的迷梦，终成泡影而已。现该处已开始办公数月，各地内销茶申请登记者，截至目前止，已缴平衡费达二万余元，运往出售者亦复不少。其次，关于外销茶方面，因为欧战及交通关系，且因经费运转不灵，收购较迟，今将安徽省茶叶管理处内部组织系统，略陈其梗概：

处长副处长各一人；

秘书二人；

总务科（科长）：事务组（庶务室、收发室、图书室、管□室）、审核组、会计组、统计组（主任）；

技术科（科长）：检验组（主任）、指导组、推销组；

运输处（主任）：运输站（主任）；

合作指导室。

六、技术人员的培植

去年因感茶业干部技术人员之缺乏，特由质委会及茶管处，拨款三万，委托祁门茶业改良场办理高级技术人员训练班，及技工训练班，技员班须高中毕业始可报考，在屯祁举行考试，先后招生十三人，祁场调训二人，皖建厅保送五人，共二十人，训练一年，重在制造方面，关于茶业有关功课，如茶的栽培，茶叶化学，农业经济等十数门，理论课程，亦须讲授，现已结业，本年度仍继续办理一班，去年该处合作指导室指导人员训练班毕业之学员保送二十名，前往受训，加祁场十名，建厅保送十名，共四十人，业已开始训练，此外又有初级技术人员一班，系委托高视徽属联立职业学校代办，谓之茶科，计有学生五十余人，高小毕业程度报考，三年毕业，等于资通初级农校，惟重在制茶，现正训练中。所有高级初级及技工各训练班经费，均由质委会拨款，学员不必缴费。高级人员每人每月得津贴三十元，技工每人每月十五元，初级者无津贴，均可免费。凡此种种，皆为技术方面，各项人才之培植的情状，以期吾皖茶业，能够蒸蒸日上。

七、茶业前途的展望

从上面所说的几点看来，安徽茶业的前途，是富有朝气的，是很有希望的。安徽的土壤方面，特别是在皖南，对于茶树生长上所需要的主要营养物质，是可以说没有什么特别的地方，所以也可以说是得天独厚，再加以人事上的改进，皖茶的产量，当有惊人的数字，皖茶的品质，当有优越的完美。总括起来说一句，我们生在这二十世纪科学发□的时代，我们□尽量控制自然、利用自然，关于茶树的培植，肥料的施与、种子的选择，制法的改良，我们都应该运用最新式的科学方法，对皖茶加以彻底的改进，切实的整理，使安徽的茶业，在抗战建国的过程中，培养起来，成长起来，成为一种新中国的主要输出品，来换取外汇，抵制外货，并且希望管理茶业当局，尽量予一般茶农以相当之便利，如茶业常识之应灌输到茶农脑子里面，茶业贷款之应普遍化与扩大化，以及解决茶叶上种种运输方面的困难，都是我们所宜注意之点。安徽的茶业，我可断言，在不久之将来，会有莫大之发展，只要我们能够痛下决心，切实改善就是了。

八、结论

我们要想安徽茶业，在很短的期间里，发展到优越的阶段，我们是应该有几点要切实注意的。第一点：切实办理农业学校，灌输茶叶知识，如施肥、选种、精制、培植诸问题，至少要使茶农有真实之了解。第二点：茶业贷款应普及茶农，扩大数额，使有志于茶业的茶农，而缺乏金钱，影响其工作者，不致有问题之处。第三点：在运输方面，宜予以简捷之便利，如目前的由茶业主管机关充分帮忙，这是一件很好的事。

我曾经说过，我们要战胜敌人，对于原有物资，应加以利用与整理，才有十足的把握。因此我希望有志于茶业的人士，尤其是对于安徽茶业的改良特别热心的人士，对于目前的皖茶概况，或有知道之必要，而作一更□的研究与考察，使我皖的茶叶界，突飞猛进，争取优越的地位，合理的繁荣，正是作者所渴望于社会人士之有志于斯者的一点小小的微意与□忧。最后，作者草拟此文时，阅查或有未周，叙述未能完美，尚乞读者诸君，多多赐教，以匡不远！

二十九年十二月二十日于武大生物室

《春秋月刊》1941年第2卷第3—4期

祁门红茶

祁门、至德与浮梁（江西）三县皆产红茶，统称为"祁红茶区"，整个祁红茶区的产量（除绿茶外）约五万市担，价值在一千万元以上。

"祁红"的制造大多数全为手工生产（仅祁门茶业改良场用机器制），茶树年龄大都长二十年以上（最高已百余年），多为前人所植，现时虽有种植，然为数颇少。初植到能采茶，约需四五年树龄，以五年以上至廿九年左右者产茶数最多，过此以后，逐渐衰老。培植过程，需每年剪枝、施肥、除草等耕耘工作，但多因茶农经济能力不敷，无钱雇人工而无法顾及也。采摘时多雇用外来人工，而且必需"赶快"，因茶叶生树上"早采嫩摘"，才能制成良好毛茶（由毛茶制成红茶），如稍一迟缓，即老而无用。采摘下之青叶，名生叶，由生叶制成红茶过程如下：

茶农摘下生叶后先使其凋萎，用竹簟平铺地上，置太阳下曝晒，须时常翻拌。亦有用室内凋萎，惟时日颇久。

生叶凋萎后，即开始揉捻，方法有足踏及手揉两种，使生叶逐渐细捲成条。足踏虽力大、平匀，容易成细条，惟稍欠清洁，最好改用机器揉捻，"改良场"已置有手摇揉捻机及电力发动的揉捻机多辆，其产量多，且清洁。

揉捻成条后，使其发酵，红茶所以会变红，全由发酵而来，其程度适当与否，是决定将来红茶品质色香味的主要原因，亦即红茶制造过程中，一般人均看为最重要的一项。方法为用木桶或木盆，在太阳下晒过，将揉捻过之"青坯"放入，上用布扎紧加压力，仍晒日光下，使温度增高，易于发酵，亦有用笼放"青坯"上亦用布扎紧，下用炭火烘之，"青坯"经发酵后，茶叶浓厚即发出红色，香气亦于此时透出，称"红坯"。

成"红胚"，再晒于太阳或笼内蒸发，使水分蒸散发酵停止，此时初步制造完成，生叶已成毛茶，茶农即可肩挑毛茶至精制茶号或茶行出售。

茶号收进毛茶后，尚须经过如次手续：（茶行为茶号和茶农间中间商）

A.烘焙。

使"红坯"发酵完全停止，随即摊放吹冷，俗称打毛火（亦有因毛茶过多先打毛火后，稍堆积再烘焙，称打足火）。

B.精制。

打毛火至九成干以上，用各种分筛方法，筛出长短、粗细，用风扇扇去杂物，播出无用之黄片、老叶，雇女工拣选，剔出茶梗等再筛，精制完成。

C.烘焙精制完成，分堆，再烘一次，叫补火，目的在使红茶香气完全透出，此为"祁红"制造时特有手续。至此，红茶制造已全部完成，即可过秤盛箱，普通每箱为五十市斤，亦有六七十斤不等。

（摘自三十年一月二十日商务日报《天下红茶数祁门》一文）

《农报》1941年第6卷第10、11、12合期

农村调查：祁门毛茶的产销过程

唐 海

安徽茶叶，名满国际市场。二十八年出口华茶三千万元中，皖茶价值几近全部出口价值之一半，而祁门红茶品质之优良，以及色、香、味之美，不仅为皖茶之首，其价值高，品质优，为华茶中质地最佳者。在国际市场，祁红亦有其极重要之地位。

抗战中祁红更为多数人所重视。在全部华茶输出作为争取外汇，支持持久抗战经济的目前，祁红无疑地也成为经济战中有力之生力军。

可是，包括在祁红产销过程中，是层层剥削，"大鱼吃小鱼，小鱼吃虫蛆"。战前，操纵全部华茶出口之洋行，仰洋行鼻息买办资本之茶栈，相互勾通，以高利贷、杀价、扣样茶、吃磅等剥削内地之精制茶号。而茶号为求增多本身利润计，便使用多种方法，压低制造成本，最显著者为压低毛茶山价，通过茶贩、茶行、水客等关系，以经济锁链，紧箍住茶农。由于茶农之贫困，处于被忽略，被蔑视，衣食不足之状态，终生艰辛进行其简陋之生产，又因其生产品全部出售，故所受市场波动（均由茶号、茶栈、洋行等操纵）利害关系亦最烈，而所受之剥削亦最悲惨。

茶叶自经政府规定为统销物产之一后，（战后）当地茶号，已能除去以往一切受洋行茶栈操纵下之陋规，直接在产地售予政府收购机构，亦即日自经政府统销后，茶号以往之与茶栈、洋行之关系，一变成为与政府关系。制成箱茶，价格正常稳定，一切出口运销，全由政府办理。然对待茶农种种剥削陋规，依然如故，迄未

改良，致有茶商大发财，而茶农因售出毛茶山价过低而叫苦连天之矛盾现象。

其实，茶农为茶叶最基层生产者，毛茶优良与否，为决定精制箱茶品质优劣之先决条件。毛茶制成之优良，不仅为单纯技术问题，更重要者系以茶农生活及经济状况以为转移。生叶未售前之培植过程，如田间工作之中耕、除草、施肥，茶农经济稍能灵活，即能及时进行，反之，米粮无着，无日不处于半饥饿状态中，非但茶叶品质不能改善，已耕耘土地上之茶树，亦只能听其自生自灭而已。

廿九年三月安徽省祁门茶业改良场曾举行祁门茶农经济调查，经笔者整理编成一份详细的报告，兹将其中毛茶的产销过程一部分发表如下：

一、产制成本

1.生叶

生叶培栽之是否优良，系决定优良毛茶之先决条件。祁红之所以闻名世界，天然气候，与适宜于茶园生长之土壤，实有重大关系。然因茶园零星、分散，茶农经济能力之枯竭，致使应及时施肥、剪枝、中耕、除草等田园工作，只能听其自然。此中或许有因科学常识欠缺，未知如何保护，致茶树漫长山上、地上，听其自生自灭者。然经济能力之不足，无法雇用人工（或家工需另觅好人），当为重要原因之一。

其施肥时期，多在二三月。肥料为油粕、草木灰与人粪。以每年施肥一次者，为最普遍，亦有根本不施肥者，二次者亦有，惟户数较少。中耕除草时期以三月八月为最多，全年中耕除草二次者较普遍，也有在七月一次者，也有三月、六月、八月共施行三次者，惟为数极少。

所查茶农八十二户，合计生产生叶十二万零九百九十七市斤，总值一万三千七百七十七点三六元，费于肥料者四百六十点六元，费于培植时人工者三千八百四十五点零二元，费于采摘人工九千四百七十一点七四元，合每百市斤采摘费成本十一点三九元。

所用肥料，以菜油粕居多，每担自二元起至五元不等。草木灰购入较少，多为自有。人粪亦有购买者，两项合计仅六十元，采叶人工因有高山、低山区不同，其每百斤采叶工资亦有差异，自八元至十四元不等，以八九元之间较多，采摘每百斤生叶时间最少仅数天，最多则需十数天，此均将视茶树所植地位之高下，及地区距离远近以为决定。

2.毛茶

生叶采下后，先须凋萎，即用竹簟铺地上，将生叶平均放其上，置太阳下翻排数次，候生叶凋萎，开始揉踹。方法有二：即用足踹或手揉，足踹力大而易使生成细条，手揉则费力而不易成细条，足踹稍欠清洁，而手揉工费事，此为祁红制造方法上难处决现象（最好当能改用机制揉捻机，既清洁产量又多），生叶揉捻成条后为发酵，将已揉成条之青坯（生时），置于预先曝晒日光下之木桶或木盆内，用布扎紧，用力压，再置日光下，使之发酵，或将青坯盛于竹□或烘笼内，亦用布扎紧，在火上烘焙，以至红褐色为止，最后，为将已成红坯（由青坯发酵而成）仍于竹簟上曝晒，或再置烘笼内烘焙使水分蒸散，发酵至相当程度为止。至此生叶已成毛茶，茶农即可负至茶行或茶号等处出售。

计算毛茶之初制费用，以生叶成本一万三千七百七十七点三六元加人工、柴炭、灯油等加工费，以生产毛茶四万六千二百九十三市斤除之，合每百市斤毛茶成本三十二点九一元。

初制费用，亦以人工占多，其工资每日自四角起至一元不等，亦有采叶连初制者，惟仅略给津贴二三角钱。

3.每百斤毛茶生产成本

每百市斤毛茶生产费用，计培植费九点三元，占成本百分之二十八，采叶人工二十点四六元，占成本百分之六十二，制毛茶加工费三点一六元，占成本百分之十，总计每百市斤毛茶生茶成本三十二点九一元。生产成本以人工所耗为最多，培植、采叶、制毛茶，人工合计为三十一点四三元，占成本百分之九十五点五，而培植所废之肥料，及灯油柴炭等，仅为一点四八元，占成本百分之四点五。

成本内尚有田赋地租；茶树初植时各项开垦与培植费用，以及培植开垦所费之费用利息；器具设备折旧；一部分零星细小之家庭劳动等，因无法取得材料，致未计在内。

成本内工资估计，系包括雇工工资，及家工工资，均系指在培摘采制时所费。家工工资以雇工一半计，如雇工工资每日为一元，则家工系以五角计之。

二、茶行茶号等收购方法

茶农已初制完成之毛茶，以为预防发酵过度致变劣计，故即须出售。其收购毛茶之行商，计有茶贩、水客、水行、茶行、茶号等。茶贩系当地或附近比较有势者，由茶农手中收得毛茶转售予茶行茶号或水客；水客系茶号派出代收毛茶者，住在毛茶产区内，以其收得毛茶交与茶号；茶行则为抽取佣金或直接代茶农出售毛茶予茶号。水客与茶行之分别，后者为经政府登记，领有执照纳税者，前者则仅以私人名义住在当地住户（称主人家），而不纳捐税者。茶号为收受毛茶改装精制外销之商号，亦即毛茶交易之最高收受者，其交易过程如下：

$$茶农 \longrightarrow \begin{cases} 水客（主人家）\\ 茶贩 \end{cases} \longrightarrow 茶号$$

茶农与茶号交易，最多时需经中间关系两次。其所以未直接与茶号发生交易，（亦有直接售予茶号者），原因有三：一、为生产量零星细小，负至茶号所在地距离远不合算。二、茶贩或水客与茶农有经济关系，如毛茶未制成前，茶农因急需，已向之告贷，致毛茶必须售予茶贩水客者。三、或在周围有特殊势力，茶农不敢不售给者。其实，茶农售毛茶予水客、茶贩、茶行等，与茶号所开价格有时亦相差无几，因茶号亦同样用种种方法减低毛茶山价也。

茶农出售毛茶时所受种种陋规剥削，实属骇人。如衡器一项，茶叶机器规定为十三两六钱市秤，而收买之行商仍用二十四两或甚至二十四两至二十四两以上之老秤，相差几近一倍。茶行、水客收买时，每元需向茶农抽收佣金三分，以为手续费。而秤上尚可玩出花样，少算一二斤不足为奇（售予茶号时，溢出之数为茶行水客之盈利，每担尚能向茶号收佣金二元）。除皮有明除与约计重量除二种，如明除为用小秤（市秤）秤皮量，有几斤算几斤。其收购时用老秤（二十四两），而除皮时用小秤（市秤）此种重量间之差额，茶农又需吃亏二三斤。其余陋规计有：一、以九八折给价。二、除样茶一斤。三、不足半斤之斤两不给价（曰抹尾）。四、不足一角之数抹去（曰钞价）。

茶贩付给茶农茶款时，并不一次付给，或一半，或三分之一，待茶贩毛茶脱手已得盈利后，才将茶款交付茶农（茶号付给为现款）。茶号收款时，同样亦用二十四两秤，除皮、九八折、机样抹尾等等。除亦以放款方法（最低利息二分，茶农之毛茶必须售予该号）控制茶农外，其剥削办法，亦有多种：如某号本日缺货，第一、二批毛茶收入时故意高价放盘，于是一传十，十传百，茶农肩负毛茶，均纷纷云售该号。但一待茶农云集时，收价却立刻跌下，美其名曰"早晚市价不同"，或故意怪其货色低劣，或收货已多，等等。茶农因自四乡如此，肩负毛茶，东奔西跑，至少当有一日，如再久放袋内，或仍肩负返家，则毛茶必将发酵过度（过度时不仅品质低劣，甚至无用），因此故，虽明知吃亏，价格再低，亦惟有忍痛出售。种种方法，总使生产毛茶之茶农，所得价格，一低，再低，而利润则尽归行商手中。

依据上述，以茶农交付毛茶一百市斤，核算结果，仅得以老秤五十六七斤结价。而经手人之蚀耗，仅以二斤计，除皮、扣样、抹尾等，合计仅以四斤计，换言之，设每百市斤毛茶山价为五十元，而茶农实际所得，仅二十五元余，其陋规剥削竟高达百分之五十弱。

三、近年毛茶价格变迁

三年来毛茶山价变迁

年度	最高价	最低价	每百老斤平均价
二十七年	60	4	29
二十八年	80	25	50
二十九年	116	12	34.44

注：二十九年毛茶，在调查时尚未采摘，在编作时已采摘完毕，其山价数字，系后调查所得而补上。

山价以二十八年每百老斤平均价五十元为最高。二十七年皖南局势紧张，箱茶无法出口，茶商均观望不前，致山价猛跌，最低价每担仅四元。二十八年经茶叶管理处调整统制后，价格因此而上涨。廿九年毛茶最高价较往年均高，而平均价仅三点四四元。其所以如此，为茶季前久旱未雨及适逢春霜致品质稍受影响。又因海口封锁，茶号均以此作为论据，而山价遂低落，与去年平均价相差计十五点五六元，达31%。

本年人工、柴炭、灯油均飞涨，而毛茶山价却相反低落。虽因品质稍差然茶农所受之苦痛，更不堪设想矣。

《中国农村》1941年第7卷第3期

祁红稍有成交价开八百五十元

洋庄疲莫能兴。

昨日洋庄茶市，疲莫能兴，南洋帮续进炒青毛茶一百担，价每担二百七十二元，系春源茶行售出，天津帮向各制茶厂搜办绿茶芯七十余担，品质较次，价每担自一百八十元至二百元，本街店庄吸进祁门红茶十八箱，价每担八百五十元，为利丰茶号售出，万泰茶厂售与本街红茶梗八九担，价一百九十元。

《商情报告》1941年第1054期

皖红茶评价收购程序

林熙修

今年皖红茶评价收购程序与往年稍有不同，中茶皖分公司特与茶管处合订祁红检验与评价样箱联系办法，兹特将该办法与收购程序略述如次：

A.祁红检验与评茶样箱之提取——①皖茶管处在祁门城区成立祁红区茶叶检验站实施产地检验政策，检验项目为品质、包装、水分、粉末、着色等。②中茶皖分公司仓运管理站于祁门适宜地点设立样茶仓库一所。③检验及评价样茶以双方会同派员分赴产地挨户圈提为原则，每一牌号每批一律圈提四箱。④经圈定之洋茶货主应即整批运交中茶仓运站。⑤样茶进仓后中茶仓运站与茶管处祁门检验站会同扦样，取一市斤装两罐，一供检验，一供评价之用。样茶之扦取在五十斤以下者抽开二件，五十斤以上者，一律加开一样图样箱，费用由中茶与茶管处负担，样箱开封费用由中茶代垫，于茶价内扣除。⑥检验之样茶由检验站检验合格后发给合格临时证明书。⑦货主携有该项合格证者，箱茶方得进仓及请求评价。

B.见箱贷款——⑧检验合格之箱茶厂号社可以填具见箱贷款申请书，连同进货凭单送请中茶皖分公司审核，请求贷款，贷款利息自贷款日起以月息八厘计算至箱茶过磅后一星期止息（本息均于茶价内扣除），贷款标准，视厂号社制茶箱数之多寡而定，共分为十六级，以十箱为一级，每级一元五角，凡实交五百箱者，每箱贷三十元，依次递减，例如四百八十一至四百九十一箱者每箱贷二十八点五元，四百七十一至四百八十箱者每箱贷二十七元，余类推，不及三百五十箱者不贷。

C.评价收购——⑨评价样茶经扦样员密封由仓运站送交屯溪分公司，由经理派员编制密码。⑩编密码后之样茶，送交茶楼由茶师评定分数及价格。⑪茶师评定分数价格经核定后，以书面通知货主，凡品质劣变者拒收，不及最低标准者另行处理，超出最高标准者酌予提提价格。⑫货主接到中茶进货成单后，如愿出售时即签章送回，如有异议则于三日内列举理由经中茶认可后得另行斟酌处理，否则概作愿售论。

D.收货——⑬货主愿售之箱茶由中茶分公司循序办理对样过磅等手续，贷主于接到过磅通知单后，应即派员会同办理。⑭箱茶扦样过磅每花色在五十箱以下者抽开一箱，五十箱以下者一律加开一箱，过磅之箱茶照净茶最轻者计算。⑮凡箱茶有水渍劣变破损或与样茶不符时，得予剔除，其整理完善经中茶分公司认可者重新申请评价。

E.付款——⑯箱茶结价以发交进货清单后两星期结算为原则，但在结价前不得预借茶款。⑰箱茶收购结价后除扣回贷款本息及经垫费用外，余款发交货主。

《万川通讯》1941年汇订本

一九四二

祁红毛茶山价之研究

本文发表于中国农民银行在重庆编印的《中农月刊》1942年3卷10期。全文二万三千字，以首篇论著刊登。编者在编辑后记中介绍："张堂恒先生任职四联总处（即中央、中国、交通、农民四银行联合总办事处）。对茶叶问题素有精深研究。曾为文载本刊2卷4期申论茶叶专卖。本期惠撰《祁红毛茶山价之研究》将祁红山价之涨落详为分析，并与其生产成本作切要比较，以为改善茶农经济之依据。关于祁红与各地毛茶山价及精茶价格之关系，亦均论述靡遗。"

摘要

一、祁红概况：产区在皖赣交界处，制法分初制、精制二部，以外销为主。二、毛茶之交易：由合作社与茶号收购，茶农担负求售，交易陋规甚多。三、祁红毛茶山价之分析：（一）每日价格：先高后低再涨。（二）逐日价格：以历年逐日平均与长期趋势比较：亦先高后低再涨。（三）历年价格：抗战前各年除一九三一、一九三二两年尚稳定外，一九三八年大跌，一九三九年逐渐上涨。四、祁红毛茶山价与其生产成本之比较：毛茶山价与其生产成本上涨趋势，零售物价及米价均成剪刀差，茶农在亏本状态下仍继续生产，由于茶农以种植茶为副业，且富保守性，茶树之生理特征，毛茶山价涨落不定等原因。五、与其他茶区比较：祁红与其他茶区毛茶涨落趋势，大致相仿，战前各茶区鲜叶生产成本相差不多，毛茶生产成本则相差较大。六、祁红毛茶山价与精茶价格之关系：（一）与战前上海精茶趸售价关系，随精茶涨落，惟变化不大。（二）与战时屯溪收购价关系：收购中心价须视实际毛茶山价及精茶制造等费用而定。（三）与战时香港趸售价关系：对苏易货价格照战前上海规定，销售洋行价格颇难确定。七、结论：今后外销困难，应设法减低产量，但需顾及战后复兴基础，宜实施茶树更新整枝及移植归并，提高毛茶品质及控制毛茶山价。

第一节 祁红概况

（一）产区

祁门红茶，简称祁红。其产区位于皖赣两省交界处，除祁门外尚包括江西浮梁之北乡及安徽至德之东南乡，贵池及石埭之南乡亦略有出产，只不甚著名耳。其品质产量均以祁门所产者为最，故以祁门为代表称祁红。（附图一）

附图一《祁门红茶区产地详图》（图略）。

（二）产制阶段

祁门之制造红茶，不过只六十余年之历史。其制法分初制及精制①二部，初制由茶农执行，鲜叶②采下后经萎凋、揉捻、发酵而成毛茶。茶农将毛茶售与茶号或合作社制成精茶，其步骤为烘焙、筛分、拣剔、补火及拼堆等。精茶制成后，约六十市斤装一箱，粗老者较轻。箱系木制，内衬铅罐，故又称箱茶③。

（三）运销简史

祁红以外销为主。因其品质优异，不仅在国内各红茶区中首屈一指，即与印度、锡兰曾经锐意改良之茶叶相较，亦罕有其匹，故为欧美人士所欢迎，而能在伦敦市场上占一部分势力也。一九〇八年至一九一二年为其贸易最盛之时期，祁浮至三县产量常在七万市担以上，推销集中汉口。承受者半为俄商，半为英美德法及丹麦等国。第一次欧战发生，销路减少。一九一九年以后，英国代替俄国为主要客户，并为节省上溯汉口之运费及时间，市场遂移至上海。销路虽稍有起色，但终不如战前之盛，其原因有三：

（1）苏联发生革命后，人民购买力降低，政府统制对外贸易，限制进口。

（2）战后欧洲各国经济不景气，对高级红茶多无力饮用。

（3）印度、锡兰及荷印之茶业先后勃兴，竞争剧烈。

抗战以来，我国政府对茶叶实行统购统销政策，形势再变，推销地点因上海沦陷后移至香港，并与苏联订立易货合约，廿年来祁红外销以英国为主者又易为苏联矣。

第二节 毛茶之交易

(一) 程序

祁门收购毛茶者虽有合作社及茶号两种，但合作社大多为变相之茶号，其收购方法亦与茶号相同，每年茶季时均派人四出设立分庄④，收购茶农及茶贩之毛茶。据金陵大学农业经济系一九三三年祁门一百十四家茶号之清查⑤，平均每家茶号设有分庄四处，以广采办。盖当地茶号众多，竞购之风甚烈，不如此恐无以购得所需数额，且分庄往往不受茶商公会议案之束缚，可任意放大秤码，抑低价格，额外陋规，兜买欺骗，不大为人指责，而号社本庄（亦称门庄）则因信誉有关，不能不有所顾忌也。因之当地收购毛茶价格，极无一定标准，一视各茶号需要之缓急为转移，前后茶价相差之巨，颇足惊人。详情容于次节再细加讨论，兹先将产地毛茶之交易程序图示如下：

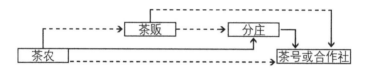

说明：黑线代表主要程序，虚线次之。

(二) 手续

毛茶之交易手续，即由茶农将制成之湿毛茶担负求售，任投一家茶号或合作社之门庄或分庄，讨还价格，双方合意，即行过秤，否则即另向他家求售，恒有价秤不合，以及庄号故意挑剔拒绝，使茶农辗转负担至数十里外，始获脱售者。

(三) 陋规

（1）使用大秤——祁门茶号收购毛茶，普通系用廿四两之司马秤，即较库秤大百分之五，廿四两实为廿四两二钱。而在浮梁至德则以廿七两为多，秤骨准此，入后愈大。实属骇人听闻。

（2）九八扣样——每担毛茶并须外加样茶百分之二谓之"九八扣样"。

（3）苛捐杂税——大都在成交付款时由茶号于茶价中按照售茶数量代扣，种类甚多，有县教育捐，本地学校捐及防务捐等名目，总称曰茶户捐。至德之茶户则由茶号认定，虽不直接向茶农茶价内扣取，但茶价较低，实际仍为茶农之担负。

（4）吃斤抹两——茶号除使用大秤外，过秤时尚须吃斤抹两，茶农亦无可奈何。

（5）抹零去尾——计算茶价，不无零数。茶号往往借口缺乏零钱而扣除少付。

（6）拖欠山价——祁门茶号均为临时经营性质，资本短少者收购毛茶时往往不能付足茶价，须待精茶出售后始行付清，如遇亏折，则茶农即无法获取全部山价矣。

（四）茶贩

距离市场较远，产量过少之茶农，于山价低落时，自行担负入市出售，殊不合算，每有茶贩上门购买，零星集合，售与茶号。但当地茶贩并不发达，其原因有下列数端：

（1）分庄多——该区每于茶季，茶号设立分庄，收购毛茶，颇为普遍。大村小镇几无处无之。茶农售茶之机会既多，且甚便利，故茶贩营业极不发达。

（2）山价不稳定——祁红之毛茶山价，其趋势系逐日下跌，每日亦早高而晚低，虽与品质及茶号之杀价有关，当于下节详论之。但此种情形对于茶贩极为不利，则至为明显。

（3）品质易劣变——祁红毛茶交易，习惯上向系湿胚，故茶农将毛茶制成后须立即出售，经时稍久，即生劣变。故茶贩之营业又受时间之限制。

（4）运缴费用多——茶贩在穷乡僻壤交通不便之处向茶农收购毛茶均系现金交易，只能于用秤及茶价上略博微利，故所费时间及劳力较多而报酬甚少。

第三节　祁红毛茶山价之分析

（一）每日价格

茶谚云："新茶到在先，捧得高似天；若要迟一脚，丢在山半边。"据作者于公元一九三九、一九四〇两年在祁门浮梁调查时所得印象，各庄号每日收购祁红毛茶所出价格，莫不呈先高后低再涨之现象。只因各庄号开秤之早迟，出价之高低，毛茶品质之优劣及收购时间之长短各不相同，故无法以统计数字证明，开秤时先高者，所以招揽茶农前往求售也。后低者因茶农来者既多，不妨杀价，至收秤时再涨者乃留给一般茶农以良好之最后印象，希望其明日再来也。

（二）逐日价格

（1）历年平均。祁红历年毛茶逐日平均山价甚少可靠完整之材料。盖自一九三六年起皖赣两省成立皖赣红茶运销委员会后，茶商恐政府明了真相借以加紧统制，大多伪造账簿，故实际收购毛茶价格，殊难获得。兹就金陵大学农业经济系调查编纂之《祁门红茶之产制运销》所载祁门南乡平里源丰永茶号公元一九二九年至一九三四年六年间每日毛茶收购价格，计算其历年逐日平均价格如附表一：

附表一

祁门逐日毛茶山价统计表

每市担（国币元）

年别		1929	1930	1931	1932	1933	1934	开秤
开秤日期	月	4	4	4	4	4	4	平均
	日	21	21	16	26	27	30	
开秤后日次	1	28	32.6	53	47.4	26.5	28.6	38.6
	2	28	31.7	53	47.6	29.5	28.4	30.5
	3	31.8	31.7	47.6	47.7	29.7	28.5	36.1
	4	31.8	31.8	47	47.7	29.2	28.5	36
	5	31.8	31.7	46.4	44.1	28.8	27.2	30
	6	31.8	28.5	45.8	42.4	20.1	20.4	31
	7	31.8	37	45.1	44.6	23.8	20.4	32
	8	31.8	21.2	51.7	39.2	21.4	24.3	32.5
	9	36.5	21.3	43.4	38.7	19.1	20.7	28.7
	10	25.4	19	43.6	28	17.3	20.1	27.1
	11	24.4	19.7	42.4	27.3	15.5	14.8	24.2
	12	23.9	19.9	40.7	20	13.7	13.1	23.1
	13	23.9	10.6	38	17.3	12	11.8	21
	14	23.9	18	37.1	17.2	10.8	10.5	19
	15	21.7	17.8	29.7		11.5	10.3	18
	16	21.2	16.5	21.2		12.2	10.3	16.4
	17	19.6	15.1	23.8				19.5
	18	18		24.4				21.2

年别		1929	1930	1931	1932	1933	1934	开秤
开秤后日次	19	17		21.2				19.1
	20	16.4		21.7				19
	21	15.9		21.2				18
	22	14.8		19.8				17.3
	23	13.8						13.8
	24	13.						13.8
平均		20.3	24.26	35.22	30.27	21.74	20.33	28.86
指数 民十九=100		86.3	100	145.2	149.5	89.6	89.8	

附注：（1）本表根据祁门南乡平里源丰永茶号公元1930至1935年六年间之逐日购茶账簿平均而得。

（2）当地收购毛茶系用廿三两二钱大秤并扣样百分之二谓之"九八扣样"兹已折合市秤。

（3）表中未有价格者系因当日阴雨茶农不克采制茶叶或茶号装箱停秤之故。

气候寒暖各年不同，开秤日期因之有迟早，时期亦有长短。故以开秤后三日收平均似较合理。

各年之毛茶山价无不先高后低，其原因可分三点说明：

（甲）后采之茶叶，品质较早采者为低。

（乙）受上海箱茶售价趋势影响，同一年内月与月间涨落之差异极巨，大抵每年之最高价，皆在五六月中，六月以后，即逐渐降落，直至翌年新茶上市方复见上升。换言之，即先制成先运抵上海者其价亦较高。

（丙）茶号为招揽起见，每在最初开秤数日尽力提高价格，殆日后茶农求售者较多时即予压价。

只因历年平均价格高低不同，有时天气阴雨，茶农不克采制，茶号停秤，故未有价格之处者甚多，致使历年逐日平均价略有起落，如第四日、六日、十二日、及十三日之平均价格较低，乃因一九三一年之价格甚高，而是年这数日停秤而仅有一九二九及一九三一两年尚在收购，而廿年之平均价格较高之故。第十六日平均价格较低，乃因山价较高之一九三二年是日无价格，较高之一九三一年是日价格又特低之故。一九三二年及一九三四年之第三日均无价格但前者平均较高，后者较低，故平均尚能相差不远。详见附图二（图略）。

（2）长期趋势。祁门红茶历年逐日平均山价之起落已如上述，但大体言之，各年几无不呈先高后低之势，且前后差异之数颇大，各年最高较最低价格，恒在一倍

以上。兹将其长期趋势计算如附表二：（详细计算方法见附表三）

附表二

祁门逐日毛茶山价之长期趋势

价格及趋势 ＼ 开秤后日期	1	2	3	4	5	6	7	8	9	10	11	12
平均价格（国币元/市担）长期趋势 y=37.41-1.03x	35.8	36.5	35.1	33.9	33.9	31.6	32.7	32.5	28.7	29.1	26	19
	36.4	39.4	34.3	33.3	32.3	31.2	31.2	29.1	28.1	27.1	26.1	25.1
指数（开秤第一日=100）价格趋势	10	102	98	84.4	94.7	88.3	91.3	90.8	80.2	81.8	72.6	54.7
	100	97.3	94.3	81.5	88.7	85.7	83	89.2	77.2	71.5	71.7	69

价格及趋势 ＼ 开秤后日期	13	14	15	16	17	18	19	20	21	22	23	24
平均价格（国币元/市担）长期趋势 y=37.41-1.03x	16.9	19	19.3	16.4	19.6	21.5	19.1	10.1	18.6	17.3	13.8	13.8
	24	23	22	20	10	18	17.8	17.3	15.8	14.8	13.7	10.7
指数（开秤第一日=100）价格趋势	44.4	54.7	63.9	45.8	54.6	50.2	53.4	53.4	52	42.3	38	38.5
	65.9	63.2	60.4	57.4	54.7	51	48.9	40.2	43.4	40.7	37	34

附注：（1）长期趋势系用最小平方法；（2）本表根据附表一数字编制。

附表三

公元一九二九年至一九三四年祁红毛茶逐日平均山价直线趋势之计算

（用最小平方法 Method of Least Squares 求 V=a+bx）

开秤后日次	y=a+bx 平均价格（国币元/市担）	XY=ax+bx²	x 开秤后日次	y=a+bx 平均价格（国币元/市担）	XY=ax+bx²
1	35.8=a+1b	35.8=1a+1b	13	16.9=a+13b	206.7=13a+169b
2	36.5=a+2b	73=2a+4b	14	19=a+14b	274.4=14a+196b
3	35.1=a+3b	105.5=3a+9b	15	19.3=a+15b	280.6=15a+225b
4	33.9=a+4b	135.2=4a+16b	16	16.4=a+16b	282.4=16a+256b
5	33.9=a+5b	169.5=5a+25b	17	19.5=a+17b	331.5=17a+289b
6	31.6=a+6b	189.6=6a+36b	18	21.5=a+18b	381=18a+324b

开秤后日次	y=a+bx 平均价格（国币元/市担）	XY=ax+bx²	x 开秤后日次	y=a+bx 平均价格（国币元/市担）	XY=ax+bx²
7	32.7=a+7b	228=7a+49b	19	19.1=a+19b	362=19a+361b
8	32.5=a+8b	200=8a+64b	20	10.1=a+20b	382=20a+400b
9	28.7=a+9b	258.3=9a+81b	21	18.6=a+21b	390.6=21a+441b
10	29.1=a+10b	291=10a+100b	22	17.3=a+22b	380.6=22a+482b
11	26=a+11b	286.0=11a+121b	23	13.8=a+23b	317.4=23a+520b
12	19.6=a+12b	235.2=12a+144b	24	13.8=a+24b	331.2=24a+376b
合计				588.9=24a+300b	6178.6=300a+4990b

解联立方程式：588.0=24a+300b……（1）设 a=37.11 b=1.□

□=□a+□b……（2） y=37.41-1.03X

由附表二及附图二可见祁门历年毛茶山价逐日平均与长期趋势相较，可分为三个时期。第一期为开秤后第一日至第十一日，第二期为第十一日至十七日，第三期为第十七日以后。第一期及第三期之平均价格均较高而第二期则较低，较高之一部分原因已如上所述外，较低之原因则全为历年平均价格高低不同，有时因天气阴雨茶号停秤而未有价格之故。第三期较高之其他原因为：A.秤更大；B.货特干（毛茶所含水分较少）；C.茶号此时普通均应收足停秤，其欲多收或尚未收足者，自必提高价格，以免无法制足预定箱额。第一日开秤价格较低原因为：A.开始试买不敢放价；B.他号未开；C.毛茶叶子较大，不甚整齐。其后价格较高大都系同业竞购之故。至同业竞购之目的，有下列二端：

（甲）抢先制造成箱，运往上海，冀得高价。

（乙）预知天将阴雨，茶号只恐阴雨连绵，不能采制，致使茶叶长老，故每多先期争相放价，以期早日收足数量。

（3）趋势公式之应用。根据公元一九二九年至公元一九三四年间祁红逐日毛茶山价之平均用最小平方方法求得其直线趋势公式为y=37.41-1.03x，由此公式所计算之逐日趋势山价，仅能作为与六年平均实际山价比较之用，因各年山价有高低故必须将其算成指数，始便于应用，兹以开秤第一日为基期等于100，计算其逐日趋势山价之指数如附表二。根据此种指数，无论何年只须有任何一日之山价而知其为开秤后第几日，即可求得其他各日之山价，其计算方法如下：

假定A＝已知某日之山价。

B＝已知某日之趋势山价指数（如知其为开秤后第几日即可由附表二查得）。

C＝欲求开秤后第几日之趋势山价。

D＝开秤后第几日之趋势山价指数（可由附表二查得）。

C＝A×D÷B

附表一中各年缺乏之价格亦可由上式求得。

（三）历年价格

（1）各种统计之比较。（甲）一九二九年至一九三四年之每市担祁红毛茶山价以源丰永之收购价格，较为完整可靠。（乙）中国茶叶公司油印之《祁红之产制运销》载有贸易委员会一九三三年至一九三八年之统计。（丙）祁门茶叶改良场场长胡浩川曾报告一九三七年至一九四〇年毛茶山价与米价之比较。（丁）东南茶叶改良总场油印之《祁门茶情》载有公元一九四〇、一九四一两年祁门茶价之比较。（戊）公元一九四一年贸易委员会派员调查各号社簿据逐日抄录汇编《祁门毛茶山价调查报告》。兹将各种统计列表比较如附表四。

附表四

历年祁红毛茶山价各种统计比较表

（每市担：国币元）

各种统计	毛茶山价												
	1929	1930	1931	1932	1933	1934	1935	1936	1937	1938	1939	1940	1941
（甲）源丰永茶号	23.36	24.24	35.22	36.27	21.74	20.33							
（乙）祁红之产制运销					22.3	25.43	23.14	26	27.14	20			
（丙）胡浩川									22	18.5	30.5	(50)	
（丁）祁门茶情												38 (40)	30 (40)

各种统计	毛茶山价												
	1929	1930	1931	1932	1933	1934	1935	1936	1937	1938	1939	1940	1941
（戊）贸易委员会													41.47
比较可靠价格	23.36	24.26	35.22	36.27	22.3	26.43	23.14	26	27.14	20	36.5	38 (60)	41.47 (75)

附注：括号内系规定毛茶中心价。

一九三二年以前无其他材料，只能以源丰永茶号之收购价格为代表。一九三三年源丰永之收购价格较一九三四年为高，而中国茶叶公司油印之《祁红之产制运销》所载贸易委员会之统计则一九三三年较一九三四年为低，当以后者较为可靠，盖该茶号之收购价格未必能代表全体，更证诸战前历年祁红毛茶山价趋势均随上海箱茶疍售价而涨落之说，亦以后者较为可靠。（据《祁门红茶之产制运输》所载一九三三年祁红上海疍售价为121.34元/担，而一九三四年则为138.57元/担）。同秤可以测定一九三七年之山价，当以贸易委员会之统计较胡浩川之报告为可靠。因据《祁红之产制报告运销》一九三七年祁红上海疍售价为138.00元之较一九三六年之101.25元为高也。此点当于下节再详加说明。

一九四〇年祁红规定毛茶中心价，据贸易委员会与安徽省茶叶管理处会同公布者，干胚为五十元，湿胚为四十六元，一九四一年干胚为七十五元，湿胚为六十元。至一九四一年之实际毛茶山价《祁门茶情》所载为卅元，而贸易委员会调查祁门廿一家号社之平均为41.47元，当以后者较为可靠。兹将历年比较可靠之祁红毛茶山价绘成附图三（图略）。

（2）历年价格涨跌之原因。抗战前各年之祁红毛茶山价除一九三一、一九三二两年外，每市担均在廿五元左右，最多不过差二三元，尚属稳定。一九三一年山价突涨，系受银价下跌而上海祁红售价打破历年记录之影响。是年祁门茶号无不获盈余，一九三二年茶号数目激增，收购毛茶，莫不争相抬高，因之该年山价更见上涨。

一九三七年七七芦沟桥事变发生，八一三沪战继之开始，幸收购毛茶时期业已过去，故该年山价尚保持27.14元之高度，未受若何影响。一九三八年长江运茶路线因沪战受阻，茶商相率观望，致祁门红茶山价大跌，造成一斤茶不能换一升米[7]之惨象，后经贸易委员会贷款救济，始渐上涨，否则其平均价格恐尚不到廿元。

一九三九起山价逐渐上涨，其原因不外下列二端。

（甲）贸易委员会中国茶叶公司在产地贷款收购，茶商毋须自运出口，正当利润并有保障。

（乙）一般物价逐渐高涨。一九四〇年贸易委员会为维护茶农生产成本乃规定毛茶山价，惟茶商实际收购价格不免较低。一因毛茶交易地点散漫，政府管理不便，茶商仍可利用种种方法剥削茶农。二因茶叶外销受战争影响，日见困难，茶商对政府尚未十分信任。

第四节　祁红毛茶山价与其生产成本之比较

（一）历年祁红毛茶生产成本之统计

（1）一九三三年金陵大学农业经济系之调查。

A.鲜叶生产成本—调查五地区124家茶户共采1565市担鲜叶计算所得结果如附表五。

附表五

一九三三年祁红鲜叶生产成本

项目	人工	土地	茶树	肥料	农具	房屋	投资利息	合计
每市担成本（元）	1.75	1.38	1.2	0.27	0.18	0.06	0.01	4.85

B.毛茶生产成本——见附表六。

附表六

一九三三年祁红毛茶生产成本

（制茶817.86市担之平均数）

项目	生产	人工	器具	房屋	合计	备计
每市担成本（元）	9.2	1.41	1.3	0.31	12.31	制毛茶1市担需鲜叶191市斤

（2）一九三四年全国经济委员会之调查（原系按每公担计，兹折成市担）。

A.鲜叶生产成本——见附表七。

附表七

一九三四年祁红鲜叶生产成本

项目	茶树消虫	人工	肥料	农具	房屋使用费	地租或使用费	捐税	投资利	合计
每市担成本（元）	0.165	3.34	1.085	0.24	0.03	0.87	0.05	0.1	4.835

B.毛茶生产成本——见附表八。

附表八

一九三四年祁红毛茶生产成本

项目	鲜叶	房屋晒场使用费	燃料	人工	工具	合计
每市担成本(元)	18.67	0.095	0.18	1	0.87	21.37

(3) 一九三五年祁门茶业改良场之调查。

A.鲜叶生产成本—原系二亩面积茶园之栽培费,兹按每亩生产鲜叶二市担折成每市担栽培费(元),见附表九。

附表九

一九三五年祁红鲜叶生产成本

项目	常年抚育费					生草采摘费				租金及捐税					合计
	中耕	锄草	利息	什费	小计	工资	伙食	什费	小计	地租	茶叶捐	什捐	其他什捐	小计	
每市担成本(元)	0.6	0.4	0.75	0.25	2	1.75	1.6	0.5	3.25	0.05	0.1	0.05	0.13	0.33	5.5

B.毛茶生产成本未调查。

(4) 一九三九、一九四〇两年郑铭之估计—据《茶声半月刊》第二十三期郑铭之"安徽外销茶生产成本之研究"见附表十。

附表十

一九三〇、一九三一两年祁红毛茶生产成本

年别	摊分开垦费	栽培人工	采制人工	地租	肥料	器具折旧	利息	合计
二十八	1.242	4.5	12.3	1.5	5.29	2	1.229	28.061
二十九	1.242	6.93	19.034	1.5	7.406	2.3	1.229	39.641

(5) 公元一九四一年东南茶业改良总场之调查—据该场出版《万川通讯》附刊《祁门茶情》。

A.鲜叶生产成本—见附表十一。

祁门红茶史料丛刊 第五辑(1937—1949)

附表十一

一九四一年祁红鲜叶生产成本

项目	投资利息	茶园租金	管理费	肥料	采摘工资	农具折耗	合计
平里	1.816	1.875	4.98	2	8.3	1	19.971
历口	1.673	1.625	4.5	2	7.5	1	18.298

附注：平里历口均为祁门著名产茶地，祁门茶叶改良场在平里设有分场，中国茶叶公司在历口设有茶厂。

B.毛茶生产成本—见附表十二。

附表十二

一九四一年祁红毛茶生产成本

地别	鲜叶	制造工资(含伙食)	茶具折旧	投资利息	其他	合计
平里	79.88	4.15	0.5	0.56	1	86.09
历口	73.6	4.15	0.5	0.52	1	29.37

附注：每市担毛茶需4市担鲜叶。

祁红毛茶因干湿程度之不同，计算生产成本时颇有出入，普通所谓湿毛茶约二担鲜叶即可制成一担，而干毛茶则须四担，公元一九三三年金陵大学农业经济系之调查系湿毛茶，其余则均为干毛茶，兹一并以干毛茶计算，列入附表十三。

附表十三

历年祁红毛茶生产成本

年别(公元)	1933	1934	1940	1941	1942	备注
每市担成本(元)	22.42	21.37	28.12	39.64	86.09	平里
					79.37	历口

战前祁红每市担鲜叶之生产成本约为四元五角至五元，每市担毛茶之初制费用约在三元左右，干毛茶以四担鲜叶制成一担干茶计，每市担毛茶之生产成本为廿一元至廿三元，一九三九年至一九四一年则变化甚大，容后讨论。

（二）祁红毛茶山价与其生产成本

以附表四历年祁红毛山价统计与附表十三生产成本比较，则一九二九、一九三〇两年茶农当略有盈余。一九三一、一九三二两年为其黄金时代，一九三四年、一九三六年、一九三七年三年茶农生产一市担毛茶每年亦有三四元之盈余，一九三三年至一九三五两年仅够其成本。一九三八年须分析，而以一九三九年为抗战时之最高峰，盖是年物价上涨无几，每市担毛茶生产成本为二十八元余而山价则涨至三十六元五角，茶农每生产毛茶一市担可获利八元余，故该年有"茶农年"之称⑧。一九四〇年起物价渐形高涨，生产成本遂亦增加至近四十元。毛茶山价虽由贸易委员会安徽办事处会同安徽省茶叶管理处公布规定中心价为五十元，惟因外销困难及中国茶叶公司接办统购统销业务之初，一切未能及时准备，致予茶商以压低山价之机会，故该年实际毛茶山价仅为三十八元。茶农尚须亏本。至一九四一年则物价上涨更速，生产成本已须八十元左右，而毛茶山价虽经规定为七十五元，但实际仅四十一元余。不敷生产成本几达百分之五十，茶农经济危机之严重由此可见。

（三）祁红毛茶山价及其生产成本与物价之比较

（1）物价统计。关于祁门物价之统计，除米价外，尚付阙如。兹查《东南经济》第五期载有其邻县休宁屯溪镇之物价指数。屯溪原为著名茶产地，抗战发生后长江交通受阻，更成为皖南经济重心，祁门大部分另售物品均须仰赖屯溪，故此项指数亦可代表祁门之情形，列如附表十四。

附表十四

一九三六年至一九四一年祁门米价统计及屯溪另售物价总指数

项目	1937	1938	1939	1940	1941
米价(每市石元)	7	6.59	10	28	100
指数(二十六年=100)	100	92.9	142.9	400	2142.9
屯溪另售物价总指数(二十六年=100)	100	120.4	175.5	357.4	510.6

附注：(1) 米价系茶季时价格，1937—1940年据祁门茶叶改良场场长胡浩川报告，1941年据《祁门茶情》所载。

(2) 屯溪另售价总指数据《东南经济》第五期所载，年指数仅为1—5月之平均。

兹将一九三七年至一九四一年祁红毛茶山价及其生产成本算成指数列于附表十五，以便比较。一九三七、一九三八两年毛茶生产成本因无确实统计，兹以战前数年平均估计，一九三八年物价虽涨，但米价下跌，故估计仍与一九三七年相同。

附表十五

祁红茶山价与生产成本及其指数

年别	毛茶山价	指数	毛茶生产成本	指数
1937	27.14	100	22	100
1938	20	78.7	22	100
1939	36.5	134.5	28.12	127.3
1940	38	140	39.64	180.2
1941	41.47	152.8	历口 79.37 平里 86	300.8 391.3

附注：（一）：毛茶山价及生产成本单位均为每市担元。

（二）：指数以1937年为基期＝100。

（2）毛茶山价与其生产成本及物价指数之剪刀差。九三七年至一九三八年祁红毛茶山价与其生产成本及其零售物价米价等指数及其差数，详见附表十六及附图四图略。

附表十六

五年来祁红毛茶山价与其他生产成本及物价等指数统计表

年别	A 毛茶山价指数	B 生产成本指数	C 另售物价指数	D 米价指数	差数		
					B—A	C—A	D—A
1937	100	100	100	100	0	0	0
1938	73.7	100	120.4	92.9	26.3	46.7	19.2
1939	134.5	127.3	175.5	142.9	−7.2	41	8.4
1940	140	180.2	357.4	400	40.2	217.4	260.4
1941	152.8		150.6	2142.9	208（238.5）	357.8	1990.1

由上可知毛茶山价上涨甚慢，其生产成本较速，而零售物价及米价更速。毛茶山价与其生产成本上涨之趋势形成一相当明显之剪刀差，而与零售物价及米价相较，则其角度更大。

毛茶生产成本虽系随零售物价指数之上涨而上涨，惟终不及物价之速，盖生产成本中之土地，投资利息，或地租，房屋器具（包括农具及茶具）之折旧，以及利息捐税等或仍然原价计算或增加不及物价上涨之多，故二者之间每年平均保持相当之距离，倘以各年与其上一年之指数成环比，即可窥见。（附表十七）

祁红毛茶生产成本及屯溪另售物价之环比指数

年别	毛茶生产成本环比指数	另售物价环比指数
1938	190	120.4
1939	127.3	145.8
1940	141.6	203.6
1941	200.2	142.9

由上可见一九三八年至一九四○年零售物价指数之环比，均较毛茶生产成本指数之环比为大。此因零售物价自一九四○年下半年起上涨较速，然毛茶生产均在上半年，成本计算当系上半年物价，故应与上半年物价相比较为合理。兹与全年平均物价比较，相差遂大。至一九四一年较小之原因有二：

A.一九四一年毛茶生产成本计算失之过大，如鲜叶生产成本每市担列管理费四元余，肥料费二元，实际上茶农种茶大多任其自生自减，甚少用肥料，管理费亦所用无几，故实际上毛茶生产成本较小，其环比亦应减低。

B.一九四一年零售物价指数仅为一月至五月之平均，其全年之指数当较大，则其环比亦应减低。

（3）祁红毛茶购买力。兹以前列指数分别对米及一般零售物价两种计算其购买力如附表十八。

附表十八

祁红毛茶购买力（二十六年=100）

购买力	1937	1938	1939	1940	1941
毛茶对米价购买力	100	70.3	94.1	35	7.1
毛茶对另售物品购买力	100	61.2	76.6	39.2	29.9

一般而论，自一九三八年至一九四一年毛茶山价虽均增加，惟因米价及零售物价上涨更速，故其购买力下降亦快。

一九三八年毛茶山价甚低，惟米价亦下跌，而零售价则略有上涨，故毛茶对米之购买力较零售物价为高。

一九三九年米价及物价虽均继续上涨，惟毛茶山价持高，故对米价之购买力尚能达百分之九十四，对零售物品之购买力虽只百分之七十六余，但在各年中已属最高矣。

一九四〇年毛茶山价上涨不多，而米价较一九三七年已增四倍，零售物价指数亦达357.4，故毛茶对米及零售物品之购买力均减至百分之四十以下。

一九四一年毛茶山价上涨仍不多，而米价则激增至二十倍以上，毛茶对米之购买力遂减至百分之七，零售物价指数则为510.6，故毛茶对其购买力尚能保持百分之三十。

（四）茶农在亏本状态下能继续生产之原因

（1）茶农以种茶为副业。

A.荒地之利用。茶树大多种在田塍屋旁或山坡之零碎空闲荒地上，故其地租实可不计。

B.剩余劳力之利用。茶叶采制适宜于妇孺工作，在毛茶山价高涨时茶农始雇工采摘，山价下跌即不另雇工而利用家庭空闲劳力为之。早摘嫩采亦为补救劳力缺乏及山价下跌之良好办法。故以雇工工资计算毛茶生产成本虽较简便，但不雇工采摘之大多数茶农，对于家庭剩余劳力之利用并不十分重视也。

（2）茶农之保守性。

茶区大多在穷乡僻壤之山间，农民知识浅陋，保守性特重，生活程度甚低，非至迫不得已时无法改变其经营方式。盖茶叶为特用作物，采制均须相当技术，且种茶之地又多系零碎或斜坡荒地，亦不适于改种其他作物也。

（3）茶树之生理特性。

A."今年不采，明年不长"。祁门茶农有此谚语，自茶树生理言，今年不采明年虽非绝对不长，然其嫩芽之数量必大为减少，采茶正如种菊花之"四头"也。

B.茶树为永生作物。普通寿命有数十年，长者可达百年以上，一经栽培后即不易改变。

（4）毛茶山价涨落不定。战前毛茶山价之涨落较其他农产品为烈，今年价跌，明年也许又涨，惟茶籽种下后至少须经三五年始可采摘，故不能待价涨时再种而在价跌时必须仍勉予维持也。

第五节 与其他茶区之比较

（一）祁红与其他茶区历年毛茶山价之比较

其他茶区历年毛茶山价之统计资料较为完整者，有中国茶叶公司编印之《屯绿之产制运销》所载一九三三年至一九三八年之婺绿毛茶山价。贸易委员会茶叶研究所编印之《万川通讯》汇本第一集载有一九三六年至一九四一年婺绿毛茶山价。福建省茶叶管理局编印之福建省各产茶县毛茶山价系自一九三五年至一九三九年。一九四〇、一九四一两年各省均有规定毛茶山价，兹将上述统计与祁门红茶价及其指数列于附表十九，以便比较。

附表十九

祁红与其他茶区历年毛茶山价及其指数

（山价单位：每市担元 指数以1937年为基期=100）

年别（公元）	祁红	指数	婺绿		指数		福安工夫	指数	寿宁工夫	指数
			(1)	(2)	(1)	(2)				
1933	22.3	82	38.25	—	127	—	—	—	—	—
1934	25.43	94	41.27	—	137	—	—	—	—	—
1935	23.14	85	25.16	—	83	—	18	72	24	86
1936	26	96	30.7	62.5	102	104	19	76	23	32
1937	27.14	100	30.18	62	100	100	25	100	28	100
1938	200	74	24.81	30	82	50	20	89	24	86
1939	36.5	134	—	57	—	95	26	194	26	93
1940	38	140	—	85.78	—	146	34	136	36	129
1941	41.47	153	—	90	—	150	52	208	54	193

附注：（1）绿（1）（2）两项因来源不同，相差甚距，惟涨落趋势大致相仿，或为单位与毛茶品质不同。

（2）福安与寿宁工夫原为每市斤山价，兹合成市担。

由上可见祁红与其他茶区毛茶山价之涨落趋势，大致相仿。惟一九三三年、一九三四两年婺绿指数较祁红为高，以战前数年外销情形而论，我国绿茶因品质不谋改造，又受敌茶竞争影响，销路日狭，价亦日跌。祁红则以香味特高，尚能在国外保持一部分市场，故价格较为平稳。一九三九年婺绿低于祁红原因除上述外，是年各茶区因贸易委员会之统购统销政策施行颇见成功，故毛茶山价均大涨，江西则以特殊关系由该省自设赣茶运销委员会与中央信托局及前实业部中国茶叶公司合作办理，终因情形复杂，成绩较逊，致毛茶山价反较一九三七年为低。福建一九四一年毛茶山价指数特高之原因有二：一为该年福建一般物价较浙赣为高；二为该省沿海港口甚多，虽在敌人封锁之下，茶叶仍能设法偷运出口。

（二）祁红与其他茶区规定毛茶山价之比较

一九四〇年贸易委员会规定毛茶山价前曾在各茶区调查一九三九年之山价。惟湖南、福建两省资料不全。兹将安徽、浙江、江西三省各茶区一九三九年实际山价及一九四〇、一九四一两年规定山价，以一九三九年为基期计算其指数一并列入附表廿。

附表廿

浙赣皖各茶区规定毛茶山价及其指数

（单位：每市担元）

省别	茶区	山价	规定山价		指数（二十八年=100）	
		1939年	1940年	1941年	1940年	1941年
安徽	屯绿	44	60	85	136	193
	祁红	36.5	50	75	137	205
浙江	遂绿	27.2	55	65	202	304
	平绿	24.65	55	75	223	304
	温茶	23.7	46	55	194	232
江西	婺绿	36	60.84	95	100	250
	浮红	31	44.33	60	143	194
	河红	26	37.18	65	143	250
	玉绿	30	50.7	70	160	230
	宁红	25	35.75	85	143	340

附注：各茶区规定毛茶山价均系中心价。

一九四〇、一九四一两年祁红毛茶规定山价较一九三九年山价所增百分率除屯绿外，均较其他茶区为低，此或由于一九三九年祁红毛茶山价特高之故，但一九四

○、一九四一两年规定毛茶山价系根据毛茶生产成本计算，其高低当视各茶区物价之变动情形而定，屯溪一般零售物价较祁门为低，已如前述，至其他茶区之生产成本及物价，容于次段讨论。

（三）祁红与其他茶区生产成本及物价之比较

（1）战前祁门红茶与其他茶区毛茶生产成本之比较。

A.鲜叶生产成本。战前历年各茶区物价相差不大，鲜叶生产成本以人工为主要部分，所需栽培人工大致相仿，采摘人工则因各茶区种类不同，采摘有粗细，所需人工亦有多少，如绿茶所需摘工较红茶为多，工作亦较辛苦，恒日摘夜制，每工须工作十二小时以上，故工资亦大。各茶区每市担鲜叶生产均在三元余至六元余之间。相差尚不多。兹将各种统计列于附表廿一，以资参考。

附表廿一

战前各茶区鲜叶生产成本统计

（单位：每市担元）

茶类	人工	茶树	茶地	肥料	农具	房屋	投资利息	捐税	合计	备注
祁红	1.75	1.2	1.38	0.27	0.18	0.06	0.01	—	4.85	1933年金陵大学农业经济系调查
屯绿	4.33	1.19	0.66	0.53	0.06	—	0.06	—	6.83	同上
温红	1.28	1.08	0.17	—	—	0.18	1.4	0.02	4.13	1934年吕允福氏调查
平绿	4.13	—	1.14	1.03	0.36	0.1	—	0.09	6.85	同上
福建	2.1	—	0.26	—	—	0.03	0.86	—	3.25	1936年张天福氏在福安调查
宁红	2.815	1.218	0.433	0.541	0.193	0.005	—	—	5.205	1935年金陵大学农业经济系调查

B.毛茶生产成本。各茶区相差甚巨，盖种类不同，制造方法各异，所需人工器具亦有差别。又各种毛茶所含水分有多少（即干湿程度不同）所需鲜叶量及燃料等亦均不同。兹将各种统计列于附表廿二。

祁门红茶史料丛刊 第五辑（1937—1949）

附表廿二

战前各茶区毛茶生产成本统计

（单位：每市担元）

茶类	鲜叶	人工	器具	房屋	燃料	合计	备注
祁红	18.679	1.555	0.87	0.095	0.180	21.379	1934年全国经济委员会调查
屯绿	23.91	8.68	4.77	2.67	1.72	41.75	1933年金陵大学农业经济系调查
平绿	15.3	4.94	2	1		23.24	1933年吕允福氏调查
温红	16.56	2	0.5	1		20.06	1934年吕允福氏调查
宁红	16.65	6.35	0.58	1.16	1.12	25.86	1935年金陵大学农业经济系调查
闽红	8.2	1.2	3.2	0.2		12.8	1936年张天福氏在福安调查
闽绿	9.2	1.2	3.2	0.2		13.8	同上
安化黑茶	9.38		—	—		9.38	1937年中央农业实验所调查
安化青茶	27.31		—	—		27.31	同上
安化红茶	21.22		—	—		21.22	同上

（2）战时祁红与其他茶区生产成本及物价之比较。

A.一九三九、一九四〇两年祁红与屯绿毛茶生产成本。据《茶声半月刊》第二十三期郑铭之"安徽外销茶叶生产成本初步研究"估计，祁红与屯绿之茶园管理费用相差无几，惟初制费用，则因茶类制造方法，及毛茶干湿程度各有差别，所需生叶量、人工器具及燃料等亦均不同。兹将二十八年祁红及屯绿之毛茶生产成本列入附表廿三。

附表廿三

祁红与屯绿毛茶生产之比较

（单位：每市担元）

茶类	茶园管理费用	毛茶初制费用						合计
		采制人工	柴炭	灯油	器具修理折旧	经营资金利息	小计	
祁红	14.761	12.36	—		1	—	13.36	28.121
屯绿	14.454	17.736	1.71	0.75	2	1.25	23.446	37.9

一九三九年每市担祁红毛茶生产成本为二十八元余。一九四〇年涨至三十九元余，计增加百分之四十余。一九三九年每市担屯绿毛茶生产成本为三十七元九角，一九四〇年涨至五十四元余，增加百分之四十三，较祁红之增略多。兹将两者一九

三九、一九四〇两年各项毛茶成本及其增加百分率列入附表廿四，以见一斑。

附表廿四

祁红与屯绿毛茶生产成本增加百分率比较

（单位：每市担元）

茶别	年别	摊分开垦费	栽培人工	采制人工	柴炭	肥料	器具折旧	灯油	地租	利息	合计
祁红	1939	1.242	5.5	12.36	—	5.2	2	—	1.5	1.32	29.122
	1940	1.242	6.93	10.034	—	7.4	2.3		1.5	1.229	30.635
屯绿	1939	0.97	6.75	17.739	1.71	3	3	0.75	1.5	2.47	37.9
	1940	0.979	10.395	27.313	3.232	4.2	3.45	0.9	1.5	2.475	54.444
高涨百分率		0	54%	54%	89%	40%	15%	20%	0	0	祁红41.14% 屯绿43.65%

B.一九四一年祁红与江西各茶区毛茶生产成本之比较。贸易委员会茶叶研究所编印之《万川通讯》汇订本第一册第十七页载有江西各茶区毛茶生产成本估计表，兹抄录如附表廿五。

附表廿五

卅年江西各茶区毛茶生产成本估计表

茶类	每市亩茶园生产费用							每市亩茶园可产鲜叶量（市斤）	每市担鲜叶生产费用	每市担鲜叶采摘费用				
	栽培			肥料	租赋	杂支	合计			采摘			杂支	合计
	工数	工资	伙食							工数	工资	伙食		
浮红	4	4	4	1	1	1	11	200	5.69	6	6	6	1.5	13.5
婺绿	6	6	6	1	1	1	15	200	5	5	5	5	1	11
河红	2	2	2	1	1	1	7	233	3	4	4	4	1	9
玉绿	2	2	2	1	1	1	7	250	2.89	4	4	4	0	8
宁红	2	2	2	1	1	1	7	200	3.59	6	6	6	1	13

茶类	每市担鲜叶成本	每市担鲜叶可购毛茶市斤数	每市担毛茶原料费	每市担毛茶初制费用							每市担毛茶成本
				初制			燃料	灯油	杂支	合计	
				工数	工资	伙食					
浮红	10	45	42.22	4	4	4	2	1	1	12	54.22
婺绿	16	30	53.33	10	10	12	10	2	1	35	88.33

茶类	每市担鲜叶成本	每市担鲜叶可购毛茶市斤数	每市担毛茶原料费	每市担毛茶初制费用								每市担毛茶成本
				初制			燃料	灯油	杂支	合计		
				工数	工资	伙食						
河红	13	25	48	5	5	5	5	4	1	20		68
玉绿	10.80	30	36	10	10	10	10	2	1	33		69
宁红	18.50	20	66	6	6	6	4	1	1	18		84

附注：（1）本表资料来源：贸易委员会江西办事处浮梁分处。

（2）本表之生产费用以直接用于茶树者为限，其用于间作物者不列入。

浮红即系祁红，产区亦与祁门相连，其每市担鲜叶生产成本一九四一年为十九元，与祁门平里历口相仿，但较江西其地茶区为高，因其每亩鲜叶生产费用及采摘费用较大，而产量又较低。浮红鲜叶生产成本虽高，但毛茶初制费用则较低。故每市担毛茶生产成本仍较其他茶区为低。

本文第四节所举祁门平里历口毛茶生产成本统计与上列浮红毛茶生产成本估计相较，各项成本颇有出入。前者以每市担毛茶需四担鲜叶计，当为干毛茶，后者以每市担鲜叶可制成毛茶四十五斤计，谅系湿毛茶，由鲜叶制成湿毛茶不必烘焙，但由湿毛茶制成干毛茶必需燃料及更多之人工，然前者毛茶成本内未列入燃料，其制造工资及伙食并较后者为少，后者毛茶生产成本中又列有燃料及灯油等费，实际并不需要，故若以两者之毛茶初制费用互易，则均较为合理。

CO与浙江平水毛茶生产成本及物价之比较[⑧]。

一九三九至一九四一年平绿毛茶山价与其生产成本比较，据刘河洲氏计算，茶农均须亏本，其数字如附表廿六。

附表廿六

平水毛茶山价与其生产成本之比较

（单位：每市担元）

项目	1939	1940	1941	备注
毛茶山价	23.8	55	75	
生产成本	28.99	60.52	122.4	
亏折数	-5.19	-5.52	-47.4	

兹再将同时期祁红毛茶山价与其生产成本比较如附表廿七。

附表廿七

<h3 style="text-align:center">祁红毛茶山价与其生产成本之比较</h3>

（单位：每市担元）

项目	1939	1940	1941	备注
毛茶山价	36.5	39	41.47	1941成本系历年成本
生产成本	28.12	39.64	79.37	
盈亏数	+8.38	−1	−37.9	

由上可见平水毛茶山价之增涨虽较祁门为速，但其生产毛茶一市担所亏本之数三年均较祁门为多，乃因平水毛茶生产成本增加更速之故也。

关于两茶区物价之比较，兹以嵊县为平水区代表，列入附表廿八及廿九。

附表廿八

<h3 style="text-align:center">四年来嵊县毛茶生产成本统计</h3>

项目	每担需量	1938年	1939年	1940年	1941年	备注
采工	400斤	4	5.7	11.4	40	一担毛茶400斤鲜叶
炒工	4	1.2	1.2	1.6	4	
做工	52	6	7.5	15	35	供膳每日5餐
木柴	400斤	2	2	3.2	8	
灯油	1斤4两	0.2	0.2	1	3	
什工	12	2.4	3	6	14	供膳
上山落山饭		1	1	2	4	
中耕	102	3	3	10	12	以一次计
山租	400斤	10	10	20	20	普通以间作物收抵充
器具折旧修理		0.5	0.5	1	4	
合计		30.3	34.1	72.2	144	以上春茶老秤计算
折合市秤		25.76	28.99	60.52	122.4	以八五折计算
指数（二十七年=100）		100	112.5	234.9	475.2	

附表廿九

嵊县茶季有关制茶物价比较表

物品单位		价格			环比	
		1939年	1940年	1941年	1940年	1941年
米	斗	1	5	16	500	320
洋油	听	6	20	80	333	400
肉	斤	0.25	0.5	1.60	200	320
酒	斤	0.12	0.2	0.6	167	300
豆腐	斤	0.04	0.08	0.22	200	275
柴	担	0.5	0.8	2	160	250
工资	工	0.5	1	3	200	300
祁门米价指数（二十六年=100）		142.9	400	2142.9	280	538
屯溪物价指数（二十六年=100）		175.5	357.7	510.6	204	143

以米价而论，祁门一九四〇年之环比较一九四一年为小，而嵊县则较大。以零售物价而论，屯溪一九四〇年之环比较一九四一年为大，而嵊县又与之相反。

（四）与各地茶农所得所付物价指数及购买力之比较

《中农月刊》三卷六期载有中央农业实验所农业经济系编制的中国农民所得所付物价指数及购买力，兹将其中与各茶区较为接近之衡阳吉安及浦城三地自一九三七年至一九四一年之指数与同时期祁红毛茶山价指数及屯溪零售物价指数暨毛茶对零售物品之购买力等列于附表卅。

附表卅

各地农民所得所付物价指数与祁红毛茶购买力之比较

年别	所得物价指数			所付物价指数			购买力			祁红毛茶山价指数	屯溪毛茶物价指数	祁红毛茶购买力
	浦城	吉安	衡阳	浦城	吉安	衡阳	浦城	吉安	衡阳			
1937	100	100	100	100	100	100	100	100	100	100	100	100
1938	85	92	108	114	110	142	75	84	76	73	120.4	61.2
1939	146	118	148	150	143	204	97	84	73	134.5	175.5	76.6
1940	440	314	273	380	377	403	116	83	69	140.4	357.4	30.2
1941	879	810	519	680	664	743	128	122	70	152.3	510.6	29.9

附注：1941年屯溪另售物价指数仅系一月至五月之平均，故浦城、吉安、衡阳之地同年之指数亦采取一月至五月之平均。

各地农民所得物价系农产品价格，主要为米，所付物价系一般日用必需品，以祁红毛茶山价与各地农产品价格相比，一九三七、一九三八、一九三九三年情形大致相仿。一九四〇、一九四一两年农产品价格之上涨则远较毛茶山价为烈。故农产品购买力尚能保持平稳或上涨，而毛茶购买力因之下跌矣。再以屯溪零售物价指数与各地农民所付所得物价指数相比，一九三八、一九三九两年除衡阳所付物价指数外，其余前者均较落后者为高，一九四〇年大致相仿而一九四一年则反之。然因祁红毛茶山价上涨太慢，终无法阻止其购买力之下降也。

第六节　祁红毛茶山价与精茶价格之比较

（一）与战前上海祁红精茶趸售价之关系

（1）战前上海祁红精茶趸售价。关于祁红毛茶山价之统计数字已有者仅自一九二九年起，故欲搜集战前上海精茶趸售价与之比较亦只须自该年起。兹查前财政部国定税则委员会出版之上海货价季刊及月报所载每月十五日上海趸售价内，价格系以十六两库平秤计算现将其折合市秤，以便比较。又中国茶叶公司编印之《祁红之产销运制》载有一九三三年至一九三八年之价格。现由二者摘取一九二九年至一九三七年之每市担祁红精茶上海趸售价与毛茶山价分别列表并图示如下：（附表卅一与附图五，图略）

附表卅一

上海趸售价之比例

（每市担国币元）

年别	祁红毛茶山价	精茶上海趸售价
1929	20.36	87.22
1930	24.34	111.57
1931	35.22	132.33
1932	36.27	157.08
1933	22.8	103.7
1934	25.43	118.48
1935	20.14	111.71
1936	26	101.25
1937	27.14	130

（2）两者之关系。战前祁红毛茶山价均随上海精茶趸售价而涨落。大抵春茶如在上海售得高价，则产地之子茶山价亦高。如当年之售价高值，茶商获利，则下半年之茶号，势必争相提高毛茶山价。惟毛茶山价之变化，不及精茶之剧。盖战前中国茶叶输出贸易获悉操纵于外商之手，祁红自亦不能例外，上海售价之高下，须依外商之需求为转移，而精茶价格之涨落感受国际汇兑之变化转为直接也。[⑩]

战前祁红精茶之制造及运销等费用，各年虽有上落，但差异甚微。兹将战前九年每市担毛茶所制成精茶之上海趸售价及茶农所得茶价与上海趸售价格之比额列入附表卅二，以便比较。

附表卅二

祁红毛茶山价占上海精茶趸售价之比例

项目	1929	1930	1931	1932	1933	1934	1935	1936	1937
祁红毛茶山价（每市担元）	23.36	24.24	35.22	36.27	22.3	25.43	23.14	26	27.14
上海精茶趸售价（元）（即精茶42.59斤之售价）	37.15	47.52	76.96	67.38	44.17	50.44	47.58	43.12	55.37
毛茶山价上海精茶趸售之差额	13.79	23.28	46.88	31.01	21.87	25.01	24.44	17.12	28.23
毛茶山价占上海精茶趸售价之百分率	62.88	51.22	45.12	53.91	50.49	50.42	48.63	69.29	49.02

附注：每百斤毛茶可制精茶42.59斤，据金陵大学农业经济系调查编纂之《祁门红茶之生产制造及运销》第二十九表。

由上可见在精茶趸售价格增长时，毛茶山价不及精茶增涨之速，山价占趸售价之比额减少。惟在精茶价格跌落时，则山价跌落更速，而山价占趸售价之比例额更为减小。盖在茶价高涨时，茶商不敢过于放盘收买，以防价格之跌落。在茶价跌落之时，茶商恐价格之再跌，更须压低山价，以减轻成本而防损失。

（二）与战时屯溪收购价之关系

祁红在一九三五年以前均由茶商自运上海出售，民国一九三六至一九三八年则由皖赣红茶运销委员会代为运销。一九三七年仍在上海时，一九三八年则运香港，后由贸易委员会在香港特设之富华贸易公司茶叶课代为销售。

一九三九年贸易委员会加速金融周转，改良茶叶品质，及减少茶商离乡跋涉之苦与不必要之支出乃在屯溪就地收购祁红，规定中心价为一七五元[⑪]。一九四〇年全国茶叶统购统销业务改由中国茶叶公司接办，其收购办法一仍其旧，是年祁红之中心价为二二〇元，一九四一年则为二四〇元⑫。

贸易委员会及中国茶叶公司规定精茶中心价格系采用下列公式：

【毛茶山价】（茶农生产成本及其正当利润）+【包装费】+【捐税什支】+【运输费】+【什一利润】=精茶价格⑬。

茶商收购毛茶时往往不顾茶农之生产成本，利润更毋论实。故一九四〇年起仍由各茶政机关会同调查茶农之生产成本，公布合理毛茶山价。但茶商利用种种方法在收购时压低山价格致精茶收购价不得不改为实际毛茶山价加各项费用及利润。故战时与战前不同者乃战前祁红毛茶山价随上海精茶趸售价而涨落，但在战时则变为收购中心价须视实际毛茶山价及精茶制造等费用而规定。

（三）与战时香港趸售价关系

祁红香港趸售价分为对苏易货及销售洋行两种，前者价格在交货前由双方订立合约，规定后即不再变更。后者则变化甚大。兹分述如下：

（1）对苏易货贸易。以交货时期分共有三次合约，第一次为一九三八年，第二次为民国一九三九至一九四〇年，第三次为一九四〇至一九四一年。第一、二次价格均以国币计算，将祁红分为五等。第三次则以美金计算，等级仍旧，惟将前三等每等又分为二级。三次均为香港船边交货每市担价格（F.O.B. Hongkong）。详见附表三十三：

附表卅三

祁红历次对苏易货价格统计

（单位：市担）

等级	第一次(国币元)	第二次(国币元)	第三次(美金元)
一 Highest	208	324	1.90.80 2.77.34
二 Goodmedium	200	232	1.65.02 2.55.00
三 Medium	130	151.5	1.42.45 2.31.44
四 Goodcommon	85	99.75	27.95
五 Common	50	59.5	16.67

附注：第一次易货价格据贸易委员会《廿七年度管理全国茶叶产销报告书》，第二、三两次据对苏

易货合约附件。

第一次对苏易货价格系根据前三年上海趸售价之平均，酌加运输打包和堆栈等费计算[14]，第二次较第一次所增不多[15]，第三次以美金计算，实际上仍根据第二次价格以当时法定美金汇率每百元折合美金廿九元五角减去百分之五，详见附表卅四。

附表卅四

祁红第三次对苏易货价格之计算

（单位：市担）

等级	第二次价格（国币元）	折合美金 CN.C.$100=US.$29.50	第三次价格（美元金）（由前项减去5%）	
一 Highest	324	95.08	90.8	订约时改为42.45此处计算略有出入应为29.40减去5%为27.96
二 Goodmedium	332	68.44	65.02	
三 Medium	151.5	44.69	42.46	
四 Goodcommon	99.5	29.42	27.95	
五 Common	59.5	17.55	16.67	

故祁红第三次对苏易货价格均以抗战前三年上海趸售价为根据，战前祁红毛茶山价系随上海精茶趸售价而涨落，但战时则否，一九三八年山价特低之原因已如前述。一九三九年造成过去十年最高记录之又一原因，为第一次易货之成功，祁红在战时获得另一大主顾—苏联协助会。（U.S.S.R. Exportleb）一九四〇、一九四一两年虽由政府依据茶农毛茶生产成本及正当利润规定合理山价，但实际均较公布者为低。由外销方面言，运输困难，统销机构之改变，箱茶滞积内地，易货合约规定数量无法交足等事实，亦皆能影响茶商心理而籍以压低收购毛茶山价也。

（2）销售洋行价格。一九三八年财政部贸易委员会管理全国茶叶出口贸易，将市场自上海南移香港，由富华贸易公司负统销之责。一九四〇年七月中国茶叶公司改为国营，隶属贸易委员会，所有全国茶叶统购统销业务移交中国茶叶公司，继续办理，兹将一九三八年下半年起至一九四一年上半年止祁红在香港销售洋行价格列入附表卅五。

祁红香港销售洋行价格统计

（单位：每市担港币元）

年份	期限	平均价格	备注
1938	下半年	144.57	
1939	上半年	88.33	
1939	下半年	70.85	以上根据中国茶叶公司材料统计
1940	上半年	132.17	
1940	下半年	137.43	
1941	上半年	129.24	

附注：廿七年廿八年作者曾在香港富华贸易公司，廿九三十年在中国茶叶公司担任统计工作。

祁红在香港之销售洋行价格虽有一九三八年至一九四一年之统计，但所销售者仅为一九三八、一九三九两年所产之茶叶。

销售洋行价格之涨落，因子甚为复杂。自我国立场言，除收购价格，运输等费用及茶叶品质有否劣变外，又受对苏易货合约规定到港茶叶先送茶协会选购之限制，故有时虽洋行方面愿出高价，我方亦不能自由销售。再自香港各国洋行立场言，则到货之多少，苏联协助会选购之情形，各国市场需求及船期之迫切与否与港币之汇率等皆为决定价格更重要之原因，故与毛茶山价有何关系，殊难捉摸也。

第七节　结论

战前祁红毛茶山价随上海精茶趸售价而涨落，上海趸售价全为洋行所操纵。抗战开始，外销茶叶即由政府统购统销，在销售方面易被动为主动。一九四〇年起更进而根据毛茶生产成本规定合理山价，保障茶农正当利润，使山价不受精茶价格之影响。但事实上因运输困难，外销呆滞，仍予茶商以压低山价之机会。观乎三十年祁红毛茶山价不敷其生产成本几达一倍，茶农有将茶树连根铲除改种其他作物者，危机之严重，已达极点。但展望前途，抗战在短期内恐尚难结束，外销将更暗淡，政府如继续大量收购，实有不堪负担之苦。故目前应设法减低产量，以渡过此抗战时期，但同时又须兼顾战后恢复之基础。兹就茶农生产毛茶而论，下列办法，似应积极推进。

（一）实施茶树更新整枝及移植归并

（1）更新及整枝。祁门茶树衰老及病害者甚多，所产茶叶，质量均在逐渐减退，如将其连根铲除则战后重栽幼苗至少需经五年方可开始采摘，而产量当难恢复。但由于茶树之生理特性，年老者若施行更新，（即在离地二三寸处平刈）年幼者予以整枝，则二三年内产量可大为减少，以后逐渐增加，品质也较优良。同时目前仍可利用更新后之空间栽种间作物，以增收入。

（2）移植归并。祁门茶树大多种于零碎之土地上，甚少整块大面积之茶园。管理不便，采割费时，生产成本因之增加。倘在实施更新整枝时，移植归并，生产成本自亦可减少矣。

（3）实施原则。作者在中国茶叶公司工作时曾拟有详细计划，兹因限于篇幅，仅录其八项实施原则如次：

A.各区分三年推行；

B.邻近战区或茶树衰老区域尽先推行；

C.劝导茶农对幼年茶树施行整枝；

D.茶农以茶为主要收入者仍可酌量采制；

E.严防根除；

F.规定间作物种类；

G.尽力推行合作；

H.茶农实施更新者由政府给予补贴。

（二）提高毛茶品质

亦可减低产量。同时增加茶农收入，等于减少生产成本。但茶农因山价不敷成本及知识简陋，根本无改良之能力。故政府除依据照其毛茶生产成本规定山价切实实施行外，并应推广优良品种，提倡早采嫩摘及机械揉捻，并取缔粗劣，数者同时实行，毛茶品质当可改进。兹分述如下：

（1）推广优良品种。第一步须进行品种调查，然后观察比较，再行育种改良，此非有长期之研究，不易见效也。

（2）提倡早摘嫩采。

A.早摘—提早开秤日期，出高价，并普遍宣传，可使茶农早采。

B.嫩采—放大老嫩毛茶山价之差异距离，以刺激茶农嫩采。

（3）改良初制方法。

A.机械揉捻⑯—祁红揉捻，茶农皆用人力，足揉虽较手揉省工，但既不卫生，又可引起竞争者在国际市场上之反宣传。倘与机械揉捻比较，则条索不紧，外形欠美，品质亦差，制茶折耗甚大。故应极力设法推广机械揉捻，以节省人工而提高品质。其实施步骤如下：

a.于产茶集中区域设立揉捻机械供应站，购买或自制各种揉捻机，出售或租借与各制茶单位。

b.茶农应组织生产合作社向供应站购买或租借揉捻机，购买费用可分期偿付。

c.未加入合作社之茶农可若干户合租或合购木质揉捻机一架。因木质者制造费用较廉，所需动力亦较小。购买费用可分期偿付。

d.收购毛茶之茶号及制造厂等亦应租借或购置数架揉捻机免费供茶农使用。茶农本希揉捻适度，惟以劳力及时间关系不能如愿，每见茶农于求售毛茶时再加捻揉，其心理如何亦可知矣。

B.合作烘茶—祁门茶农之出售湿毛茶，予茶号以杀价之绝好机会。如转辗求售，品质又易变劣，故山价全被茶号操纵。茶农如能设法将湿毛茶烘干后再行出售，至少可待价而沽，品质可不致变劣。祁门茶农卖青苗之事尚无发现，对买主之选择，甚为自由，毛茶烘干后受地理环境之限制亦可减少。过去毛茶交易时期甚短，茶农在短时期内售毛茶所得，须供数目之用，故烘干后还须延长毛茶交易时期，对茶农资金周转，影响尚小，但若茶户产量不多，单独购置烘干设备力有未逮，所用燃料亦不易购足。基本办法当为组织生产合作社，但在未普遍设立前，合作烘茶之推行，实刻不容缓。盖此与毛茶山价关系最为密切也。战前江浙一带实施合作社烘茧办法，可资仿效。

（三）控制毛茶山价

茶农如能将毛茶自行烘干，则山价能控制一手，如再进而合作精制，则根本不必出售毛茶。但此种理想在短时期内不易全部实现，故毛茶山价规定公布后仍必须由政府设法控制，以免茶商任意压低。其实施要点如下：

（1）派员调查监视；

（2）取缔陋规大秤；

（3）毛茶评价与检验⑰；

（4）公营茶厂设立毛茶收购网。

注：

① "精制"或称"复制"。

② "鲜叶"即"生叶"，当地俗称"生草"或"茶草"。

③ 箱称"二五箱""二五"有种种说法，似以二箱合一担（十六两秤），每箱五十斤较每箱连皮约合八十两秤五十五斤（皮十斤，茶四十五斤）为可信。④ 茶号尚有"行庄"及"代庄"，即委托偏僻处人家代购。

⑤ 见金陵大学农业经济系调查编纂《祁门红茶之生产制造及运销》第五十五页。⑦ 据祁门茶业改良场场长胡浩川氏报告，该年茶季祁门米价每担为六元五角。

⑧ 请参考拙作《从茶农年说到茶丰年》，原文载《茶声半月刊》第一期。

⑨ "水毛茶"或称"湿毛茶"，茶农将鲜叶采下经萎凋、揉捻、发酵三步骤后略加烘焙或日晒即行出售，毛茶尚含水分甚多，故名。

⑩ 详见金陵大学农业经济系调查编纂《初制红茶之生产制造及运销》。

⑪ 请参考拙作《祁红屯溪评价初步检讨》，原文载《茶声半月刊》第六期。

⑫ 见东南茶业改良总场编印《祁门红茶》。

⑬ 见刘庆云作《论茶叶价格》，原文载《贸易月刊》一九四一年一月号。

⑭ 见贸易委员会一九三八年度管理全国茶叶产销报告书第八十四页。

⑮ 第二次除第一等（Highest）外，余四等较第一次均增百分之十五至廿，惟实际上该年祁红交苏易货最优者仍以第二等（Goodmediun）计算。⑯ 见倪良均《祁红的几个问题》，原文载《万川通讯》汇订本第一集第十八页。

⑰ 请参考庄晚芳《毛茶评价与检验》，原文载《东商经济》第五期。

《中农月刊》1942年第3卷第10期

祁门红茶创新高价

查近日沪市红绿茶存底，异常枯竭，同时本街店户添办之意，愈益活跃，其中尤以红茶需求更极，因此人心激昂，执货者扳俏不已，喊价遂漫无止境。昨日市价续向高峰迈进，祁门红茶每市担竟创一千二百元之新纪录，较日前狂跳一百元之谱，惟因求过于供，交易不多，全市仅成交十二箱，系万升丁钧泰两茶号吸进，由囤户吐出，至于其他花色，莫不一致挺秀，计由本街店户进红茶七十四箱，价每担七百五十元至九百元，又炒青毛茶二十余担，价每担三百三十元，以上由同达、永协、源泰、利万泰等茶厂售出云。

《商情报告》1942年第1178期

祁红又创新高价

查本市目下红绿茶之存底，当推祁门红茶最为薄弱，同时本街去化尚形不恶，因此呈供不敷求，价格遂告迭涨。日前品质优良之祁门红茶，每市担最高曾达一千二百元，昨日又猛跳百余元，竟创一千三百廿元之高峰，由丁钧泰茶号吸进十箱，由同泰祥茶行售出，至于其他花色，亦莫不一致随市剧腾，计由本街店户搜出炒青毛茶五六十担，价每担自三百廿元至三百四十五元，售价较前每担亦飞升十余元云。

《商情报告》1942年第1181期

祁门红茶扶摇直上

昨日茶市，祁红市价扶摇直上，计由协记及昇泰两茶号共进十六箱，成交价每担一千三百五十元，系由囤户吐出，较日前又狂腾二三十元。至于红绿茶芯，脱手依然便利，全市由新□业办去绿茶芯一百〇五担，价每担三百三十元，由绍兴帮抛出，价格挺稳如故云。

《商情报告》1942年第1184期

祁门红茶猛升

昨日茶市，人心依然激昂，进户高价搜求，涨风愈见扩大，但交易续趋清寂。全市仅由丁钧泰茶号开进祁门红茶八箱，每担价一千三百八十五元，较日前猛升三十余元，系利丰茶行售出，此外万升茶号向正大祥茶行进高庄红茶十四箱，价每担为一千元，价格亦甚挺秀。据本街消息，日来各店户颇有巨量纳胃，惜市存稀薄，大有供不应求之势，售价前途或益能巩固云。

《商情报告》1942年第1193期

祁门茶再创新高价

昨日茶市，本街实销依然甚佳，市上存底日趋减少，执货者坚持益力，以致市价涨风再接再厉，尤以祁门红茶为甚。上月廿八日高货每市担最高曾达一千三百八十五元，昨由顾福泰及丁钧泰两茶号各进一箱，价每担均为一千四百五十元，系由源隆茶行售出，每担竟飞腾六十五元之巨，至于其他花色，亦较上周提升十余元不等，计成交红茶十六箱，价每担七百三十元，又毛红茶廿担，价每担三百八十二元，以上由大中、恒丰泰、大上海等茶号吸进，志记茶厂及□□茶。

《商情报告》1942 年第 1198 期

祁门红茶猛涨

昨日茶市，因本市存底几将告罄，货方奠不居奇扳俏，且本街各店户门市销路良好，又肯高价搜求，故各项花色无一不涨。内以祁门红茶涨势最厉，每担较前市剧腾百余元之巨，其他花色亦悉被带挺二三十元不等。全市由方顺记、顾福泰两茶号合进祁门红茶近七担，成交价每担一千一百六十八元，系志记茶厂售出，丁钧泰茶号向永顺茶行购进红茶十二箱，价每担为九百元，顷据新叶业消息，对于红绿茶芯，需求甚亟，惟闻上项花色，颇为缺货云。

《商情报告》1942 年第 1221 期

祁门迭创高峰……每担将叩两千元关

祁门红茶，本市存底将罄，执货者因之居奇，喊价漫无标准，惟本街店户需要仍亟，不惜高价搜求，故价格迭向高峰迈进，每担竟叩二千元大关。昨日新昌茶号吸进二担左右，价每担为一千九百八十五元，较前市每担又狂跳六七十元，至于其他花色，市价亦均呈秀色，惟供应依然寥落，是以交易仍鲜开展，仅由昇泰茶庄吸进绿茶梗近五担，价每担二百一十五元，此外方顺记茶庄开进红茶片七八担，价每担三百元，以上除祁门红茶由囤户吐出外，其余悉系福兴隆茶厂售出云。

《商情报告》1942年第1240期

祁门茶子本街销活

查祁门茶子一项，向销广帮为大宗，自运输发生困难后，销路久已停滞，目前仅恃本街尚有去化，但进胃颇为式微，日来各店铺因存货不充，复起活动。昨由丁钧泰及顺记等茶庄共进二十担左右，价每担均扯七百元，系茂记茶行售出，较前相仿，至于高庄红茶，脱手依然顺利，但市上存底将罄，故交易颇为寂寞，全市仅由同泰茶庄购进二担，价每担一千四百三十元，系义记茶行售出云。

《商情报告》1942年第1292期

皖茶管处方处长谈祁茶场被毁案始末
肇事原因耐人寻味

（徽州日报5月16日讯）本月7日祁门茶叶改良场制茶厂，突被两度骚扰，值此抗战紧张之际，后方生产事业，横被破坏，殊属不幸。当今皖南行署派茶管处方处长君强，暨该署黄军法官总武，前往查办，顷方黄两氏已公毕回屯，记者特访方处长，叩询此事原末，比承接见，记者当问：方处长此次在祁，逗留几日？答：本人（方氏自称，下仿此）与黄军法官于本月10日到祁，晤廖县长及各机关法团人士，并从各方调查，今日（14日）始回。问：如此则此案真相，自已查明，能以其概况见告否？答：今年祁门茶号，于领到贷款费，多未能将资金尽量运用，从事购制，就本人此次在祁所见情形，今年各茶号，能缴足预定箱额者，实居少数，最可痛心者，竟有若干劣商，既不自筹资金，且将贷款挪作别用，茶商购进既少，于是茶农之毛茶，急须售出，乃群向茶场谋沽。而茶商收购毛茶，不遵政府规定，用大秤，压山价，（曾经县府干涉）茶场则恪遵规定，用市秤，并给以高价，于茶农出售毛茶，更待茶场为尾闾，而茶场遂为一般不良茶商与夫地痞者流之怨府矣，本案之起因在此。问：如君所言，茶场既爱护茶农，则彼此间应有好感，何致发生冲突？答：当不幸事件发生之日，祁门城内五家茶号，均一律不进货，茶农无奈，赴县府请求救济，查往年亦尝有此类事件发生，幸彼时县政当局，即着茶号问秤，平顺解决，此次廖县长因事未能接见，亦无适当处置办法，茶农不得已，乃涌至茶场，此时茶场收货间，聚有数百人之多，拥挤不堪，是否确系茶农，殊不敢必。按进货手续，首看样，次评价，再次过秤，时适有一人，未经看样评价手续，遽前要司秤者过秤，因人尚拥挤，将其货担挤翻，后面人群中突有高声呼打者，秩序大乱，场中员工，有受伤者，茶农亦有受伤者，场中乃派人赴县府请维持秩序，而是时满城喧嚷，标语满墙，鸣锣聚众，又将茶场捣毁，损失公物甚多，其中并有贵重仪器，良为可惜。贴标语之戴某者，乃竹匠而非农，茶场技术员葛廷栋由县府汪秘书率领警士十余名，带往县府保护，途中竟被某中学教员学生及其他杂色人等，将其痛殴，受伤甚重，可是此次事瑞，显系有人主使操纵，别有企图，茶场员工与茶农均系此辈暴徒所殴伤，而非互殴，而葛技术员，于武装"保护"之下，被殴重伤事之可怪，尤使人不忍见，不忍闻。问：肇事之日，胡场长何在？答：胡场长是日适因公赴凫溪口，闻讯后，遄返祁城，与廖县长商办善后，该县各公团报行署暨省党部办事处电文，谓胡在场指挥职员，打伤多人与移尸灭迹等情，全非事实。问：各公团居于客观地位，其言何能与事实相差太远？方氏不即置答，取历年祁门茶号登记申请书示记者曰：请君将各公团人士与茶号中人姓名核对一过，有无差别，方氏继又曰：各公团之领导人，多为茶号之经理，多在乡间号内制茶，或者被人盗名发电，亦未可知。问：此事之善后如何？答：余与黄军法官，已将查办情形，呈复行署，静候当局依法秉公处理，茶场员工经本人善勉，以事业为重，次日即照常工作，胡场长及该场全体员工，此种精神，至堪欣慰，胡场长并表示：一、茶场工作力求正常化，二、处理善后，求简单化，三、静候法律解决，在未解决前，决不离祁。查祁门茶场为中央与省府合设，余曩日供职建厅，主管农林事业有年，对于该场多方筹划，后赖胡场长浩川，埋头苦干，惨淡经营，为国内成绩最著之茶场，今竟横遭破坏，缅怀往年缔造之艰，目睹此次被毁之迹，怆感何极？当此抗战期间，后方生产，正应力求进步，况祁茶为外销产品，尤为国家主要资源，想当局必有适当处置，决不容中央与省方多年经营之生产机关，任人破坏，尤望祁门人士，放大眼光，共体时艰，予以爱护也，谈至此，记者乃与辞而出。

祁门祁红区茶叶产地检验站访问记

庄 任　许裕圻　陈洪彦

　　此次奉命赴屯溪观摩红茶评价，顺便往祁门红茶检验站参观，爰将观闻所及略述于下：该站系安徽省茶叶管理处最迟来祁筹设者，现已大致就绪，日内即可开始工作，今年红茶开始收购系由中茶公司自办，仅托茶管处代为检验，故手续较往年为简单。

一、样茶之扦取

　　规定每一大面在五十箱以内者，任取二箱，以下类推，先由检验站派人至茶号点对茶箱，由茶号将样茶箱送至站内，然后开箱，将各箱茶叶混合均匀，扦取二罐，一罐送屯溪，供评价之用，一罐留站内供检验之用。

二、检验之标准

　　今年检验项目共有三项兹分别述之于下：
　　（一）水分：规定不可超过百分之八点五（绿茶为九点五）检验方法系用Hoffman法，加松节油于茶叶，予以蒸溜，集溜液于有刻度之受器中，以测定茶叶中水分含量。
　　（二）包装：注重茶箱之坚牢与否，及锡罐是否密封以免于运输或贮藏时吸湿，以致茶叶败坏或变质。
　　（三）粉末：即检验茶叶碎屑之多少，惟以普通红茶尚少有粉末太多之弊，故标准尚未正式决定，须视以后情形再加厘定。

三、检验之结果

　　依上法检验结果，将报告送交中茶公司，将来即根据此报告决定收购与否，然后将及格茶叶品评之结果公布，以定收购价格。
　　按今年收购检验方法，颇有若干改善之处，以往系检验及格后，始送至屯溪评价，今年则系检验与评价同时进行，节省时间不少，同时在原产地检验，与茶商以不少方便，遇有不及格时，可免大批茶箱之往返运输也。

祁红婺绿的几个问题

郭 檉

祁红婺绿虽驰誉已久，然产制方面，至今尤未能达到合理处，是故敌人用为排斥华茶宣传口实，已有文献可稽，按祁红婺绿皆为我外销茶之巨擘，战时换取外汇，战后尚须赖为经济复兴之主要支柱，关乎国家命脉，极端重要。然此次调查结果深感当前业茶之危机，固有顿于贷款等问题之解决，然品质日渐低落，长此以往，不加改良，则他日华茶自必遭受排斥也。兹将目前急应改进之事就管见所及，补充说明于后，尚希共同设法改进之。

（一）毛茶出卖青胚问题。红茶揉捻尚未干燥时，即有出卖青胚者，此种习惯发生于祁门四乡，多为茶农私人缺乏烘焙设备之故，然一般茶号收买青胚时，又故意抑价，停止收买，于是剩余之青胚，因时间之延搁，易有过度发酵之现象，对品质之损伤亦大，同时茶农为顾及血本，不得不忍痛牺牲，贱价出售，于是一般茶商又大秤收购，尽量剥削，此应设法改进者一也。

（二）毛茶精茶仓储问题。祁红婺绿茶区，每年所产总数箱额，不下二十万箱，当毛茶待制，与箱茶等待收购，及待转运之际，均应有优良之仓库储藏，始能免除受潮生霉变质之虞，但按调查结果，一般仓库，不过借庙宇祠堂或其他公共地方地堆积而已，仓屋虽无漏雨现象，但地多潮湿，茶叶极易霉变，于是将来布栈时，轻则须行复火，耗费物资人力，重则不能成交，弃如废物，此应设法改进者二也。

（三）停闭不良之合作社问题。茶区内之茶叶合作社，大多为茶号式之组织，实际上对茶农毫无利益可言，仅为协助茶商榨取茶农之一种机构而已。他如过去一切陋规恶习，大秤收买，压低山价，亦莫不于茶季中随地可见，随时可闻，如是合作之真意已失，而政府之威信亦减，同时茶农之痛苦日深，此应改进者三也。

（四）改良研究结果之推广问题。研究茶叶者，对于技术与业务均应重视，且须相辅而行，始可奏效。设重视技术忽视业务，则产制成本过高，不合经济原则，如是价格过高，有不易卖出之现象，又如重视业务，忽视技术，则产制方法不能改进，久之品质亦逐渐降落，成品亦将被驱逐于市场，两者须相辅而行，实不可缺一，故欲使技术与业务并进，必须在技术上之改良，能配合实际之需要，要根据科学原理，不致盲目研究，同时业务上又须能达到经济制茶之原则，而后将此种优良经济产制方法，加以推广，切实普及茶农，此为茶叶研究改良示范机关之主要任务亦即推进者四也。

其他脚揉，包装粗制滥造诸问题，前此本刊均已有人论及，兹不再赘，谨提出以上四问题以为补充，兹将改进办法简列如下：

（一）利用保甲制度，或原有优良之合作社，或在生产集中地办理红绿茶初制合作社，积极推广木制揉捻机，及焙炉炒锅，由茶农集体初制后，再行出售精制，所耗开办费，由当地茶农分期摊付，或略取租金，至当年制造费用，则由茶农自行负责。

（二）对于粗制滥造之茶叶，严加取缔，并应予以停止贷款，与收购之限制，茶号及合作社有故犯或劝告不听时，得由茶管机关永远停止其业务活动。

（三）中央收购机关与地方茶叶研究机关，建筑合理之仓库，租借予茶号使用，得酌取租金，或将收购机关之仓库，加以改造，俾臻于合理地步，此项建筑费用，可设法向银行借款，或由中央改良费中拨充。

（四）包装时所用浆糊，应参入明矾，或其他适当防腐剂，以供止腐臭，内部锡皮，应设法代以适当之合金材料，较为坚牢。如用铅皮等物，箱板必须有适合规定，否则不予收购，篓包边缘，应加铁条保护，可免中途修补之患。

（五）彻底改组茶号式之合作社，及其他类似茶号之组织，以免冒名为善，而实际剥削茶农，其业务经营，应严禁大中小茶商参加，纯由茶农自理。

（六）改良方法，应加推广，茶农与场厂应有密切之联系，既不能闭关自守，更不能作闭门造车之研究。

（七）由省茶管机关会同中央度量衡局各省代办处，收回当地茶号斤两不一各色样秤，重发新秤，否则除不贷款外，并以扰乱度量衡论，得永远禁止其业务活动。

以上所述不过就此次所见者提出数点讨论之，尚希海内宏达指正是幸。

《万川通讯》1942年汇订本

祁门茶叶之包装问题

蔡昌銮

祁门产茶，驰名内外，绿茶产地集中东乡一带，红茶则多产于西南乡，北乡之产量较少。其包装方法，红茶稍有不同，作者于四月中旬奉命赴祁门调查，乘便收集茶叶包装资料，兹将观察所及与一己愚见，简述于后，幸海内宏达，有以校正。

祁门茶叶包装自安徽省茶叶管理处颁布外销箱茶包装管理暂行办法后，已有极显著之成效，但尚有少数茶号社未能完全遵照规定，其间或受工料来源及工人技术之影响，但管理不周与偷工减料者，亦复不少，兹将装潢、铅罐、木箱、篾篓等问题简述于后：

【装潢】自皖茶管（理）处统一箱茶品名及制茶商标后，检验时已较便利，而装潢上亦进步不少，且各茶号社均能遵照规定，但其间尚有两点似应注意并改进者：

1.本年红茶之新印花纸颜色均为红色且深浅不一，有淡红，有深红，且纸张极劣，易于损坏及脱色而印刷亦□粗放，箱茶装潢不独有宣传之用意，且对于检验及茶箱保护上，亦有多少关系。

2.茶叶既属外销，茶箱左右两侧之品名，似宜加印外文，目前既属统购统销各号商标无关重要，除因便利检验计，大可移于前后两侧不显著之地位，至于箱之正面，可另设计对外贸易有关之统一标记。

【铅罐】祁门县城及东西乡均有铅罐业之设立，去年登记者只两家，亦有自备包装材料招工自制者，自管理办法颁布后，成绩稍有进步，但尚有不少缺憾焉。

1.铅罐顶盖边缘与铅罐四周焊接处，因焊工之粗忽时有未焊实而生沙眼者，潮气极易由此侵入因而影响茶叶之品质。

2.铅罐外部裱糊纸张所用之浆糊，均未加入任何无气味之防腐药品，一旦感受湿气极易生霉，直接影响茶叶，且铅罐裱糊后，多用日光干燥，有因晒后尚未十分干燥，即行装箱，有则晒干后，不即装箱，搁置一边，俟茶叶补火后，始再行取用。祁门早晚湿度极高，干燥纸张极易吸收湿气，虽晒干因搁置亦易返潮，由此亦可发生不良影响。

3.铅罐四角虽一律用圆角，但尚有未尽合木箱之宽狭者，致装箱后实有挤裂之现象。

4.铅罐焊就后，在顶盖留一长椭圆之孔，以便倾入茶叶，装满后，再加铅皮一张，将口封密，如此再行焊接，此时往往因包装工人手术之粗忽，将顶盖边缘拉裂，致重焊时留有沙眼者。

【木箱】祁门各乡盛产枫香及杉木，红绿茶箱木料，当不至缺乏，采用他种木料者极少。茶箱多包工承造，由制茶者预付款项若干，雇人先至各乡收购木料运回放置，使其自然干燥，以便翌年应用。关于木箱方面，现有之缺点有如下述：

1.箱板厚薄不均。箱板之厚薄，早规定红茶箱板（枫香）至少市尺三分，绿茶箱板（杉木）至少市尺四分以上，但观察结果，在枫木箱板一百三十五件中能达到上述要求者约占百分之二十三，其余大都在市尺之二分半之间，其他可想而知。据木工云：每市寸厚木料分锯为三块，每块厚三分许，但观察结果似以每方寸木料锯为四块者居多数。

2.箱板拼接多而不良。红茶箱板拼合块数多未超过三块同时拼接颇为精密，但绿茶箱板则不然，多利用小材锯板，故有拼至大块者，而拼接颇为粗放，两边多尚未刨平即行拼合，故极易脱离，且缝隙颇多，尚未达保护最大之能事。

3.木箱之接笋多极平滑，颇易脱离，制箱钱浸水使接笋澎涨，松软套合时不易破裂，但干后收缩则接笋不能密接矣。

4.杉木箱板时因材中死节之离落而生空洞，铅罐极易受外界直接不良之影响。

5.据凫溪口绿茶箱制箱工人云，如将已刨制完好之木板拼接，每人每日可制茶箱一百只以上，观其工作迅速而粗放，故茶箱颇不坚固。

【篾篓】

1.正茶外面所用之竹筋，一般均稍嫌单薄。

2.箱底所用之单层大号青箬皮衬贴亦嫌不足，青箬皮可以防湿气之侵入，且可当一种保护物以减少木箱受积压而损伤。

以上种种问题，为茶叶包装上亟宜改善者，想各茶区似亦有同一之需要，其他包装问题尚多，尚望茶界同志共同努力。

统计资料：

三十年度江西毛茶生产成本估计表

茶别			红浮	婺绿	河红	玉绿	宁红
每市亩茶园生产费用	耕培	工数	4	6	2	2	2
		工资	4	6	2	2	2
		伙食	4	6	2	2	2
	肥料		1	1	1	1	1
	租赋		1	1	1	3	1
	杂支		1	1	1	1	1
	合计		11	15	7	7	7
每市亩茶园可产鲜叶市斤量			200	300	200	250	200
每市担鲜叶生产费用			5.5	5	3	2.8	35
每市担鲜叶采摘费用	采摘	工数	6	5	4	4	6
		工资	6	5	4	4	6
		伙食	6	5	4	4	6
	杂支		1.5	1	1		1
	合计		13.5	11	9	8	13
每市担鲜叶成本			19	16	12.5	10.8	16.5
每市担鲜叶可制毛茶市斤数			45	30	25	30	25
每市担毛茶原料费			42.22	53.33	48.08	36	66
每市担毛茶初制费用	初制	工数	4	10	5	10	6
		工资	4	10	5	10	6
		伙食	4	12	5	10	6
	燃料		2	10	5	10	4
	灯油		1	2	4	2	1
	杂支		1	1	1	1	1
	合计		12	35	20	33	18
每市担毛茶成本			54.22	88.33	68	69	84
本年毛茶山价			60	90	69	70	85

注：（1）本表之生产费用以直接用于茶树者为限，其用于间接作物者（副产物）概不列入。（2）本表所用单位亩以市亩计，斤以市斤计。（3）本表所列工资伙食之数字系以其工数乘每日之工资伙食之积数。（4）杂支系指上列项目以外之一切费用。（5）每市担鲜叶成本即每市担生产费用加每市担鲜叶采摘费用。（6）每市担毛茶成本即每市担毛茶原料费。资料来源：贸委会江西办事处浮梁分处。

《万川通讯》1942年汇订本

屯绿匀堆与祁红匀堆之比较

林熙修

世之谈红茶者，莫不首推祁红；谈绿茶者，亦无不首推屯绿，盖二者品质之佳，世罕其匹也。祁门屯溪，同隶徽属，地之隔不过百余里，而精制作业，多差殊甚，茶叶专家胡浩川先生曾谓"……屯绿复制一应技术作业均足以为祁红取法之资……"并列举七点，以证其说，匀堆其一也。祁红旧法之匀堆，不合理之处颇多，庄任君曾将"参观祁门XXX茶号打官堆记"，刊诸《万川通讯》之第二十五期，对于匀堆方法，记述颇详，兹更将屯绿匀堆之方法，略加陈述，藉资比较，并供参考焉。

一、屯绿匀堆时各筛号茶之拼和

屯绿匀堆，每一花色，先立一中心号茶，拼和时以此打底，再将上下各号之茶，交错拼入。兹以抽贡为例：其出面号次为三号茶至八号茶，匀堆时可以六号茶为中心，以之打底，先摊布一部，其上则为五号，七号，四号，八号名茶。依次拼入一部（其号茶量少，则一次拼和之量，亦照比例减少），然后再从六号茶起，交错拼和如前，至全部拼完为止。屯绿花色繁多，各茶之出面号次各殊，所立之中心茶亦异，兹将本年规定六花色茶之出面号次，中心号茶，及拼和次序，列表如后：

花色	抽珍	珍眉	抽贡	贡熙	特针	虾目
出面号次	四—九号茶	四—十号茶	三—八号茶	三—九号茶	七—十一号茶	六—十号茶
中心号茶	七或六号茶	七号茶	六号茶	六或七号茶	九号茶	八号茶
各茶号拼和次序	七，六，八，五，九，四各号茶顺序拼和	七，六，八，五，九，四各号茶顺序拼和	六，五，七，四，八各号茶顺序拼和	六，七，五，八，四，九，三各号茶顺序拼和	九，八，十，七，十一各号茶顺序拼和	八，七，九，六，十各号茶顺序拼和

上述所列各花色中心号茶，与拼和次序，系依一般方法，与理想情形言之，实际上并不如是呆板，茶工只依此大意，随便拼和，所立之中心号茶亦因时制宜，无明确之规定，要以某号茶较多者，立为中心，拼和次序，亦可任意交错，无非以各号茶能充分拼和为鹄的也。

屯绿匀堆，亦有不立中心号茶，而用最大号之茶打底者，例如贡熙用三号，抽珍用四号，特针用七号等是。其他各号茶则亦交错拼和如前。此法亦有其优点，盖殊途而同归也。

二、屯绿匀堆之方法

屯绿花色甚多，每批出面，数常悬殊，多者数百箱，少者数箱（例如虾目之数量常少）。匀堆方法亦因面之大小，而分为二，兹分述如次：

1. "蒲篮"上匀堆法：此法于小批匀堆时用之，"蒲篮"（亦称圆簸）特大，径可六七尺，可容茶叶二十箱之谱。匀堆时置篮于支架上铺以白布，乃将各筛号之茶依上述次序，从木箱内一一倾入，沿篮周围，立茶工数人，各执小板，其形如耙（称为匀堆板）。每倾一号茶叶，即用板摊布匀平，至全部拼完为照。如批面较大，一篮容量不敷时，可分二次或三次举行。拼和既毕，将上下层各茶，充分拌和，随用畚箕，装茶入箱。装时列置若干茶箱于篮前，将其同时装满，若尽量装满一箱后，再装他箱则均匀程度远不如矣。篮中茶叶，全部装毕后，再行匀和一次，将箱内之茶复倾入篮中，一一摊匀，其法如前，于是可以正式装箱矣。

2. "飏谷"式匀堆法：大批茶叶之匀堆，蒲篮不能应用，则于地板上行之。法于广堂中央，铺以篾簟，缘簟四周，围以茶箱，作长方圈形，其上铺以整块白布（长数丈，称为匀堆布）圈形二对边（短边）之中央，各立一茶工于茶箱之上，相向而立，专司播散茶叶之责，其旁各置一蒲篮。有二茶工专运待拼之茶叶，依拼和次序，一一倾入蒲篮中，篮前各立一人屯装茶于畚箕内，经二茶工之传送，□递与立于箱面之茶工，此二人即将箕中之茶，用力向室中抛播，以茶达对方为止，茶叶飞，其飏直如虹，其散如雨，灯光之下，蔚为奇观。抛茶之时，由二茶工，坐于抛播茶者之侧，互搴白布，以防对方抛来之茶，飞越圈外。飏播之茶，务求匀散，并达对方为止，故非年壮力强训练有素者不能胜任也。各号茶拼和之次序，亦如前述，各茶拼毕，形成坟状小丘，然后撤去圈之二边，一面将上下层之茶，加以混匀，一面用畚箕装入箱内，茶随装，而边亦随撤，茶叶装尽，而圈亦全撤矣。装箱之茶须再行匀和一次，量少者改用蒲篮，量多者，仍用飏谷式法再行匀堆一次，其法如前。至是拼和告毕，即可装箱矣。

三、匀堆之比较

综观上述匀堆方法，确较祁红匀堆缜密合理，兹将分别比较如次：

1. 祁红拼堆，三面靠实，形成门形，散布已嫌不均，耙匀尤感不易，而屯绿匀堆，小批用蒲篮，大批行于广堂之中散布开展，四周空阔，前弊可免。

2. 屯绿拼堆以茶箱围成圈状，布置易，撤去亦易，拼堆既毕装茶入箱时，又可随装随撤搅拌匀和，均感便利。祁红则须设一拼堆场，三面用木板钉实，不特布置费时，而且匀和不易。

3. 祁红拼堆，匀和不易茶工多跣足立于茶叶之上，以便工作，影响宣传，妨碍卫生，莫此为甚，但屯绿匀堆，则较卫生整洁。

4. 屯绿小批匀堆，应用蒲篮，既属简便，又易均匀，祁红则不用之。

5. 屯绿大批匀堆用飓谷式之法，较为合理，祁红则不知应用。

6. 屯绿匀堆，因较缜密，所用人工亦多，大批举行时，须动员全厂人工，方敷支配，但祁红匀堆，所需人工较少。

总之屯绿匀堆，一切作业较祁红为合理，尤以拼和均匀，整洁卫生，工作便利，远非后者所能及，常见祁门红茶，因拼堆不匀，发生茶不对样，以致退盘贬值者，损失既大，信誉复损，实有效法屯绿拼堆之必要。比岁以来，经胡浩川先生力加倡导之结束，祁红拼堆取法屯绿者，已数见不鲜矣。

《万川通讯》1942年汇订本

祁红婺绿之近况

——刘专员轸在四月二十九日谈话会上之报告

在婺源听到诸绍相继失守的消息，正是吴协理往绍□一带视察的当儿，平水区调查组同人，也在那里工作，中心非常焦急，但回到此间后，吴协理已来此，各同仁亦正埋头工作，真是万分愉快！

本人到屯溪的第二天，即乘车到祁门，于九日晚抵达城内。祁门收茶场分为二部，一为平里分场，在民国四年创办的，一为城内总场，在二十四年成立，二十五年添置大规模的机械，现因战事影响，已将机械拆卸搬运下乡。

本年城内平里二场，于本月初旬、中旬，已着手制茶。本人到祁门时，茶商正在开会，商议今年制茶方针，因为去年茶款迄未拨足，茶商多观望不前，迟迟收买毛茶，更以该区米粮奇缺，粮食问题颇为严重，加之茶工甚少，人力恐慌，往年于茶季开始时，茶工多由皖北来祁，今年因粮食缺乏而又昂贵，茶农多无力雇用外来茶工，故有此现象。祁场站在领导地位，为鼓励茶农茶商制茶起见，用每斤二元多的高价收鲜，结果，茶农较往年早采一周（过去头茶在四月十五日左右开采），送鲜极踊跃，祁场因引擎发生故障，不及制造，遂至收毛茶湿胚。

祁茶设备，在国内最为完善，且有悠久的历史，所制红茶，品质优良，誉满全国，化学仪器，亦相当丰富，将来在化验方面，定能有所建树。本人在祁门看到茶农一般采摘习惯不能达到一芽二叶或一芽三叶之标准，甚至多连鱼叶摘下，颇为粗放，又因茶树品种混杂，茶芽发育不齐，老嫩不一，但茶农多将其一并摘下，以致在制造上多有困难。故目前欲改良茶叶，非先从生产方面着手，即改良茶树品种，及严格规定采摘标准，不能达到彻底化也！又在祁门看到生长于树荫下之茶树，叶子特别的大，最长者有达九寸者，胡场长浩川对此极发生兴趣，曾著有专文，谓中国茶树原属乔木也。

皖南各茶区以至江西婺源一带，山脉连绵，风景优美，林木苍翠，溪流碧绿，惟以山地交通不便，居民稀少，治安欠佳，物质条件虽不能使我们十分满意，但吾人欲改良茶叶，非得入茶区实地工作不可，必须以精神克服物质困难，祁场职员均无长时间之逗留者，此固属环境之使然，但亦为我茶人精神之表现不足也。

祁门缺乏人工，诚为严重问题，现全县人口只有八万，而其中半数自皖北迁来，人口稀少，颇影响于茶业之发展，将来铁道贯通后，倘利用旷地使人口增加，则茶区发展当较为迅速也。

从祁门到婺源有二路可走，一由浮梁至婺源公路直达，但车辆稀少，购票困难，一为由黟县渔亭经小路前往，皆为山路，本人此次即走此路，一路上看到居民缺乏米粮之苦，一般多食杂粮。

婺源改良场，本为修水总场之分场，因战事迁移来此，该场设备主要如绿茶精制之机械，在战前上海土庄茶场，曾采用日本式及着色机，但应用结果不良，香气低而着色不易。眉绿焙制及着色工作，大部由人工操作，焙工终日俯伏于热度甚高之焙锅，诚最苦而最无人道之工作。婺源改良场为解除工人之痛苦，并增进制茶效率起见，故积极设计制茶机械以代人工，已著成效，除研究改良着色机使用法，并设计精制筛分机等，及制作木炭炉发动煤油引擎等。着色机原用热烘火炉取其间接火力，仅有干燥作用，不能发生锅炒绿茶特有香气，该场为补救此缺点，乃改用直接火力，此机初应用时，颇遭茶司之反对，谓着色机制出之茶叶，于精制应用飘筛及筛扬时不能使茶叶分开，后该场用实验方法，证明其谬说，乃乐予采用，该场并对时间与回转，经多次试验之结果，精茶折耗减少，并能增进茶叶光泽。

外销绿茶初制机械比红茶来得迫切，因毛绿毛红初制费之比为七：一，绿茶之杀青及复炒费工最大，若绿茶初制能以机器代替人工，则可节省工本多多，婺场对此问题，极端重视，正努力研究设计中，红茶制造中发酵过程，亦为极需研究之问题，尤以稍呈老硬之鲜叶，发酵更感困难，成茶后暗片甚多，叶底及水色欠佳，颇不合美国市场之推销。

婺源茶区绿茶制造尚未大量开始，往年在四月二十日即已开始，今年因茶商尚未得到茶价，故多迟疑不敢多量收制，县政府曾加鼓励，可以毛茶换盐，但尚未见踊跃。

胡方二场长对于场厂经营，经验丰富，力求经济化，此次本场处派员前往研究实验，该厂均予以莫大便利，热诚指导，诚令我们十分感奋。

着色机与锅焙之工费精制折耗及制茶品质比较表

（婺队寄自婺场）（二十九年）

项目		着色机	锅焙
燃烧费		2元	1.2元
工资		1.5元	3.6元
器械利息		0.15元	0.5元
器械折耗		0.35元	0.15元
精制折耗		1.25%	4.25%
成茶品质比较	水色	稍优	稍次
	香气	稍次	稍优
	味		
备考		(1)本表系以每担为计算标准。 (2)锅焙工资包括生茶打火、补火、着色等项工作计算,普通每对锅平均可焙茶五斤约共三十斤。 (3)着色机每次着色茶量,每机为二十斤,每机着色时间平均为二小时半。 (4)每担锅焙工数为七工。	

《万川通讯》1942年汇订本

祁门县主要茶区茶树栽培概况

叶鸣高

一、茶区之地理

祁门县境为萦回的丘陵地带，重要之茶区为①城区②历口③平里④凫溪口，前三地区为祁红区，最后为祁绿区。因为茶不仅需要山谷的土壤，且需有相当的自然环境，影响气候的因子，河流甚为重要，故著名之茶区，多有河流及溪涧，因为水分蒸发凝为云雾，云雾于茶之生长极为有益，所以祁红区之城区及平里有大洪水，历口有历溪，凫溪口在新安江渚，都是受水的影响而成茶叶中心区。

二、红茶区与绿茶区的异点及其分布

红茶制造需要经过发酵，柔软的组织及含叶绿素较少叶片不太厚者，往往易发酵变为鲜美的红色，高山区产茶叶片嫩，组织柔软而薄，叶色较淡，香味馥郁如芝兰，适宜为制红茶之原料，反之肥沃之园土，产生硕大肥厚之茶芽，含叶绿素多，香气少，以制红茶，发酵不易，易成花青，又乏香味，故不适于红茶，而宜于绿茶，因为绿茶需要叶肥厚而嫩，颜色绿合乎绿茶生产区的条件的，在祁门，莫如凫溪口一带。那边滨新安江的沙洲，多系冲积土，不但土质肥美，有几处每年夏季山洪暴发，江水上涨常泛滥及沙洲，迄至二三日水退，常积存泥土及腐蚀质以斯益增肥口，号称名家茶的茶园，如凫溪口之杨树林，每年茶园必为江水泛滥，又如骑马洲，茶园以地势低下，江水泛滥可及者为正区，较高者为副区，绿茶区得江水之利甚为显明。

主要的红茶区分布在历口城区及平里一带，以山谷间为最多，以其含腐蚀质及养分甚多，土质较肥，往往同一山区，茶树生长于坡度较高之倾斜面者不及山坳者之盛，第以品质言，土壤稍瘠之地，所产红茶品质较优，平地茶植于园土者，虽同一品种，香气远逊。

三、茶园范围之大小及栽培状况

茶园范围以凫溪口绿茶区为集中而广大，其地沿江流之滩及沙洲，茶园绵亘达数里，但幅度不广，仅半里左右，历口高山茶园在历口至黄龙口间，有数山坡整个的垦为茶园，除山脊稍留树林面积，大者约广数十亩。近中茶历厂新垦茶园六十余亩，为梯式，规模尤大，普通茶园在平地者十之三，山地十之七，自祁城沿大洪水至平里五十里间，茶园较集中者为塔坊至平里之二十里，茶园相连，其中多有谷类作物，间作（小麦油菜玉米）茶叶较小而矮，间隔较大，不如绿茶区之枝条密接者，间作者在春叶后耕地除草种包谷，束茶叶以草，盖尽土地利用之能事。

四、采摘方式与茶树发育

绿茶采摘不连梢枝，每枝梢如有五叶，则最下之三叶，常不连于枝梢成单片抹下不用指摘，乃系扯下残存之嫩枝，往往有二三叶腋芽，通例留主枝之顶芽于斯树形疏而高长。

红茶采摘需连嫩枝，且摘时尚嫩不留顶芽，故常形成较矮及枝条较紧密之树叶。

五、茶树之品种

祁门茶树之品种，未经分类学者之区分及育种家之选种，故栽培种驳杂，发芽时期参差，品质不齐，常见者当地名为槠树种、柳叶种、栗漆种、大叶种四种。

六、附记

祁门茶树之管理及修剪，均未臻于完善，有试验修剪之方式及栽植之距离以利于管理之必要，至病虫害之防治方面，亟须注意者甚多，俟后再述之。

《万川通讯》1942年汇订本

三十年度祁红开始评价

（屯溪通讯）本年度红茶收购，安徽筹备最早，中茶皖处原定八月下旬开始评价，嗣以今年改为产地扦样，交通不便，以致样茶赶送不及，故改在九月一日开始。今年的评价方式与往年迥异，以前一直采取委员制，评价的委员，有的代表中茶，有的代表茶管处，有的代表茶商会，因此各人有各人的立场，代表茶商会的委员当然希望能把茶价提高而代表中茶的委员相反地希望能把价格维持标准，而茶叶的评价又无一定的标准，以致争执难免，把国家统制的收购工作，变成了纯粹商业式的买卖性质。今年安徽茶政当局鉴于以往的弊端，故改为茶师制，凡是参加评价的一律称为茶师，均由中茶公司聘请，不准有茶商的代表参加，而评价的方式以往是经过一次品评即由各委员拟价然后汇同给价，今年为郑重计亦经改变，每一号茶要经过多次品评，第一次仅分等第，以后将同等第的再详细评价，然后给分依分给价。（附表）

以往一次评价给价的缺点，在于有不公平之可能，因为茶叶的品评没有一定的标准，完全依赖鉴评者的视嗅味三觉，当样茶太多，品质高下悬殊时，给价极感困难，要经多次的品评，先把等第分开，然后将同等第的反复仔细品评，然后给价，虽然不能说完全真确，但至少较以往要好得多了。

今年中茶聘请品评的茶师共有胡浩川，方翰用，傅幼文，单纯如，沈锦伯，单云阶等六位，后两位系专任茶师。九月一日上午第一次评价开始了，这一次仅为初步之分档工作，只分等级不给分数，最初干看定其形状色泽之高下，然后开汤察其香气滋味叶底之优劣。评茶时各茶师咸聚精会神详加鉴别，第一次参加鉴评之样茶共有三十八个，都是祁门的头批茶刚由祁门扦样送到，离开装箱至多只有一二月而扦样后立即评价，较之往年扦样后须待检验完毕方始评价时间相差很多，理应今年品质胜过去年而事实适得其反，三十八个茶样中堪列入上等者寥寥无几，其原因或由于：

（一）今年各茶号开秤过迟，所收到茶叶，鲜嫩者较少。

（二）今年茶号收干胚者居多，甚至有九成干者，茶农制茶不用火烘而用日晒致香气消失品质恶化。

今年安徽评价是一个新的改革，我们希望他能得到圆满的结果。

附表：

三十年度祁红评分级价等级表

等第	上等						中等						下等					
级别	甲		乙		丙		甲		乙		丙		甲		乙		丙	
分数价格	分	价	分	价	分	价	分	价	分	价	分	价	分	价	分	价	分	价
五	93	330	91	305	86	280	81	255	76	230	71	205	66	180	61	155	56	130
四	97	335	92	310	87	285	82	260	77	235	72	210	67	185	62	160	57	135
三	98	340	93	315	88	290	83	265	78	240	73	215	68	190	63	165	58	140
二	99	345	94	320	89	295	84	270	79	245	74	220	69	195	64	170	59	145
一	100	350	95	325	90	300	85	275	80	250	75	225	70	200	65	175	60	150

《万川通讯》1942年汇订本

报告失实之祁门茶业公会等机关呈皖南行署电

皖南行署主任黄、省党部办事处主任宋钧鉴，□午各乡茶农向茶场售茶，因该场拒收发生冲突。该场长胡浩川指挥职员吹哨，喝令全部工人手持刀斧钯铲，迎头痛击，结果茶农重伤王培寿等十余人，内一二名脑浆涂地，命在垂危，轻伤者甚多失踪，茶农二人传闻为该场移尸灭迹，群情激愤万状，乡农愈聚愈多，除请县府妥速处置外，合亟据实电呈，乞速派公正大员查办，以平公愤，迫切待命。祁门县党部、动委会、商会、茶业公会、教育会各职业工会叩辰庚。

《万川通讯》1942年汇订本

祁红的几个问题

倪良钧

祁红以得天独厚，香高味醇，非他茶所可比拟，伦敦市场虽被印锡垄断，但高级之茶叶，仍须以祁红为拼和，故祁红仍能维持一固有之声誉也。但祁红产制之经营，尚有未臻完善而达理想之境，爰将本人见闻所及提出几个问题与茶界同人研讨之。

（一）早采嫩摘问题：祁门茶农对于采摘方法，向不注意。草率从事，只求量多不图质好，以故采期失宜，老嫩不分，而使制造处理困难，成茶品质减低，今应如何推行合理之采摘方法，为提高祁红品质之重要条件。近年一般茶人所提出之口号："早采嫩叶"。但欲茶农实行早采嫩叶非空言劝导所能奏效，尚需运用若干经济力量以诱导之。如茶厂收购毛茶早，则茶农开山采摘，亦随之提早，如前祁门西乡之茶叶，品质逐渐变劣，后至德黄山为制"面庄"茶，开标特早，当地茶号相率仿效，于是影响所及一般茶农之采摘期亦因之提早，而西乡茶叶之声誉亦随之提高。本年祁门茶业改良场在清明前即以高价收购生草，全县之采摘期亦受影响而提早，此可证以经济力量诱导茶农早采之效也。至于嫩摘问题：较早采为复杂，因需视农家劳力之供应及手茶之价格而定，一般茶农多以为采摘嫩制茶其获利为小，故采摘漫无标准，甚或故意掺入老叶，图增加重量以取利，不顾品质之如何低落，此乃毛茶山价未尽合理使然也。解决办法：似须将毛茶价格之差异距离放大，俾茶农有所取舍，方有效果可见。惟一般见解，以为放宽山价距离，反为茶号投机藉口之机会，茶商亦认提高山价将增加制造成本，而其对茶叶之老嫩可置不顾，以为如此制品，反为有利，收购价格自当随高，因茶业改良机关，应先研究老嫩程度不同茶叶摘工与精制工之关系及与市价价格之关系，以此种研究结果作为鲜叶或毛茶收购价格之标准，向茶农解释使依合理之方法采摘制造，两有裨益始能收推进之效。

（二）揉捻方法问题：祁门茶叶，皆用老方法揉捻。因足力较手力为大，故茶农利用足揉以省工，固无可非议。但就卫生观点言，实无可取之处，且为在国际市场上，与其他产茶国竞争计，此点亦应设法避免，以免竞争者在国际市场上之反宣传，此外复以人力揉捻之茶叶条索不紧，形状欠美，品质不佳，制茶折耗亦大，故在祁红产区应极力设法推广揉茶机，以节省人工，而提高品质。此可就改良经费中拨出一部经费作为推广费用。

本人对此意见如下：

（1）于产茶集中区域设立揉捻机供应站，制造各种揉捻机械以出售租借或分配于各制茶单位。

（2）合作社应向供应站租借揉捻机或购买揉捻机，购买费用可分期付偿。

（3）各茶号应租赁一定数之揉捻机以供茶农使用，其数目视茶号之规模大小而定（因茶农本希望揉捻适度，惟以劳力及时间关系不能如愿，每见茶农于脱售毛茶时在行揉捻，可见一般心理如何，故茶号应备置若干揉捻机以供茶农需要）。

（4）茶农个别向供应站购买揉茶机时可分期付款，亦可兼作租赁之用（此以木制揉捻机为宜，因制造成本较为低廉，所需动力亦较小之故）。

（5）利用保甲组织每若干户分配揉捻机一架，免费供茶农使用。

如此运用得宜祁红之足揉习惯，可一扫而清。

（三）毛茶之山价问题：一般茶号多利用时机，压低山价剥削茶农，茶管机关虽规定毛茶价格，以资茶号遵守，但茶号视若具文，更有用大秤以欺朦乡愚者。据调查所得：祁门茶号所用红绿茶之秤有八九种之多。兹列表如下：

老秤一斤	合市秤斤数
（普通）十六两秤	一斤二两八钱五分
绿茶松萝秤	一斤五两六钱五分
红茶廿一两秤	一斤八两七钱
红茶廿二两秤	一斤九两八钱八分
红茶廿三两秤	一斤十一两零六分
红茶廿四两秤	一斤十二两二钱四分
红茶廿五两秤	一斤十三两四钱一分
红茶卅六两秤	二斤五两六钱一分

故欲保障茶农利益第一步须先废除大秤，使用新度量衡，第二控制茶号使按照规定山价收购，如今年祁门改良场及平里分场之毛茶收购价格，即有稳定毛茶山价之作用，但力量有限，范围太小，每场所控制之区域，只及三十里左右。故祁门茶商茶贩仍甚活跃，茶号不收门庄而收分庄于公营茶厂势力所不及之处，低价收购。一般茶贩更深入深山僻垠，滥造流言，低价向茶农买入，复高价向公营茶厂卖出，

一转手间获利数倍，茶贩收购价格闻有低至七八元一担者，而茶农终岁勤劳毫无获益，不平孰甚？茶农与茶商利益冲突为不可避免之现象，欲使农商均获正当利润，须应用经济力量以控制茶号就范，公营茶厂可成立收购网于一定区域内设立毛茶集中处以规定价格收购毛茶，使茶商无法减低山价。现公营场厂联合会实可能负担此种责任，调节收购资本分配人力因时因地制宜，使全区茶价保持一定限度。

（四）茶园问题：祁门茶树多分布于山陴田陌之间，树形不整，病虫亦多，而品种更为复杂，以致管理困难，采摘费大，增加生产成本，而老嫩不均，制造加工，难于处理，故调查品种，推广优良品种，开辟新式茶园，应为以后祁红之重要工作。其次即为茶山保土问题：茶树多生长于山岳区域，土壤冲蚀甚烈，土壤之肥沃成分损失甚易，当见祁门茶山已有濯濯现象，不生长任何植物，现因食粮缺乏，茶叶间多有种植间作作物，处理稍一不慎，更易致土壤之重大损失，此应特别注意。宁红茶曾驰誉世界，惟不数年间品质湮没无闻，虽尚未能明其为地力衰颓之故，但亦不无关系，故祁红茶区保土问题当亦为祁红茶业之一重要问题。

（五）合作社问题：茶农负茶树栽培与粗制之责。欲减低生产成本，改良茶叶品质，非从茶农粗制着手不可。但中国茶农多以茶业为副业，产量甚少，必须组织茶农合作社，联合生产，技术推广，才有办法可寻，茶叶品质亦才有改进希望。祁门之茶业合作社历史本甚悠久，自民廿二年吴觉农先生创导办理以来，颇形发达，业务亦与日俱增。但年来因创导机关之更变，社员成分变质，于是祁门茶业合作社，遂名存实亡，愚意皖省茶管机关及茶业改良机关不能放弃此种领导责任，使祁门茶业合作社日臻健全，技术推广方有通径可循，而茶农之利益方有获得合理保障之可能，不可以困难多阻碍多纠纷多使此应先发展之事业，而日趋于废弛。

以上数点不过就管见所及举其荦荦大者以提供茶界同人研究设计之兴趣而已。他如战时及战后茶厂劳动力之缺乏，应如何推进制茶机械化，以适应未来之需要，亦应先行考虑而充分准备之也。

统计资料：

三十年度婺绿成本估计表

类别	项目	每箱成本(元)
原料费	毛茶山价	90
	进茶费用	22
	小计	92

类别	项目	每箱成本(元)
制造费	焙工	9
	节分工	2.8
	拣剔工	5.5
	其他什工	1
	伙食	9
	薪炭	4.8
	灯油	0.3
	其他	0.8
	小计	33.2
包装费	木箱	1.2
	铅锁	7.5
	洋钉	0.9
	包蔑	0.8
	纸张	0.6
	油漆	0.7
	其他	0.4
	小计	12.1
管理费	员役薪资	1
	厂租	1.5
	添置折置	0.5
	其他	0.5
	小计	3.5
旅运费	箱茶运费	2.1
	职工旅费	0.6
	小计	2.7
杂缴	营业税	免收
	公会税	0.5
	检验费	0.11
	息金	3.9
	其他	1

类别	项目	每箱成本(元)
杂缴	小计	5.51
	总计	149.02

婺源赣省茶叶合作工作站总站制。

《万川通讯》1942年汇订本

一九四三

安徽的茶叶与茶业

龙振济

一、名茶"六安""屯绿""祁红"与其产地

"六安""祁红""屯绿",均为我国茶叶中的名品,同产安徽,且产量丰盛,故安徽不仅为名茶产地,且为我国的主要茶区。

"祁红"即祁门红茶,产于皖南之祁门,为我国各地红茶所不及。祁门而外,至德贵池两县亦产之,惟不逮祁门之所产,而祁门又以产于西乡历口一带者为最佳,驰名世界。

"六安""屯绿"均属绿茶,"六安"产于皖北之六安,"屯绿"产于皖南休宁之屯溪。实则绿茶产地,遍于大江南北,皖北六安而外,霍山、立煌、桐城、舒城、合肥、寿县、凤台、凤阳、滁县、怀宁、太湖、潜山、望江、全椒、无为、巢县、庐江、宿松;皖南之屯溪而外,祁门、歙县、绩溪、至德、太平、宣城、黟县、宁国、石埭、铜陵、南陵、广德、郎溪、繁昌、种德、东流,各县皆是。六安毗连各县所产,统名"六安";屯溪附近各地所产,统名"屯绿";以壤地相接,产制相同故也。"六安"固以产于六安者为佳,而"屯绿"则以产于祁门东乡之"四大名家"者为著,其所以不名"祁绿"而名"屯绿"者,以屯溪为皖南绿茶集散地,故以为名耳。

"祁红""六安""屯绿"之所以著名,由于品质优异,于色、香、味三者并而有之。"祁红"香清味浓,烹时水色红艳,"六安""屯绿"亦富香味,惟烹时则呈碧绿之色。此与气候、土壤、培植、制作有关。绿茶宜于山麓谷口,平衍肥沃之地,云雾弥漫,空气湿润,则茶树旺盛。如祁门东乡凫溪口一带之茶园,即于新安江上游之两岸溪滩,或山麓谷口为之,使得肥沃之土地及湿润之空气,促之滋长,所谓"四大名家"。"屯绿",即产于地者也。红茶则反是,宜于高山,而不宜于低地,故有"山草为上,麓草次之,滩草更次,园草为下"之谚。祁门历口多山,茶栽山上,故产"祁红"之名品。

二、茶之栽种与采制

"六安""祁红""屯绿"香味清浓，固缘得天之后（得气候土壤之宜），但亦攸关培植与采制。如出产"屯绿"上品之"四大名家"，即以培植采制有特殊之技术。而"四大名家"又以技术各有不同，所产之品质亦异。杨村产者香气浓，滋味厚，水色特清；杨树林者则香气特优；下土坑者则做工净；李坑口者则多产胜。即此可例其余。

茶树栽培先择地为园。因地而异，平地须去草松土，山地则去草松土之外，尚需挖去草根树根，方可栽种。种植或用直播，或用移植。"祁红"多用直播，"屯绿"多用移植，"四大名家"之茶园，多在低地，较为集约。因其面积较大，故播种之株间亦极整齐，大抵作正三角形，距离在四尺五寸至五尺之间。茶树生长后，观其高度，在八尺以下者，不采正芽，育其枝干，促之高长；八尺以上，则反是，使之张面发展，阻其枝干之徒长，并于旁杂植乌柏栗树（古代以桐），增其荫蔽。山地则以其地势之关系，行距不易一律，故疏密不一。茶树施行中耕，年凡三次，多雇妇女为之。贫农无力雇人，故亦有仅施一二次者。"四大名家"之茶园，甚勤中耕，及时将事，并勤施肥，所谓"秋有基肥，春有催肥，夏有追肥"年施三次，其肥料类为人粪。而《四大名家》之茶园，又因地处溪滩平地，春夏山洪暴发，河水泛滥，并可得其改变土性与增加肥分之力，故茶株较他地特硕大健旺，株丛多达数十枝，高度有达二丈，张面占地一方丈者，因之，其叶亦大，肉柔而厚。茶株老弱，则行以更新，或伐或烧，促其另发新枝。此种更新方法，据间得之偶然。民国二十三年间，茶价陡涨，"四大名家"茶区产量锐减，有因此而抱茶株痛哭者，遂尽伐其茶，并纵火烧根，以为泄愤，不意，次岁茶株发芽，速而且健，其被烧者尤甚。自此名家茶园，遂用其法，更新茶树。茶芽发后，即宜及时采摘。采摘时期，因各年季节气候不同，迟早亦异，谷雨前后，先采春茶，采后约经二十余日，再采子茶（夏茶）。采摘技术，亦宜研究，手续粗暴，则使茶青老嫩夹杂，留蓄失当，并致树形不整。"四大名家"之茶园，则分片芽分采制，即将新生枝条之基部叶片，个别摘下，再行撷其芽头，其留顶芽者，则仅撷叶片而已。故老嫩不致夹杂，而梗子留在树上，可长新芽，待冬采撷，以是"名家"茶园，冬茶特多。采摘之后，纵施制作。制作分初制复制。初制方法，又因红茶绿茶，各有不同。红茶初制，先行"萎凋"，次加"揉捻""发酵""气干"及"烘焙"等手续，因施行"发酵"，颜色变为殷红，故成红茶。绿茶则用直接炒青法，以保持其绿色，先将少量生叶用深锅

120℃火温之火炒之，谓为"杀青"，次加"揉捻"兼行"解块""冷摊"等手续，复用100℃—110℃火温之火炒之，谓为"毛焙"，再较低火温之火炒之，谓为"中焙"，最后更用火温更低之火炒约一小时许，谓为"足焙"，手续方完。然此种初制之茶，并未匀净，故称"毛茶"。一般茶园，大抵仅行初制手续，但亦有再加做工者，如"四大名家"茶园，于毛茶制成后，加以拣剔，再行筛分，除去灰末及粗梗，因其较净，特名"毛净"，其尤者名为"底净"。"四大名家"之毛茶所以著名者，做工净亦其一因也。茶厂购买茶园毛茶，加以复制。复制先行"补火"，红茶则以烘焙，绿茶则以锅炒。次加"筛拣"，以分粗细长短厚薄，再用"碱盘"剔去轻片，复施"风扇"去其细末。经此复制之后，茶叶之粗细长短厚薄各别区分，使成等级，外形整齐匀净矣。然后装箱出售，特名"箱茶"。亦有欲益其香，更用"薰花"方法，使成"花茶"者。"薰花"方法，亦以初制毛茶，筛分提净，风扇簸之，别为等级，装入焙笼烘干，再摊于地板，将茉莉、栀子、柚等含苞渐放之花，间层摊放，混和均匀，装于木箱，使花香传给茶中，约经十二至十八小时之久，乃将残花筛出，则所制之茶，饱含花气，至为馥郁，人颇爱之。然亦有以为茶叶薰花，茶香为其所掩，不若不薰之为愈者，故"六安""祁红""屯绿"皆不薰花，而清香自发，一若虢国夫人之以脂粉足污颜色为嫌也。然一般茶商，迎合社会，亦颇有自皖运茶至闽薰制，故皖茶虽无花茶，而花茶实多皖产。茶叶初制复制薰花等等，手续至繁，且须妙术，否则优质亦能变劣，即如烘焙锅炒，火温之高低，时间之久暂，必须务得其分，故须雇用精练之工人任之。

三、茶叶优劣真伪之辨别

红绿等茶，我国各地多产，何者果为"六安"？何者果为"屯绿"？何者果为"祁红"？辨别不易。以各地茶叶制法相同，形状相似故也。况茶商图利，恒常以伪乱真，即一种之中，以各地区所产又有差别。如"祁红"，祁门所产与至德贵池者不同，甚至祁门所产，西乡与他乡者又别。"屯绿"亦然。"四大名家"与非名家者殊异，"四大名家"各家又各互歧。欲期真伪优劣之彻底分别，非内行人，不易办也。

辨别之法，据一般茶师经验之谈，约有下列各种。

一问来路。所谓"来路"，即产地之意。来路不同，价格亦殊。"祁红"以祁西历口者最佳，次为祁门各乡，再次为贵池至德所产。"屯绿"亦以祁门东乡"四大名家"所产者为上，婺源亦优，休宁遂淳等地次之。"六安"以六安者最优，其他各县次之。故历口之"祁红"，"四大名家"之"屯绿"，六安之"六安"价格恒高。但茶商图利，不鲜鱼目混珠，以他地所产冒充高庄货色来路，甚有以假茶掺杂，故索高价，则购者亦易受骗，故仅问来路尚不行，必须对于各路茶叶，知其特征，看其品质。

二看色泽。各路茶叶，因产地不同，做工不同，其色泽亦微有别。优等茶叶，自有其特色。如"祁红"之上品，为乌褐红并显出油润的光泽，"屯绿"之上品则富有银灰色与光泽，"六安"则青翠而有灰光。但茶农茶商为期花色一律，或以他路茶叶冒充上货起见，亦常采用"着色"方法，于制造时加入色料，如红茶以碳粉、煤烟、乌滑石，绿茶以黄粉、蓝靛、白腊、高岭土等，使外表色泽一致，则亦宜加注意。

三看香味。各路茶叶，不仅色泽不同，香味亦不同。大抵上等茶叶香浓而味醇，下等则香薄而味淡，甚至有霉味、馊味、焦味等不正味道。经验丰富者一嗅一尝即知，香气程度如何，滋味厚薄如何，即可辨明其为何处货色。

四看水色。所谓水色，乃开汤后所见汤液的颜色，与上述的"色泽"不同。上等祁红，水色红艳；上等"屯绿"，水色碧绿；上等"六安"，水色澄黄，各有特征。且凡上等茶汤，大都清澈透明，无混浊粘腻之色。

五看茶身。即普通所谓"看条子"，视察茶之外形。茶叶采制于揉捻后，则捲成条索形状，叶嫩细者捲曲结实，所谓"紧条子"者是，粗老则否。故条子紧为嫩茶，优；反是则为粗老，劣。但茶农常以因茶叶粗老于揉捻时喷以米糊，使之粘结成紧条子者，则亦不能不加以注意。

六看下身。所谓下身者即茶片、茶末、茶枳、茶梗之类，亦称"脚末"，或名"下盘"。下身少，品质优；下身多，品质劣。

七看轻重。凡优等茶叶，质细嫩，条子紧，至于手中则稍觉沉重，粗老黄片轻叶则较轻。但作伪者常有以粗老茶叶甚至假茶掺入石粉，使增重量者，故亦不能不加以注意。

以故辨别真伪优劣，最好用开汤方法，将茶叶用沸水冲泡五分钟，看其水色是否红艳或澄碧，再看汤液表面有否油光或浮游物，即知有否喷糊与着色。看茶叶展开的程度，如系回龙茶（即冲泡过之茶叶再加烘炒而成）展开必速，如系假茶（以满山青桃叶，油茶冬青或马兰头等嫩叶制成）则展开甚缓，真茶则不速不缓。若再取出茶底审查，检视其叶形、锯齿、叶尖等。真茶叶形椭圆，叶尖为尖形，叶缘锯齿细而密，且有细疤疮，叶脉隆起；假茶叶狭长，锯齿粗大，叶脉不隆，若试放于指间搓揉，假茶易烂，真茶则否，以茶叶组织较坚韧也。最后将汤液徐徐倾出，如杯中有细小沉淀物，摸之如细砂，亦可辨明其有掺杂。

开汤检验，名为湿法，若用干法，亦可。各路名茶，各有其本来的特色且有光泽，已于上述。若系染色之茶，其色泽枯涩无光，或将茶叶置于白纸之上，放于簸盘中转动，细察纸上所留颜色，亦可断定有否染色。再将茶叶置于掌中，以气呵之，另合以掌，轻轻提起，如茶叶粘掌，必系喷糊，粘掌者多喷糊必重，同时喷糊之茶，其色死灰而无光泽，亦可断明。假茶之条索形状与色泽与真茶均不同。回龙茶亦色暗而无光，且质地轻松，稍加节动，则升浮筛面，放入口中咀嚼，必淡而无味。

然以上种种辨别方法，非有经验之茶师，亦不易辨也。

四、安徽之茶产及出口

安徽茶园，遍地皆是。至于产量，因缺乏正确统计，殊难得其确实数字。民国十九年安徽建设厅曾加调查，全省茶产约为二十四万二千五百四十七担。二十年工商访问局调查，则谓数达二十九万三千七百担。而主计处调查，又称在五十万担以上。差率甚大。近年以抗战军兴，皖北皖南各县沦陷甚多，调查更形不易。据二十九年安徽省统计年鉴所载，皖南之祁门、至德、贵池、石埭、歙县所产红茶（即"祁红"），约共十二万三千三百五十六担，休宁、歙县、祁门、黟县所产绿茶（"屯绿"）约为八万二千零六十五担；皖北之立煌、六安、霍山、舒城、庐江、岳西所产绿茶（"六安"）约为九万二千一百九十二担，统计上述十三县共产茶叶约为二十九万七千六百一十三担。至于"四大名家"所产之"屯绿"，据闻仅有毛茶八百余担云。

茶园所产均为毛茶，茶商加以复制装箱始成箱茶。安徽全省经营茶厂茶行之茶商甚多，据调查二十九年共有茶厂茶行四百五十六家（红茶二百八十一家，绿茶一百七十五家），另有合作社一百零六所，此等合作社由茶管机关扶植设立，代理或收购茶农之毛茶精制，以免茶商剥削者。每年所产箱茶，据调查二十五年为二十五万箱，二十六年为二十六万八千箱，二十七年三十五万五千箱，二十八年四十七万五千箱，二十九年二十七万九千箱，三十年二十万箱。

安徽各路名茶，"六安"内销为多，"祁门""屯绿"则多外销。"祁红"多销英美，"屯绿"多销法意等欧陆诸国。其外销方法，过去悉由茶行于复制后装箱运沪，售诸洋商，转运各国。其运输路线，"祁红"多自祁门循昌江经饶州运九江转上海，但亦有自公路运杭以转沪者；"屯绿"由屯溪循新安江运杭转沪居多。抗战发生，沪浔沦陷，运茶路线，因以改变，先运香港集中，以转各国，而其运港路线，"祁红"多自祁门经鹰潭、金华、温州出口，亦有先运义乌，经宁波以运港者；"屯绿"亦由屯溪经金华、温州出口为多。但自香港陷后，浙赣战事相继发生，外运困难又不得不重改路线矣。

五、茶叶的改良与茶叶（业）的改进

茶为我国特产，汉唐已销西域，渐及亚西之波斯土耳其。十六世纪之时，复输俄国，嗣且及于全欧，其时欧人，视为珍品。如在俄国，能购用者仅为皇室要人，故其时我国使节遂以茶叶为觐见沙皇亚里斯之礼品。一六六四年英国之东印度公司经理人亦曾以茶叶二磅贡于英皇，其名贵也可知。欧人来华至以经营茶叶贸易为投机事业，如荷兰人之于澳门设茶号，英国东印度公司之大量购茶输英。五口通商以后，茶叶出口，与年俱胜，如一八六八年至一八七九年，每年出口竟达一百万公担以上，即红茶一项亦达九十万公担之多。自一八八○年至一八八八年之间尤甚，年达一百三十余万公担。惟自一八八九年后，输出渐减，近十余年尤甚，年仅四十万担而已。今以西南出口路线又陷中断，几已完全陷于停顿。华茶出口之所以低减：（一）以印度、锡兰、荷印、日本茶叶日兴，竞争市场，我国红茶销场如英国、美国、加拿大、俄国诸地，多为印度、锡兰茶所夺；绿茶销场之非洲、美国、俄国，亦多为日茶倾销。（二）以华茶之品质虽佳，但因产制与及包装未有改良。其故盖以农民植茶，原视副业，于栽培制造类多粗滥，又多掺杂，以致品质不齐，如伦敦及亚姆斯特丹两茶叶竞卖场即未正式列入竞卖，又以制茶类以铅箱锡罐装运，以致含铅过重，或包装不坚，易于破碎，因使茶叶受潮，色香味变劣，如美国对于华茶包装，即不满意，至有每磅茶叶含铅超过零点零一九克冷者不许输入之法令。（三）以运销方法未能尽当，我国茶叶之运输，以交通未甚发达，及茶商为减省费用，多假船只水运，时间延缓，易使茶质改劣，而销售方面，经过中间商人过多，而出口经营，又多假借于洋人之手，茶价为其操纵，国外茶市又乏一自设之推销机关，且少宣传，不足以引起外人之注意，有时且因他国之反宣传，误认华茶品劣，减少输入。以此四者，华茶出口，遂有江河日下之现象。为挽救起见，近年遂有茶叶改良与茶业改进的运动。安徽为重要茶产区，茶业的兴衰对农村经济关系尤大，益有急施的必要。

关于茶叶之改良，安徽省府特于民国二十三年在祁门城区设立祁门茶叶改良场，以为茶叶产制技术研究机关，并为皖南茶区改良示范。该场嗣得中央协助，益以扩大，抗战军兴，一时以经费支绌曾经停顿，旋即恢复。该场今有场地九千余亩，已垦园五百余亩，苗圃二十余亩，并制茶机械三十部。其技术作业，分栽培试验、制造试验、及茶叶分级试验。其栽培试验部分，又分育种、繁殖、施肥、采摘等试验，及茶树形态研究；制造试验部分，分初制、复制两项，对萎凋、揉捻、发酵、气干、烘焙、补火、筛拣、副产分级等，无不施以试验。分级化验又分祁红茶品分级，及制茶化验，并举办经济制茶，精制试验，样茶试制，内销听茶，分为四等。更于包装亦加注意，装以美观之听罐，以利行销。所制茶叶，品质优异，价列顶盘。至其生产能力，自种茶树，二十七年生叶产量为一万四千余斤，二十八年增达一万八千余斤。制造方面，则除以自种茶叶外，并收购民营茶园所产，加以制造或复制。二十七年制成正副产达一万四千八百余箱，价值一千一百六十九万余元；二十八年制茶二千余箱，值八百九十八万余元。另有平里分场，其生产能力，二十七年所制茶叶，有五百余箱，二十八年亦如之。二十九年两场制茶，则仅千箱左右。皖西之霍山诸佛庵，亦设有皖西茶叶指导所，负改良皖西茶叶之责。该所作业，为指导茶树栽培，改良品种，提倡茶叶嫩采，及制茶试验，产地检验等。该所亦有茶园五百亩，成绩尚优。

至于茶业改进，近年多赖中国茶叶公司之协助。中国茶叶公司除与祁门茶叶改良场，合作制茶外，对于运销，亦致力改进。该公司以"祁红""屯绿"可以外销，故于屯溪设办事处收购箱茶，运沪转伦敦、纽约、非洲等处销售。该公司规模甚大，过去上海有总办事处，伦敦、纽约、非洲有经理处，可自运外销，而无须经过茶行茶栈以及洋商之手。二十六年五月开始营业，即首将名产之"祁红"开盘，自运伦敦。匪特打破历来洋商操纵上海茶市的惯例，开中国茶叶自运出口的新纪元，且免茶行茶栈及洋商等中间人的多重剥削，使茶农得价较高，促其增产。自该公司倡导后，皖西皖南各地茶园，亦继起联合设立茶叶产销合作社，以冀代替一般的茶栈茶行，现已发达一百零六社。近一二年皖省为管理物产，设茶叶管理处，代理中央贸易机关收购茶叶外运，并举办茶叶贷款。二十八年贷出款项五百三十余万元（皖南四百七十余万元，皖西六十万元）；二十九年又复增加为七百五十万元（皖南六百万元，皖西一百五十万元）以助茶农生产费用及茶商购运资金。故该两年安徽茶业复振，茶叶出口亦增。

惟惜此项运动发动未及，抗战爆发，安徽全省三分之二，悉遭兵燹，今尚半陷于敌人铁蹄之下。沦陷区中茶园，固已多受摧残，即安全区茶园间接亦蒙影响。今以香港沦陷，西南各国际路线亦已阻断，茶叶出口，更感困难，此尤予安徽茶业之重大打击。非然者，茶叶的改良可由祁门茶叶改良场与皖西茶叶指导所之倡导而普及全省，茶业的改进可由中茶公司之倡导而日以扩充，则今日之安徽名茶必更有大量之进口，而争回世界之市场。所幸政府当局，关怀茶业，虽以西南国际路线中断，仍设法于西北另寻出口路线，俾我国茶叶仍可源源给英美苏联各国，以换取外汇，争取市场，并以救济农村，故安徽茶产仍不虞无出路矣。

《经济建设季刊》1943年第2卷第1期

祁红婺绿的几个问题

郭 楗

一、毛茶出卖青胚问题：因缺乏烘焙设备，是有卖青胚之举。然因茶商收买时故意抑价，停止收买，致时间延搁。过分发酵，品质变劣。

二、毛茶精茶仓储问题：无仓库之设备，借公共场所堆积，但地潮茶叶极易霉变。

三、停闭不良之合作社问题：茶区合作社大多为茶号组织，对茶农毫无利益，失却合作意义，亟宜改进。

四、改良研究结果之推广问题：对技术及业务均应并重技术上之改进，应配合实际需要，须根据科学的原理，不致盲目研究，且能达到经济制茶之目的。

以上问题改进办法如下：（1）利用保甲制度或原有优良合作社或在中心地点办理初制合作社。（2）对粗制滥造之茶叶严加取缔，并予以停止贷款。（3）由收购机关建立合理仓库，租借予茶号。（4）包装时所用之浆糊，应参入明矾或其他适当之防腐剂，以防止腐臭，包装之材料要坚固。（5）彻底改组茶号式之合作社及其他类似茶号组织。（6）改良方法应加推广茶农与场厂并密切联系。（7）由政府收回当地茶号不合法之斤秤，另发新度量衡标准。

《福建农业》1943年第3卷第7—9期

祁门红茶货缺价坚

日来红绿茶市况，因农历年关迫近，本街进意淡薄，故交易颇为寂寞，独祁门红茶一项，受来源困难影响，市存日稀，执货者无意求售，买者大有缘木求鱼之象，价格日见上升。昨日由丁钧泰及万升二茶庄共进五担，价每担二千四百廿元，系由囤户吐出，至于绿茶芯花色，新药业仍颇需求，惜出价依然苛刻，故难以成交云。

《商情报告》1943 年第 1388 期

祁门红茶供不应求……绿茶走销亦畅

昨日红绿茶市况，交易依然清淡，惟祁门红茶一项，因岁暮在即，本届去胃颇佳，大有供不应求之势，计由怡大及茂记等茶庄办进七担，价每担二千四百五十元，系由囤户吐出，售价甚为坚挺。至于绿茶芯花色，新药业仍颇需求，惟价格未有起色，计由万泰及德记二茶厂代新药业办进五十担，价三百零四元，由义昇永茶号抛出，定单业已签定，限本星期六交货，闻货主云，该项花色每担须亏折二三十元。

《商情报告》1943 年第 1390 期

绿茶芯走销仍活……祁门红茶货稀价升

昨日茶叶市况，绿茶芯走销仍活，惟售价难以上升，全市由顾福泰及永利二茶厂代新药业办进六十担，价每担三百零二元，系由昇泰茶庄抛出。至于祁门红茶，仍有供不应求之势，计由万升茶号办进三担，价每担竟标至二千五百元，系囤户吐出。观察新正红盘，趋势继续看涨，久无交易之炒青毛茶，昨由丁钧泰添进七担，价每担三百四十元，由万新茶行售出，市价颇见软弱云。

《商情报告》1943 年第 1391 期

绿茶芯价软销畅……祁门茶市价独坚

昨日茶叶市况，永利茶厂代新药业办进绿茶芯二十担，价每担仍三百零四元，系志记茶号售出。祁门红茶仍有随见随销之势，市价较上周亦回高二一十元，计由同福泰及鸿康二茶庄补进四担，价二千四百五十元，仍由囤户吐出。其他花色，仅本街办去粗炒青毛茶五担，价三百八十元，由大丰茶行售出云。

《商情报告》1943年第1392期

祁门红茶……走销颇畅

昨日茶市，本街对于祁门红茶，因去岁走销颇畅，目前存底甚为枯薄，采办之意尚不恶劣，因此市价，较去年提高五六十元。昨由丁钧泰茶庄，首批吸进四担左右，价每担二千五百元，系囤户吐出售价犹称乐观，至于茶芯一项，新药业虽有纳胃，但出价依然苛刻，由福记行代进绿茶芯廿担，同泰茶栈抛出，价仍为□百元，市价并无轩轾，其他花色，仍无人问津云。

《商情报告》1943年第1401期

祁门红茶续涨

昨日茶叶市况，祁门红茶售价继续挺秀，由协记茶号买进三担，价每担再标至二千五百念元，系由囤户获利吐出，福泰进中档红茶六担，价八百□元，系志记茶号售出。至绿茶花色，仅茶芯一项，略有零碎成交，由万泰茶栈代进廿担，价二百元，系瑞大号抛出。

《商情报告》1943年第1403期

世界著名红茶产地：祁门的山水人物

（皖南纪行之一）

洪素野

从屯溪到祁门，计程一百四十公里。此间路面极坏，小车子也得走三小时。途间经万安、休城、岩脚三地，以抵黟县之鱼亭镇。又前行六十里，才是祁门县城，我们进城时已近中午了。

下车后第一件事须先找一宿地，这在此间却大成问题了，此种山乡小城中是没有名为"旅馆"这一物的，它们只有饭馆，就在饭馆中附设几间房子，作为来往客商的安顿处而已。我们找到了一个饭馆，名为"祁间第一"的，进去一看，烟雾满目，使人非成为熏鱼不可，后来找到一位"徽报"的本地记者，由他带到一比较可住的新饭馆，此事才算解决了。

午饭后就出去奔走，一直到了晚间，会面的人物计有茶业公会主席，商会会长，县长，教育科长，瓷土商，茶号老板，党部职员，男女教员，苦力，小商人，和书香世族的后裔。此外又到宋代诗人方秋崖先生（岳）的祠墓旧宅，和曾文正驻祁时的行辕卧皇一观，兹将见闻所得分段记叙之：

祁门为皖南通江西之孔道，在军事政治上之重要性，居徽属各邑之冠。地势高峻，狭而多山，所以地学家划为关越山之一部。城在层峰叠嶂环抱之中，全县除大洪，大北，小北三水的两岸之间，有一线平原外，余皆崇山峻岭，县城偏居东北境，濒昌江上流西岸，以前东西北三路交通都极阻塞，非登山越岭不能行，惟西南路到江西的浮梁景德镇一线，有水道可通，较为便捷，现东路公路已成，西路到省城去的汽车道，亦在计划兴筑中，远非昔日可比了。

一个地方多山则人性重原鲁朴，同时田利所入必不足以自给，祁门便是如此。据《淳熙新安志》载："祁门人性朴鲁，农十之三，依山而垦，数级不盈一亩，快片利剡不得用，入甚薄，岁祓粉蕨葛以佐食，计丰年谷入不能三之一，大抵庸人，资负戴。"天之虐待他们的总算苛刻了。这种地理上的限制，古代如此，今日亦自不能有所变易。当时尚不知道利用山地种茶，田利既鲜收入，他们将倚何为生？《康熙府志》说："大抵南人（南乡）善操舟，北人务山植，西人勤樵采，他则行贾四方，恃子钱为恒产，或春出冬归，或数岁一归，然知浅易盈，多不能累千万。"当时祁门一般人民的生活苦况，已可概见一二，操舟，樵采，山植，和做小本经营的人，其物质生活还能谈到舒适么。故同书称："家居务俭啬，茹淡操作，日再食或三食，食惟馕粥，客至不为黍，不畜乘马，不畜我弩，贫窭数月不见鱼肉。"这和今日的情形还是差不多，所不同者，不过吃米饭的人家稍稍增多而已。

至于妇女生活，更有为我们江浙人所意想不到的：第一，她们能勤劳吃苦，不耐闲居；第二，她们能俭朴，不论平素或作客，从来不施脂粉，听说就是普通的肥皂，亦不大有人用，我在途间，亦未见有敷粉者，这是出于意料的事；第三，她们对于节操甚重视，与徽属之休歙黟县各地有点不同。查考府志，所言亦多相类，如"山限壤隔，民不染他俗，女子贞洁不淫佚，虽饥岁不鬻妻子"及"女人织木棉，同巷相从绩纺，常及夜分，人谓妇功月得四十五日。勤而能贞"云云，大概交通阻塞，尚未受外间风气的熏染。

闻今日妇女生活，除助耕种外，城中妇女，多织网缝衣，乡间则多纺纱织布，几无一日坐食闲居的。

此间俗尚早婚，十四五岁论婚嫁的已算普通，甚有早至十一二龄者，据一女学教员闲谈：其祖母嫁时，尚仅九岁，到十三岁已生子云，令人咋舌不置。还有一点不大合理的，就是女年恒大于男，据云这样可便于得子，此间寡妇特别地多，或许这也是一个原因。试想未成年的男孩子受了这样的摧残，不短命的才算例外呢。奇俗尚不止此，此间还有所谓"滞儿媳"者，以至德（即秋浦）为最盛行，而祁休黟亦染此风，我们通常仅知有所谓"童养媳"的，即在儿子未成年前，先将聘定的媳妇迎在家中，以助操作，此则更进一步，在未有儿子以前，就讨个媳妇养在家中等候了。万一有了儿子，这女孩子就算是他的了。若始终无子，则这女人亦非守节不成。

祁门人口，据民国二十年的户口登记，统计全县为九万七千二百六十二人——男五万两千人，女四万五千零五十九人。惟据当地多数人谈话，俱谓今日女多于男，且存以待考。居民中客籍甚多，当地土著仅占十之五六。客籍中尤以赣省的抚饶各属，及本省安庆一带为最多，经商务农的都有，盖一因距离甚近，再因此间地广人稀，谋生较易云。

关于祁门人物，我在未到祁门之前，只知道有方岳、汪克宽二先生，到了祁门之后，所知者仍不外此二人。考之史书志籍，在《康熙府志》中有这样的一段："祁门山奇而峭，水激同冽，清渝之气，融浴其中，故唐宋以来，君子好行礼让，小人自安耕凿。"这样的环境，依理当可代产名人了。据同书称："自唐以前，以武功著，其文不少概见，宋元以来，彬彬为东南邹鲁。"这也许不很确实，因在唐以前，尚无祁门之名，那时仅为黟县一镇而已，宋元以来，虽渐已成为彬彬多礼之乡，但杰出人物终不多见。《淳熙新安志》说："黄巢乱后，中原衣冠避地于此，俗亦孳久，宋兴名臣辈出。"所谓名臣辈出，查阅县志，费半日之力，还找不到一二人，不知何所据而言。至文学之士，在志书上说的也颇动听。府志说："宋元之时，理学大明，明嘉靖以来，比屋有才秀之士，文藻益盛。"可惜今日这些才秀都随花草同朽，不得一可传之人了。

兹先谈谈在我国文化史上占有重要地位的方汪二氏，再将当地人所目为大人物的附记数人，末及流寓的名人及其逸事，或有遗漏，仍待补正。

祁门历代最著名的文人应推方岳（巨山），其诗才有人认为可与李杜并传。但一生境遇极坏，在功业上无多建树，县志称其："七岁能诗，除省书左郎官，绍定间，中相试第一，成进士，历知南康军袁州各地，以丁大全贾似道诸人之厄，坎壈终身。"后来到了六十四岁时，才不得意地回到故乡，在城北的荷嘉坞著书终其余年。著作有《秋崖小稿》八十三卷，及《重修南北史》一百七卷，见《安徽通志》，其最好的作品就是诗词，我在《歙县景物记》中曾录其一，可观一斑。《嘉庆统志》称其"诗主清新，工于镂琢"，尚非适评，因这样似近诗匠了。《县志》评语最切，谓其诗文四六，不用古律，以意为之，语或天出。又《词统》亦有一段说到他的："祁门方秋崖工词，'生辰值小除'一阕，尤为洒脱。中有'今朝念九，明朝初一，单欠个秋崖生日：客中情绪，老天知道，这月不消三十'之句。"颇像一首白话诗。

我曾到方氏读书处荷嘉坞一游，风景颇秀，现其旧宅已毁，惟有数十年前构的楼房三五幢，为其后人住宅。楼前为一大祠堂，祀氏及其子孙。堂中有明才子文徵明写的"工部草堂"四字表额，据说方氏曾一度做过工部侍郎的，祠前有荷池一方，即其墓地。杂草没人，颇不易上，因祁俗非清明不刈草的，墓碑上刻"宋勒葬吏部侍郎秋崖方公讳岳之墓"等字。为清乾隆间重置者，此外不见其他遗迹。

元末明初间，有汪克宽（德辅），为一史学大家。幼年时，多读理学书。元泰定间，因会试见黜，乃弃科举业，尽力于经学。著有《春秋经传附录纂疏》《程朱传义音考》《集传音义会通》《礼经补逸》《凡例考异》诸书，于春秋易诗礼通鉴都有所发明。元亡曾挈家避居深山，至明洪武二年，朝命聘之至京师，与宋濂同修《元史》，书成辞官还乡。程敏政称其为"龙兴史局布衣第一人"。赵吉士亦谓"环谷先生（其别号）以凡例考异，羽翼朱子纲目，令读者豁然心目，洵称史学功臣"，都评得很得当。氏故乡在南乡桃墅村，其书房名为"思复斋"因途远未能去看。

此外祁门政治上人物，有唐吴仁欢，因破贼有功，以当地人为第一任祁门县令。宋初有许逊，官至太常丞，及江南侍御史。赵普很器重他。明洪武间有康永韶，官至御史巡按及礼部右侍郎，因谙天文学，故又兼司钦天监。明末还有几位殉国的忠臣。清代二百多年间，竟不得一可记之人，以至今日。有人因此归咎于风水，如《怀秋集》称："祁门县治形肖猴，前朝邑令江右人，造城锁之，犹联发二解元。城有山，俗名猴脑，后令又以巨石作八卦形压之，百余年来，父老□其破坏风水，欲易之未果也。"休宁亦有类似的传说，谓城中之石版大道，即系当时邑令（外地人）用以镇压该地秀气者。谅别地或亦多类此的传说。

异地人物之曾客居祁门者，以岳武穆曾国藩二人为最著。鄂王系于绍兴元年二月间，因取道赴饶州，曾宿于祁门县西之东松庵上，即今之千佛庵。据邑老说：他曾在此题一碑记，文为"自江阴起军赴饶，与张招讨（俊）会合"。末记"绍兴改元之仲春"。《宋史》谓因李成围江州，故命张俊讨之，而以飞为副云。大概他住祁门的时间很短。

曾国藩在祁门曾住了九个月，就以此为与洪杨作战之全军大本营，当时形势狠危殆，胜负之分尚无把握。邑志称："咸丰十年六月，曾国藩统军驻节祁门。十一年于西门建碉一座，北门二座，十一年三月离此赴东流。"以后就移驻安庆了。现其碉堡尚存一座，建筑之垒固，看起来较今日的还胜一筹，我曾至其当时的大本营—敦仁里洪家一观，屋宇轩敞，洞房深院，在祁门像这样的好房子是很少的。大厅凡五六所，曾为当日曾氏会议见客审判之用，其卧室则在最深处之一小轩中，室方不及径丈，木格纸窗，颇存古风，现为洪家后人所住。现在洪氏尚为祁邑首富，也是得力于曾氏的帮助居多。

关于祁门的山水胜景，因时促多半未游，本地人所谓八景如下：（一）"双桥夜月"，横阁江上，其一在新春三元二门外，其一即在我的寓处门前。（二）"祁门叠嶂"，在县城东北。（三）"桃峰夕照"，在西门外，闻夕阳西下时，峰色尽红。（四）"古塔凌云"，在魁升阁后山岭上。（五）"阊江丽日"，江环城如带，宽可十丈。（六）"日暮归鹰"，在城东驼峰山上。（七）"凤泉清澈"，在阊江下数百步，东岸即凤凰山，山有寺及魁升阁，乾隆游此时，曾取泉水而饮。（八）"天开一线"，在城东青萝寺后，明洪武兵败时曾游其中云。余若邑志所称之"拥青楼"，"中山书堂"（汪克宽读书处）等，因没有看到不能详记了。

《旅行便览》1943年第5期

祁红分级拼和试验

陈观沧

本试验系作者远行出差，在安徽祁门茶业改良场进行，旋以急于返闽，各项试验重复之次数欠多，试验方法亦未尽妥善，所有一切处理，拟于第二年继续进行试验。本文叙述内容仅及茶叶分级地方性之一种（一批茶叶之分级），在整个茶叶分级事业上言，自属极小之一环。尚有较多之部门，尤待吾人进行研究与精密之探求。还希国内茶界先进不吝指正是幸。

—作者附志

一、前言

近代风行于市场之工业品或农产品，均渐趋标准化，具有易于识别之等级，而能适应消费者之需要，此以物质文明科学进步诸国最为明显。如英美诸国之稻、麦、棉，以及意大利之蚕丝等农产品，均已积极推进分级工作。即茶叶之分级，在国外亦颇重视。如生产国家之印锡日本等地，已见诸实施；又如消费国家之美国与北非等地，亦曾制定标准样茶，禁止低级茶之进口。但我国外销茶，仍乏品级标准，因此市场贸易，任受外商操纵，不克自主，即易货定价运输储藏，尤感困难。近年以来，更因粗制滥造之故，驯至品质日趋低下，市场日蹙，国茶危机，莫此为甚，然目前我国如能奋起直追，复兴华茶实亦未为晚也。

吾人既知茶叶分级之重要性，自应确立方针，加紧研究，积极推行。按茶叶分级性质之不同，其工作方针可以分为下列三种：

（1）地方性之分级工作——以一茶叶产区为单位，审定各茶厂产品之等级，试行分级拼堆。

（2）全国性之分级工作——以不分产地界线，而利用各产地茶叶之品质特性，并参照国外市场嗜好者之需要，试行分级拼堆。

（3）世界性之分级工作——选取国外红茶依其品质之特性，设法配入我国红茶内试行分级拼堆。

以上三点为茶叶分级工作之荦荦大者，然吾人欲把握世界性或全国性之分级效果，自须先洞悉地方性之茶叶分级，更须彻底明了各地方茶厂之制造分级，如是方可使茶叶分级方法趋于妥善。故本试验之内容，亦以此为原则，用最简便之分级方法，将目前茶厂原有产品试行分级，择定红茶分级拼和试验为题目，从中探求茶叶分级之价值与方式，以及茶叶拼和上之性质与配合量之关系等，本试验之内容可分下列四种。

(1)一批茶叶原量分级拼和试验；

(2)依据茶叶品质项目分级试验；

(3)茶叶拼和性质分析试验；

(4)茶叶拼和数量配合试验。

上述试验进行地点为安徽祁门茶业改良场，试验材料亦系取该场之出品，兹将试验经过与结果逐节叙述于后。

二、一批茶叶原量分级拼和试验

红茶之精制因无花色之分，故成茶之拼和，内含品质优劣参差，如吾人于其成茶拼和之前试行分级之处理，则不但可改变过去各茶厂之拼和方式，并使每批茶叶，具有合理之等级，犹如绿茶之分别花色，兹以不改变一批原制茶叶之数量，依据茶叶之形状、粗细、长圆及质地之轻重等项目，进行各种分级拼和试验如下：

(一) 试验目的及方法

目的：

(1) 探求分级拼和之价值；

(2) 探求分级拼和之合理方式。

方法：试验材料系祁门茶场之一批箱茶（经济制茶），在未拼和前攫取各种茶叶形状及质地单位不同之样品五十二种，先审查各茶之品质，作为分级依据，然后分下列诸项目试行拼和：

A.以茶叶质地轻重分级；

B.以茶叶形状粗细分级；

C.以茶叶形状长圆分级；

D.以茶叶品质单位茶分级。

上述诸项目中再依等级之多寡设下列诸种分级制：

A.一级制：即依旧法不分级之拼和，亦即各试验中之对照组；

B.二级制：将一批茶叶依品质优劣分为二级；

C.三级制：将一批茶叶依品质优劣分为三级。

至于拼和茶叶之数量，为便于试验起见，将祁门茶场所制成各单位茶叶之实际数量换算为百分率，以此百分率作为拼和茶叶数量比例之根据，兹将茶叶拼和数量之配合示如下表：

附表1

试验茶叶拼和数量配合表

各拼和单位茶		筛号茶及茶量配合（克）								合计	
		四	五	六	七	八	九	十	十一	合计	
本身茶	正口茶	6.3	6.1	5.8	4.7	3.4	3.4	2.9	—	32.6	44.7
	子口茶	0.9	1.2	1.2	1.8	1.6	1.6	3.8	—	12.1	
长身打雨茶	正口茶	1.9	2.7	2.4	2.1	3.6	2	2.5	3.5	20.7	28
	子口茶	0.8	0.9	0.5	1.7	1.7	0.8	0.9	—	7.3	
圆身打雨茶	正口茶	0.6	1.3	2	3.3	3.9	1.8	—	—	12.9	18.2
	子口茶	0.2	1.6	1.4	0.9	0.7	0.5	—	—	5.3	
子口茶	正口茶	—	0.4	1.2	1.4	1.5	0.9	0.8	—	6.2	9.1
	子口茶	—	0.3	0.6	0.6	0.8	0.6	—	—	2.9	
共计		10.7	14.5	15.1	16.5	17.2	11.6	10.9	3.5	100（克）	

上表各茶拼和总数量为100克，将其完全拼和为一级时，即为对照组，又各试验内之分级茶叶拼和数量，亦依照上表配合之茶量，依试验项目之不同，而分别进行拼和。

（二）拼和单位茶品质之审查

在未进行分级拼和前，先将各拼和单位之品质加以审查，作为分级时之依据，兹按茶叶之形状、粗细（筛号茶）与质地轻重（正子口茶）分为内八组，其各单位茶品质之审查结果列表并说明于下：

（1）各筛号茶品质之审查。

今将八种筛号茶之品质审查结果示列如下表：

附表2

筛号品质审查表

分级茶	审查项目及审评分数				
	香气	滋味	水色	叶底	平均分数
四号茶	95	92	93	90	94
五号茶	96	94	96	99	96.25
六号茶	98	96	98	100	98
七号茶	100	99	100	100	99.75
八号茶	97	100	99	98	98.5
九号茶	94	98	97	98	96.75
十号茶	94	97	94	97	95.5
十一号茶	92	97	94	95	94.5

注：本试验内茶叶品质之审查均系由作者与祁门茶场黄□中先生二人负责审评，审茶之方法与普通茶楼相同，但每项品质以100分为最高标准，下同。

审查结果说明，兹将各筛号茶品质审查结果说明于下：

①形状—以中段茶（6、7、8号茶）条索紧细为上乘，其上段茶（4、5号茶）条索粗松，下段茶（9、10、11号茶）则细碎成片末为多。

②色泽—中段茶茶叶色泽黑而油润，上段茶色泽致为枯滞，下段茶色泽驳杂而不调和。

③香气—中段茶之香气，浓郁纯正，上段茶有粗老气味，下段茶与上段茶相仿，略有青臭气。

④滋味—中段茶滋味醇厚，上段茶较为淡薄，下段茶味厚而不纯，略有涩味。

⑤水色—中段茶水色红艳，上段茶水色较淡，下段茶水色虽浓而不透明。

⑥叶底—中段茶叶底正常，上下两段茶叶底花青。

（未完）

《茶业研究》1943年创刊号

祁红分级拼和试验（续）

陈观沧

（2）各种正口子口茶叶品质之审查。

今将各种正口与子口茶叶以品质之审查结果示如下表：

附表3

正口子口茶品质审查表

茶别	审查项目及审评分数				
	香气	滋味	水色	叶底	平均分数
本身茶正口	100	100	99	100	99.75
本身茶子口	98	99	100	100	99.25
长身打雨茶正口	93	98	97	99	96.75
长身打雨茶子口	91	93	96	96	94
圆身打雨茶正口	97	97	93	97	96
圆身打雨茶子口	94	94	92	96	94
子口茶正口	96	96	95	98	96.25
子口茶子口	95	91	94	95	93.75

审查结果表明：

1.形状色泽——正口茶叶条索紧细，色泽油润调和，但子口茶叶条索较为粗松，多轻片，色泽亦较驳杂。

2.香气滋味——正口茶叶香气浓郁，滋味醇厚，最为显著，但子口茶叶则香气较低，滋味甚为淡薄。

3.水色叶底——正口茶叶水色红艳，叶底正常，与子口茶略可接近。

观上述附表2、3，两种拼和单位茶叶之品质审查结果，对以往一批茶叶不分级而行拼和之茶叶品质内容优劣情形，已可得一印象，吾人参照此品质审查为依据，即可着手进行分级工作。

（三）试验项目及结果

（1）以茶叶质地轻重分级。

A.分级茶之拼和方式——依茶叶质地轻重举行二级制三级制之分级（不分形状粗细），二级制者，即将本身茶，长身打雨茶，圆身打雨茶，及子口茶四种茶叶之正口茶叶拼和为第一级茶。

又将四种茶叶之子口茶拼和为第二级茶，其三级制者，即将本身茶与圆身打雨茶之正口茶叶拼和为第一级茶。又将长身打雨茶与子口茶之正口茶叶拼和为第二级茶，然后拼和此四种茶叶之子口茶叶为第三级茶。兹再列表示之于下：

附表4

茶叶质地轻重分级拼和表

分级制	拼和单位茶	拼和茶量（克）
2—1	正口茶	72.4
2—2	子口茶	29.6
3—1	正口茶（一）（本+圆）	45.5
3—2	子口茶（二）（长+子）	26.9
3—3	子口茶	27.6
CK	各茶混合	2

注：（a）上表分级制符号如【2—1】表示二级制之第一级茶叶，【CK】表示对照组。

（b）对照茶量系先拼和100克，每次审查时则取用2克。

B.分级茶品质审查结果——兹将分级茶品质审查结果附表并说明于下：

附表5

分级茶品质审查表

分级茶	审查项目及审评分数				
	香气	滋味	水色	叶底	平均分数
2—1	98	99	100	100	99.25
2—2	94	96	97	95	95.5
3—1	100	100	97	98	98.75
3—2	98	98	97	96	97.25
3—3	93	96	98	94	95.25
CK	96	95	95	97	95.75

审查结果说明：

1.各分级茶之形状以2—1级形状较为匀称，2—2级条索松大，脚末略重，又3—1级形状亦较为匀称，3—2级尚称适中，但3—3级形状扁，条索亦较松大，其对照组之形状脚末略多，欠饱满。

2.各分级茶之品质比较，其茶叶质地重者如2—1、3—1、3—2级之茶叶品质较茶叶质地轻者如2—2、3—3级为上乘，但各级茶叶之品质与对照组比较，则2—1、3—1、3—2等三级茶叶均较对照为优，但2—2、3—3等两级茶且较对照组为次。又两种分级制之比较，似以二级制为良好，因三级制之第一级茶内之圆身打雨茶，质地虽重，但品质上且较本身茶为远逊，一经拼和反有损及本身茶之品质使其变劣。

3.分级茶的品质优劣比较，亦即比较其分级之经济价值，如优级茶之经济价值为高，盖次级茶之经济价值自较低下。

（2）以茶叶形状粗细分级。

A.分级茶之拼和方式——以茶叶形状粗细为分级依据（不分质地轻重），其二级制者自筛号茶之四号茶至九号茶拼和为第一级茶，又自五号茶至十一号茶拼和为第二级茶，其三级制者，自四号茶至九号茶拼和为第一级茶，自五号茶至十号茶拼和为第二级茶，又自六号茶至十一号茶拼和为第三级茶，兹列表说明之：

附表6

茶叶形状粗细分级拼和表

分级茶	筛号茶及拼和茶量（克）								
	四号	五号	六号	七号	八号	九号	十号	十一号	合计
2—1	10.75	7.25	8.55	8.25	8.6	5.8	—	—	48.2
2—2	—	7.25	7.55	8.25	8.6	5.8	10.9	3.5	51.85
3—1	10.7	7.25	5.3	5.5	5.73	3.87	—	—	38.35
3—2	—	7.25	5.3	5.5	5.73	3.87	5.45	—	33.1
3—3	—	—	5.3	5.5	5.73	3.87	5.45	3.5	29.28
CK	2								

注：每一筛号茶量，依分级制平均分配于每级茶内拼和之，但分配计算略有小数之出入。

B.分级茶品质审查结果。

兹将分级茶之品质审查结果，附表并说明于下：

附表7

分级茶品质审查表

分级茶	审查项目及审评分数				
	香气	滋味	水色	叶底	平均分数
2—1	100	97	97	99	98.25
2—2	98	98	100	100	99
3—1	98	92	94	98	95.55
3—2	99	96	92	99	96.5
3—3	96	100	98	96	97.5
CK	97	94	95	97	96

审查结果说明：

1.各分级茶之形状，以2—1级较为匀称，2—2级下脚稍重，3—1级形状过粗而不平伏，3—2级尚匀称，3—3级形状短碎驳杂，对照组形状欠饱满。

2.各分级茶之品质比较，以形状细者如2—2、3—2、3—3等三级茶叶品质较形状粗者，如2—1、3—1两级茶叶为优，但各级茶叶品质与对照组之比较其二级制之两级茶叶均较对照组为优，但三级制之3—2、3—3两级茶虽优于对照组，而3—1级则次于对照组，又两种分级制之比较当以二级制优于三级制，因三级制之3—1、3—2两级茶叶，似有过粗过细之弊，品质均难称优，此与前节拼和单位茶品质之审查结果恰相符合。

（3）以茶叶形状长圆分级。

A.分级茶之拼和方式——以茶叶形状长圆为分级之依据（不分茶叶形状粗细与质地轻重）即拼和本身茶、长身打雨茶及子口茶三种茶叶为第一级茶（长形茶），又将圆身打雨茶列为第二级茶（圆身茶）。兹列表说明于下：

附表8

茶叶形状长圆分级拼和表

分级制	拼和单位茶	拼和茶量(克)
2—1	本身+长身打雨+子口茶	81.8
2—2	圆身打雨茶	19.2
CK	各茶混合	2

B.分级茶品质审查结果。

兹将分级茶之品质审查结果，附表并说明于下：

附表9

分级茶品质审查表

分级茶	审查项目及审评分数				
	香气	滋味	水色	叶底	平均分数
2—1	100	100	100	100	100
2—2	95	96	95	97	95.75
CK	98	99	98	99	98.5

审查结果说明：

1.各分级茶之形状以第一级茶叶条索适中，2—2级茶叶形状则扁圆而粗大。

2.各分级茶品质比较，以长形茶（2—1级）较圆形茶（2—2级）为优，两级茶与对照组比较，则对照组之品质优于圆形茶，而次于长形茶。

（4）以茶叶品质单位茶分级。

茶叶品质单位茶，即指一批茶叶内之本身茶，打雨茶，子口茶三种品质差异显著之茶叶，此三茶在制造过程中之处理各成一系统，当茶叶数量多时，打雨茶又可分出长身打雨茶与圆身打雨茶二种，今依据此种品质单位茶试行分级（不分形状粗细与质地轻重）。

A.分级之拼和方式——其四级制者即以四种品质单位茶，各列一级，如本身茶为第一级茶，长身打雨茶为第二级茶，圆身打雨茶为第三级茶，子口茶为第四级茶。共三级制者，即将本身茶分别拼入其他三茶内，如第一级茶为本身茶拼入子口茶，第二级为本身茶拼入圆身打雨茶，第三级为本身茶拼入长身打雨茶。兹再列表说明于下：

附表10

分级茶拼和表

分级制	拼和单位茶	拼和茶量（克）
4—1	本身茶	44.7
4—2	长身打雨茶	28
4—3	圆身打雨茶	18.2
4—4	子口茶	9.1
3—1	本+子	24

分级制	拼和单位茶	拼和茶量（克）
3—2	本+圆	33.1
3—3	本+长	42.9
CK	混合	2

B.分级茶品质审查结果。

兹将分级茶品质审查结果附表并说明于下：

附表11

分级茶品质审查表

分级茶	审查项目及审评分数				
	香气	滋味	水色	叶底	平均分数
4—1	100	100	100	100	100
4—2	93	91	92	95	92.75
4—3	92	93	93	94	93
4—4	94	92	97	95	94.5
3—1	98	96	98	97	97.25
3—2	96	97	96	96	96.25
3—3	97	94	95	97	95.75
CK	95	95	94	96	95

审查结果说明：

1.各分级茶形状比较，4—1级（本身茶）条索紧结匀称，4—2级（长身打雨茶）条索略粗，4—3级（圆身打雨茶）条索扁圆粗松，4—4级（子口茶）条索扁长粗松，又三级制者，如3—1级形状略较匀称，3—2级略粗，3—3级尚称适中。

2.各分级茶之品质比较，其四级制者除本身茶特优外，其他三级茶叶均较对照组为次，又三级制者所列三级则均较对照组为优。

（四）试验结果讨论

今将一批茶叶原量分级拼和，经上述四项分级方式试验之结果分别讨论于后：

A.茶叶分级之价值。

茶叶之分级，在形式上虽已改变旧有茶叶拼和方法，但对茶叶分级之实际价值，亦不得不加以注意，兹将分级工作对于茶叶品质与经济价值之影响分别讨论于下：

a.分离一批品质优劣参差之茶叶为两级，使次级茶不致损及优级茶，此可纠正茶叶以往不分级之缺点，其分级价值举例示如下表：

附表12

茶叶分级价值表（注）

分级茶	茶叶品级	配合茶量	假设每级茶价(元)	总价值(元)
2—1级	甲	81.8%	81800	96360
2—2级	丙	18.2%	14560	
CK	乙	100%	90000	90000

注：本表内所述数字为前述以茶叶形状长圆分级者为例。

说明：

（1）假设茶叶每级之价格为：

甲等100元，乙等90元，丙等80元。

每级茶叶价格依每级配合数量与每等茶价折算之。

（2）将2—1、2—2两级茶总价值与对照组之总价值比较，即可知分级后之经济价值高出不分级者。

b.分离一批品质优劣参差之茶叶为两级，此两级茶叶因拼和适度，其品质均可高于不分级之对照组，兹举例示其分级价值如下表：

附表13

茶叶分级价值表（注）

分级茶	茶叶品	配合茶量	假设每级茶价(元)	总价值(元)
2—1级	甲	51.8%	51800	95180
2—2级	乙	48.2%	43380	
CK	丙	100%	80000	80000

注：本表所述数字为前节以茶叶形状粗细分级者为例。

说明：

（1）每级茶价之计算方法与附表12说明同。

（2）总价值之比较，亦以分级茶（两级之和）高于不分级者（对照），此类分级价值之叙述，虽为一种假设性质，但对实际价值之推算，亦不较十分远差。

B.分级方式之应用。

各种分级方式之应用，在目前未创设分级茶厂之时，似以依茶叶形状粗细分级者，较为适宜，一方面且可吻合市场需要。

但依茶叶质地轻重分级之方式，得注意其圆身打雨茶比重虽大（即四种品质单位茶间之比重），然品质反较低次，与普通一般所谓茶叶质地重者之品质较轻者为优之原则相反，故应用之时应注意使圆身打雨茶另立一级。

又对四种品质单位茶之分级方式应用在分级茶厂创设后，供作分级厂茶叶拼堆原料似较为适宜。因分级厂所需要之拼堆原料需具有品质优劣特性显著之茶叶，即便于取用拼堆，故对目前茶厂之一批茶叶优劣混合拼堆之方法，应予改变，始能配合分级茶厂之需要也。

三、依据茶叶品质项目分级试验

前述一批茶叶原量分级拼和试验，系依据茶叶形状与质地等项目，而分理其茶叶品级，兹再就直接依据茶叶品质项目（水色、滋味、香气、叶底四项），而试行分级，从中研究其分级之价值与方式之应用，兹述其试验经过于下：

（一）目的及方法

目的：

（1）探求分级拼和之价值。

（2）探求分级方式之应用。

方法：试验材料为祁门茶场（平里分场）一批精制茶在未拼和前扦取其各种形状等单位不同之样茶二十种，先审查各茶之品质作为分级之依据；然后分以下列诸项目，试行分级拼和：

（1）依据茶叶水色品质分级；

（2）依据茶叶滋味品质分级；

（3）依据茶叶香气品质分级；

（4）依据茶叶叶底品质分级。

上述诸项目各设分级制为两种，即三级制与四级制，其分级茶之拼和配合茶量为求各茶品质易于比较起见，则每一单位茶拼和量为一克，其对照组即将二十种茶（每组一克共二十克）拼和之，列入每项试验内，供作比较。

各试验茶拼和后之成茶品质审查方法与前述第一种试验同。

（二）拼和单位茶品质之审查

本试验对拼和前各单位茶品质之审查至关重要，因分级茶之等级全依此品质审查结果为根据。兹将本身茶打雨茶子口茶三者之各筛号茶分别加以品质审查，其结果附表并说明于下：

附表14

本身茶之各筛号茶品质审查表

茶别	审查项目及审评分数				
	香气	滋味	水色	叶底	平均分数
四号茶	92	91	92	93	92
五号茶	94	93	96	94	94.25
六号茶	99	99	97	99	98.5
七号茶	100	100	100	99	99.75
八号茶	98	97	99	100	98.5
九号茶	96	96	98	98	97
十号茶	95	96	95	97	95.75
十一号茶	91	94	95	92	93
各号茶混合	97	93	94	95	94.75

附表15

打雨茶之各筛号茶品质审查表

茶别	审查项目及审评分数				
	香气	滋味	水色	叶底	平均分数
五号茶	92	92	94	94	93
六号茶	94	98	97	95	96
七号茶	97	100	98	98	98.25
八号茶	100	97	100	100	99.25
九号茶	98	95	99	96	97
十号茶	96	95	99	93	95.75
各号茶混合	97	93	96	97	95.75

子口茶之各筛号茶品质审查表

茶别	审查项目及审评分数				
	香气	滋味	水色	叶底	平均分数
五号茶	97	92	93	94	94
六号茶	98	93	94	95	95
七号茶	100	97	95	98	97.5
八号茶	95	98	99	100	98
九号茶	95	100	97	96	97
十号茶	93	96	96	93	94.5
各号茶混合	96	94	100	97	96.75

审查结果说明：

1.在附表14、15、16内三种茶叶之各筛号茶间之品质比较与第一种试验（原量分级）之拼和茶品质审查（附表2）之结果，大体相似。但本身茶之中段茶品质特优，各筛号茶间之品质差异较有规律，又打雨茶之各段茶间品质似较接近，然子口茶之各段茶间品质则较参差，此因子口茶内各筛号茶之品质驳杂之故。

2.本试验因以品质为分级依据，故对茶叶形状方面，暂不加以顾及。

（三）试验项目及结果

（1）依茶叶水色品质分级。

A.分级茶之拼和方式——依附表14、15、16三表内各茶之水色品质之优劣等级拼和之，如三级制之第一级茶，系本身茶，7、8、9三号茶与打雨茶8、9二号茶及子口茶之8、9二号茶共七种水色较优者拼和而成；其第二级茶系水色较次者拼和而成；第三级茶则为水色更次者拼和而成，余类推。兹附表说明之：

附表17

分级茶拼和表

分级制	拼和单位茶	拼和茶量（克）
3—1	本7、8、9，打8、9，子8、9	7
3—2	本6、5、10，打10、7、6，子10、7、6	9
3—3	本11、4，打5，子5	4

分级制	拼和单位茶	拼和茶量（克）
4—1	本7、8，打8、9，子8、9	6
4—2	本9、6，打10、7，子10、7	6
4—3	本5、10，打6，子6	4
4—4	本11、4，打5，子5	4
CK	各茶混合	20

注："本"即本身茶，"打"即打雨茶，"子"即子口茶，阿拉伯字代表筛号，如7、8、9，即七、八、九三号茶叶。

B.分级茶品质审查结果——兹将分级茶品质审查结果附表并说明于下：

附表18

分级茶品质审查表

茶别	审查项目及审评分数				
	香气	滋味	水色	叶底	平均分数
3—1	100	100	99	99	99.5
3—2	97	97	98	98	97.5
3—3	96	95	94	94	94.75
4—1	99	99	100	100	99.5
4—2	99	98	97	97	97.75
4—3	97	96	96	96	96.25
4—4	95	95	92	93	93.75
CK	96	97	95	95	95.75

审查结果说明：

1.以水色品质为分级依据时，各分级茶之水色优劣等级最为显著；但与其他三品质（滋味香气叶底）之关系，水色与叶底品质较为接近，即水色品质优者，其叶底亦可称优，但对滋味香气二项，品质差异略远。

2.两种分级制之比较以三级制为显著；又各级茶与对照组品质比较除3—3、3—4两级茶叶品质次于对照外，其余各级茶，均较对照组为优。

（2）依茶叶滋味品质分级。

A.分级茶之拼和方式——拼和方式与前节依水色分级者相同，但茶叶等级则依滋味审查品质之优劣而试行分级拼和之。兹附表并说明于下：

附表19

分级茶拼和表

分级制	拼和单位茶	拼和茶量（克）
3—1	本7、6、8,打9、8,子7、6	7
3—2	本9、10、11,打7、10、6,子8、9、10	9
3—3	本5、4,打5,子5	4
4—1	本7、6,打9、8,子7、6	6
4—2	本8、9,打7、10,子8、9	6
4—3	本10、11,打6,子10	4
4—4	本5、4,打5,子5	4
CK	各茶混合	20

B.分级茶品质审查结果——兹将分级茶品质审查结果附表并说明于下：

附表20

分级茶品质审查表

分级茶	审查项目及审评分数				
	香气	滋味	水色	叶底	平均分数
3—1	99	99	98	100	99
3—2	97	98	97	97	97.25
3—3	95	97	95	96	95.75
4—1	100	100	98	99	99.25
4—2	98	98	100	98	98.5
4—3	96	95	96	95	95.5
4—4	96	94	94	96	95
CK	97	96	97	97	96.75

审查结果说明：

（1）以滋味品质为分级依据时，各分级茶之滋味优劣等级最为显著，但与其他之品质之关系为滋味与香气尚可接近，然对水色叶底二项品质差异较大。

（2）两种分级制之比较仍以三级制之各级茶优劣等级显著，四级制之第一、二两级茶及第三、四两级茶之茶叶品质似各较接近，但第二、三两级茶之品质则相差甚远，又各级茶与对照组比较，其3—1与4—3、4—4三级茶叶均较对照为次，其余各茶则较对照组为优。

（3）依茶叶香气品质分级。

A.分级茶拼和方式——拼和方式与前述水色滋味分级者相同，但分级依据以各茶之香气一项品质之优劣为对象，兹列表并说明于下：

附表21

分级茶拼和表

分级制	拼和单位茶	拼和茶量（克）
3—1	本7、6、8，打7、6，子8、9、7	8
3—2	本9、10、5，打5、8、9，子7、10、6	9
3—3	本4、11，打10，子5	4
4—1	本7、6，打7、6，子8、9	6
4—2	本8、9，打5、8，子7、10	6
4—3	本10、5、4，打9，子6	5
4—4	本11，打10，子5	3
CK	各茶混合	20

B.分级茶品质审查结果——兹将分级茶品质审查结果附表并说明于下：

附表22

分级茶品质审查表

分级茶	审查项目及审评分数				
	香气	滋味	水色	叶底	平均分数
3—1	99	100	99	99	99.25
3—2	98	98	97	98	97.75
3—3	95	96	95	96	95.5
4—1	100	100	100	100	100
4—2	97	99	98	98	98
4—3	96	95	96	97	96
4—4	94	94	94	95	94.25
CK	97	97	96	95	96.25

审查结果说明：

（1）以香气品质为分级依据时，各分级茶之香气优劣等级最为显著，与其他三项品质之关系亦尚接近。

（2）两种分级制之比较，仍以三级制为良好，又各级茶与对照组比较，则3—3、4—3、4—4三级茶叶均较对照组为次，其余各级茶叶则较对照组为优。

（4）以茶叶叶底品质分级。

A.分级茶拼和方式——拼和方式与前述水色香气分级者相同，但分级依据以各茶之叶底一项品质之优劣为对象，兹列表并说明于下：

附表23

分级茶拼和表

分级制	拼和单位茶	拼和茶量（克）
3—1	本7、6、8,打7、6,子8、9、7	8
3—2	本9、10、5,打5、8、9,子7、10、6	9
3—3	本4、11,打10,子5	4
4—1	本7、6,打7、6,子8、9	6
4—2	本8、9,打5、8,子7、10	6
4—3	本10、5、4,打9,子6	5
4—4	本11,打10,子5	3
CK	各茶混合	20

B.分级茶品质审查结果——兹将分级茶品质审查结果附表并说明于下：

附表24

分级茶品质审查表

分级茶	审查项目及审评分数				
	香气	滋味	水色	叶底	平均分数
3—1	100	100	99	99	99.5
3—2	98	98	97	97	97.5
3—3	96	95	95	96	95.5
4—1	100	100	100	100	100
4—2	99	99	98	98	98.5
4—3	97	96	94	96	95.75
4—4	95	94	96	95	95
CK	96	98	97	96	96.75

审查结果说明：

（1）以叶底品质为分级依据时，各分级茶之叶底优劣等级最为显著，与其他之品质之关系，亦均可称接近。

（2）两种分级制之比较似以三级制为良好，各级茶与对照组比较，其3—3、4—3、4—4三级茶叶品质均较对照为次，其余各级茶叶则较对照为优。

（四）试验结果讨论

今将依据茶叶品质项目分级，经上述四种分级方式进行试验之结果，分别讨论于次：

A.依据茶叶品质项目分级之价值。

茶叶经分级之价值，可与第一种试验（原量分级）相似，亦可藉此增优茶叶之品质并提高其经济价值，兹讨论其结果如下：

（a）以茶叶水色分级试验为例，举例示其分级价值如下表：

附表25

茶叶分级价值表（一）"三级制"

分级茶	茶叶品级	配合茶量	假设每级茶价（元）	总价值（元）
3—1	甲	35%	3500	
3—2	乙	45.8%	4050	8950
3—3	丁	20%	1400	
CK	丙	100%	8000	8000

附表26

茶叶分级价值表（二）"四级制"

分级茶	茶叶品级	配合茶量	假设每级茶价（元）	总价值（元）
4—1	甲	30%	3000	
4—2	乙	30%	2700	8500
4—3	丙	20%	1600	
4—4	戊	20%	1200	
CK	丁	100%	7000	7000

（b）以茶叶滋味分级试验为例，举例示其分级价值如下表：

附表27

茶叶分级价值表（四级制）

分级茶	茶叶品级	配合茶量	假设每级茶价(元)	总价值(元)
4—1	甲	30%	3000	
4—2	乙	30%	2700	
4—3	丁	20%	1400	8300
4—4	戊	20%	1200	
CK	丙	100%	7000	8000

注：上述三表之分级价值计算方法与第一种试验同（原量分级试验），每等茶价假定为甲100元，乙90元，丙80元，丁70元，戊60元。

观上附表25、26、27内对分级茶之价值比较之结果，其分三级或四级茶叶之总价值，均可高于不分级者，但应注意其分级茶各级数量之配合情形，至少所分离之优级茶（较对照组为优者）须占全批茶叶之60%以上始有分级之价值。否则似反不及对照组，故吾人试行分级时对此分级茶叶数量亦宜注意及之。

B.分级方式之应用。

依据茶叶品质项目分级方式之应用，尚须考虑其茶叶品质与形状之关系，如照本试验分级茶叶之形状，则优级茶之形状为条索整齐属于中段茶者，但次级茶之形状则为粗细驳杂脱节现象，即属于上下两段茶叶所混合者，以此类分级茶应销于目前市场，尚有若干困难，但本试验之分级茶供作分级茶厂拼堆原料之用，似较适宜，至于分级方式之应用，似以香气或叶底二项品质为分级依据者为妥善。

四、探求茶叶拼和性质试验

一批茶叶之各种单位茶，均具有品质上之特性，似拼和后，各茶之特性，乃互相调和或改变，此等调和与改变之性质，即为茶叶拼和之性质。但此类拼和性质可直接影响成茶品质之良窳，并对茶叶分级上亦系一种重要参考与依据之资料，实有待吾人详加研究之必要。兹以一批茶叶内之粗细形状不同各单位茶（即各筛号茶），为试验材料，探求其拼和上之各种性质，分述其试验经过并讨论于下：

（一）目的及方法

目的：

（1）探求茶叶拼和各种性质。

（2）探求茶叶拼和性质之差度。

（3）探求茶叶拼和性质之固定。

方法：本试验用材料与前第二种试验同（系祁门平里茶场出品），为便于研究起见，仅取其本身茶之各筛号茶供作试验，因各筛号茶原有品质之特性及优劣，较有规律，试验方法分二种进行，即①干茶拼和法，②液体（茶叶冲泡液）拼和法，兹述其试验项目如次：

（A）干茶拼和法之试验项目：

（a）一批茶叶内抽除一种单位茶之拼和性质。

（b）一批茶叶内抽除上、下段茶之拼和性质。

（c）一批茶叶内抽除中段茶之拼和性质。

（B）液体拼和法之试验项目：

（a）四号茶（粗型茶）对其他各号茶之拼和性质。

（b）七号茶（中型茶）对其他各号茶之拼和性质。

（c）十号茶（细型茶）对其他各号茶之拼和性质。

上述项目之各茶之拼和质量，干茶拼和者以每茶一克为单位，对照组则将各单位茶混合而成（如一批茶叶有七种筛号茶，即将此七茶混合成对照组）。又液体拼和者，其拼和茶量以每茶50cc为单位，至于各试验茶品质审查方法与前述第一、二两种试验相似。

（二）试验项目及结果

甲、以干茶拼和试验者：

试验项目：（1）一批茶叶内抽除一种单位茶之拼和性质：

A.试验茶拼和方式——将本身茶之七种筛号茶（自四号至十号茶），内抽除一种筛号茶而行拼和，兹列表说明于下：

附表28

试验茶拼和方式表

拼和式组别	筛号茶及抽除记号							
	四	五	六	七	八	九	十	拼和茶量(克)
CK								7
1	（一）							6

拼和式组别	筛号茶及抽除记号							
	四	五	六	七	八	九	十	拼和茶量（克）
2		（一）						6
3			（一）					6
4				（一）				6
5					（一）			6
6						（一）		6
7							（一）	6

注：抽出记号为（一），如抽除四号茶者，即将五号茶至十号茶计六种茶叶拼和之，余类推。

B.试验茶品质审查结果——兹将试验茶品质审查结果列表并说明于下：

附表29：试验茶品质审查表（略）。

审查结果说明：

一批茶叶内个别抽除四、五、九、十等四种筛号茶，而行拼和之成茶品质，较为优异，但个别抽除六、七、八三种筛号茶而行拼和之成茶品质，反大为之降低。由此可知一批茶内抽除其形状过粗或过细之筛号茶，可使成茶品质增优，又中型茶似为拼和茶内决不可少之单位茶。

试验项目：（2）一批茶叶内抽除上下段茶之拼和性质。

A.试验茶拼和方式—拼和方式为四号茶与十号茶两茶开始，连续抽除上、下段茶叶而行拼和，列表示之如下：

附表30

试验茶拼和方式表

拼和式组别	筛号茶及抽除记号							
	四	五	六	七	八	九	十	拼和茶量（克）
CK								7
1	（一）						（一）	5
2	（一）	（一）				（一）	（一）	3
3	（一）	（一）	（一）		（一）	（一）	（一）	2

注：七号茶拼和时为一克，因审查份量关系故取二克以供审查。

B.试验茶品质审查结果——兹将各试验茶品质审查结果列表并说明于下：

附表31：试验茶品质审查表（略）。

审查结果说明：

试验结果可与第一种试验项目相符，以抽除上、下两段茶而行拼和之成茶品质为优，尤以七号茶单独成立者品质最佳，故可知本身茶之各筛号茶内，以七号茶为品质最高之标准。

试验项目：（3）一批茶叶内抽除中段茶之拼和性质。

A.试验茶拼和方式——拼和式为自七号茶向左右各茶连续抽除各筛号茶叶而行拼和，列表示之如下：

附表32

试验茶拼和方式表

拼和式组别	筛号茶及抽除记号							
	四	五	六	七	八	九	十	拼和茶量（克）
CK								7
1				（一）				6
2			（一）	（一）	（一）			4
3		（一）	（一）	（一）	（一）	（一）		2

注:七号茶拼和时为一克，因审查份量关系故取二克以供审查。

B.试验茶品质审查结果——兹将各试验茶品质审查结果列表并说明于下：

附表33：试验茶品质审查表（略）。

审查结果说明：

试验结果可与第一、二种试验项目之结果相似，其抽除中段茶后，全批茶叶之品质低落，竟无拼和之价值，故可知中段茶为一批茶叶内之主体。

乙、以液体拼和试验者：

试验项目：（1）四号茶对其他各号茶之拼和性质。

A.试验茶拼和方式——分别以50cc四号茶之冲泡液，拼入50cc其他各号茶之冲泡液内，共拼成100cc之杯茶，以供审查并比较其拼和性质，兹列表于下：

附表34

试验茶拼和方式表

筛号茶	五	六	七	八	九	十	十一
各号茶拼和量(cc)	50	50	50	50	50	50	50
四号茶拼和量(cc)	50	50	50	50	50	50	50

筛号茶	五	六	七	八	九	十	十一
拼和茶总量(cc)	100	100	100	100	100	100	100
拼和茶别	4+5	4+6	4+7	4+8	4+9	4+10	4+11

B.试验茶品质审查结果——兹将试验茶品质审查结果列表并说明于下：

附表35

试验茶品质审查表

拼和茶别			4+5	4+6	4+7	4+8	4+9	4+10	4+11
品质审查项目及分数	水色	拼和前	95	96	98	97	97	99	100
		拼和后	−2	−3	−4	−4	−5	−4	−10
	滋味	拼和前	97	98	100	99	96	95	92
		拼和后	−1	−2	−2	−3	−1	+2	+4

注：（1）液体拼和之方法，先将各拼和单位茶（干茶）以二克冲泡开水250cc为一杯，经五分钟后，剔除叶底，该冲泡液即为拼和试验用材料。

（2）各拼和茶品质分数之审查，在未拼和前先审查各茶拼和原液之品质，然后经两种茶液拼和后，再行审查品质一次，与前第一次审查者加以比较而记其分数，有（＋）号者系较未拼和前为优，有（−）者为次。

审查结果说明：

以四号茶之冲泡液拼入其他各号茶之冲泡液内之结果，水色方面，其他各号茶，均受四号茶拼入而淡退，尤以九、十、二号茶为显著。滋味方面如五号至九号茶均因四号茶拼入而变为淡薄，然对十号茶则可减除涩味若干。

试验项目：（2）七号茶对其他各号茶之拼和性质。

A.试验茶拼和方式——分别以50cc七号茶冲泡液，拼入50cc其他各号茶之拼和液内，兹列表说明于下：

附表36

试验茶拼和方式表

筛号茶		四	五	六	八	九	十	十一
拼和茶量(cc)	各筛号茶	50	50	50	50	50	50	50
	七号茶	50	50	50	50	50	50	50
	拼和总量	100	100	100	100	100	100	100
	试验茶组别	7+4	7+5	7+6	7+8	7+9	7+10	7+11

B.试验茶品质审查结果——试验茶品质审查结果列表并说明之：

附表37

试验茶品质审查表

试验茶组别			7+4	7+5	7+6	7+8	7+9	7+10	7+11
品质审查项目 及分数	水色	拼和前	94	96	97	97	98	99	100
		拼和后	+5	+4	0	0	−1	−2	−3
	滋味	拼和前	94	96	98	99	95	97	92
		拼和后	+4	+4	+1	+1	+5	+3	+2

注：审查方法与前项试验同。

审查结果说明：

以七号茶之冲泡液拼入其他各号茶之冲泡液内之结果，水色方面对四、五两号茶叶似有增优之可能，但对六、八二号茶叶似无多大影响，又拼入九、十两号茶内反觉其水色浓度略减。关于滋味方面似均可增优，并改变其他各茶使其为醇厚，尤以四、五、九、十，四号茶叶最为显著。

试验项目：（3）十号茶对其他各号茶之拼和性质。

A.试验茶拼和方式——与前述二项试验方式同，分别以十号茶之冲泡液拼入其他各茶之冲泡液内，兹列表说明于下：

附表38

试验茶拼和方式表

试验茶组别		10+4	10+5	10+6	10+7	10+8	10+9	10+11
筛号茶		四	五	六	七	八	九	十一
拼和茶量(cc)	各筛号茶	50	50	50	50	50	50	50
	十号茶	50	50	50	50	50	50	50
	拼和量	100	100	100	100	100	100	100

B.试验茶品质审查结果——试验茶品质审查列表并说明之：

附表39

试验茶品质审查表

试验茶组别			10+4	10+5	10+6	10+7	10+8	10+9	10+11
品质审查项目 及分数	水色	拼和前	94	95	96	97	98	97	99
		拼和后	+3	+3	+2	+2	+1	+1	−1
	滋味	拼和前	94	97	99	100	98	96	92
		拼和后	−2	−2	−5	−6	−5	−1	0

审查结果说明：

以十号茶之冲泡液拼入其他各号茶之冲泡液内之结果，水色方面对各号茶有增加浓度之可能；但滋味方面则因拼和后反使其他各号茶，化醇厚为淡薄而带有涩味，以七号茶之滋味受害最巨。

（三）试验结果讨论

今将茶叶拼和性质经各种试验之探求，结果分别讨论于次：

A.茶叶拼和性质之（一）：调和作用。

各种茶叶相互间之拼和，能使各项品质得有调和之作用，如水色方面，上段茶（水色淡薄）与下段茶（水色深暗）拼和后可使茶叶水色调和至深淡适中，接近于中段茶之水色，又如滋味方面上段茶味虽淡，然与下段茶拼和后，则能调和下段茶之苦涩滋味，又中段茶能调和上、下两段茶叶之滋味使其变为醇厚而有身骨，如此类之拼和性质，对成茶品质有密切关系，对经济价值上亦属重要，同时亦为一种茶叶拼和上补救方法之依据，如一批茶叶之水色感有过淡或深暗时，当可利用上、下段茶加入适当数量调和之。

B.茶叶拼和性质之（二）：异变作用。

茶叶拼和性质之异变作用，有两种现象，即以劣质茶拼入一批普通茶叶内可使该批茶叶全部品质变劣，此其一，又以优质茶拼入一批品质较次之茶叶内可使该批茶叶全部品质增优，此其二，此二者之作用，恰可与前述分级试验中理论吻合，故吾人试行茶叶拼和，应注意并设法避免劣质茶之异变作用，同时亦可利用优质茶，改进品质较次之茶叶。

C.拼和性质之差度。

茶叶拼和性质之调和或异变等作用，各茶间之差异程度，常不相同。如同在上段或中下段之茶叶，拼和性质之差度较小（例如上段茶之四、五两号茶之差度甚小），但在两段茶间之拼和性质之差度较大（例如上段茶之四号茶与下段茶之十号茶差度甚大），兹列图说明之：

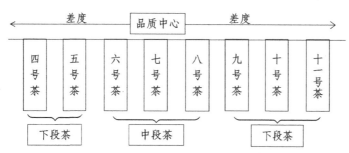

说明：上图以七号茶为拼和性质之中心，凡接近七号茶之各号茶叶，差度较小，反之则大，尤以四号茶与十一号茶之拼和性质差度最大，亦可谓该两茶在品质本身之特性颇为悬殊。

D.拼和性质之固定。

吾人欲整批茶叶品质之固定，得先固定其各拼和茶之拼和性质，通常一批茶叶之中段茶，为制茶家之理想标准，而使整批茶叶品质不稳定之原因，实为上、下两段茶叶之拼和性质失调，未能平衡之关系，故吾人对茶叶之拼和，应注意上、下两段茶之拼和方式与数量配合，始可把握整批茶叶品质之固定也。

E.茶叶拼和性质之分析工作。

茶叶拼和性质之分析工作，可自二方面进行之，分述于下：

（a）属于化学性的拼和性质——如两种性质不同之茶叶，经拼和后，则可改变各茶原有品质之性质，而形成一种新的品质如各茶拼和之香气、水色、滋味三项品质之拼和性质，似均属于化学性者。

（b）属于物理性的拼和性质——如两种性质不同之茶叶，经拼和后，仍未有改变各茶原有品质之性质，如各拼和茶之叶底一项品质，虽经拼和，但并未有互相改变之作用，依据上述所归纳之两种性质，即可进一步开展吾人对拼和性质之分析与研究工作。

凡属化学性的拼和性质则可利用化学分析方法，探求其详细结果，又属于物理性的拼和性质则可利用物理分析方法探求其详细结果，此均待另立试验继续探求之。

五、茶叶拼和数量配合试验

一批茶叶内之各单位茶，相互间拼和性质，固能直接影响而改变，但此等性质改变之程度又可由各单位茶拼和数量配合多寡而定。在前第三种探求茶叶拼和性质试验内曾有讨论，即对成茶品质之固定，必须注意各茶品质拼和数量之配合，再就第一种试验茶量分级言之，虽经吾人处理后，求得较好结果，然此等原有茶量，得考虑其是否合乎吾人之要求，或竟有碍分级之处理，此等均有待吾人另行试验之必要，兹将茶叶拼和数量配合试验之经过叙述于后：

(一) 目的及方法

目的：

(1) 探求茶叶拼和数量配合之关系。

(2) 探求茶叶拼和数量之合理方式。

方法：试验茶材料与第二种试验相同（祁门平里茶场出品），试验方法以各种不同茶量配成几种拼和方式，兹分其试验项目为二种：

(1) 本身、打雨、子口三茶拼和茶量之配合。

(2) 本身、打雨、子口三茶之上、中、下三段多量配合。

各试验茶品质审查方法与前述各试验同。

(二) 试验项目及结果

1.本身、打雨、子口三茶拼和茶量之配合。

A.试验茶拼和方式——拼和方式以本身茶等三茶之配合比率而异，普通一批茶叶制造对此三茶之实产数量，以子口茶最少，但本身茶与打雨茶两者由毛茶原料优劣而定，故本试验亦依此原则分配茶量，兹列表以说明之：

附表40

试验茶拼和方式表

试验组别	拼和茶及配合比率			
	本身茶	打雨茶	子口茶	拼和茶量(克)
1	1	1	1	3
2	2	1	1	4
3	3	1	1	5
4	4	1	1	6
5	5	1	1	7
6	5	2	1	8

试验组别	拼和茶及配合比率			
	本身茶	打雨茶	子口茶	拼和茶量(克)
7	5	3	1	9
8	5	4	1	10
9	5	5	1	11

注：配合比率如第一组即为本身茶1：打雨茶1：子口茶1。

B.试验茶品质审查结果——兹将试验茶品质审查结果列表并说明于下：

附表41

试验茶品质审查表

试验组别	审查项目及审评分数				
	香气	滋味	水色	叶底	平均分数
1	95	94	93	95	94.25
2	95	95	94	97	95.25
3	97	96	95	98	96.5
4	98	97	97	99	97.75
5	100	100	100	100	100
6	97	98	98	97	97.5
7	96	95	96	96	95.75
8	94	94	95	95	94.5
9	93	93	94	94	93.5

审查结果说明：

（a）三种茶叶数量相等之配合，全批品质较低此因本身茶之优质为打雨、子口二茶劣质改变而埋没。

（b）又打雨茶与子口茶配合比率相等而本身茶配入茶量比率逐趋增高，则拼和成茶品质亦渐趋增优。

（c）但当本身茶与子口茶两者配合比率为茶别及试验5号5：1（本身茶5：子口茶1），而打雨茶拼入茶量比率逐为增高时，则所得拼和茶品质反渐趋低落。

2.本身、打雨、子口三茶之上、中、下三段多量配合。

A.试验茶拼和方式——拼和方式采取本身茶等三茶之上、中、下三段多量配合，兹列表说明如下：

附表42

试验茶拼和方式表

茶别及试验号	筛号茶、配合比率及拼和茶量								
	四	五	六	七	八	九	十	十一	合计
本身茶上段拼和	10	9	8	7	6	5	4	1	50
打雨茶上段拼和	—	8	7	6	5	4	3	—	33
子口茶上段拼和	—	8	7	6	5	4	3	—	33
本身茶中段拼和	5	7	9	10	8	6	4	1	50
打雨茶中段拼和	—	7	9	10	8	6	5	—	45
子口茶中段拼和	—	7	9	10	8	6	5	—	45
本身茶下段拼和	4	5	6	7	8	9	10	1	50
打雨茶下段拼和	—	5	6	7	8	9	10	—	45
子口茶下段拼和	—	5	6	7	8	9	10	—	45

注：上段多量拼和者以四号茶配合茶量最高逐渐减少至十一号茶为最少，中段多量拼和者，以七号茶配合茶量最高，向左右逐渐减少至四及十一号茶为最少，下段多量拼和者以十号茶配合茶量为最高，逐渐减少至四号茶为最少。

B.试验茶品质审查结果——兹将试验茶品质审查结果列表并说明于下：

附表43

试验茶品质审查表

试验组别	审查项目及审评分数				
	香气	滋味	水色	叶底	平均分数
（一）本身茶上段	98	97	96	97	97.5
（二）打雨茶上段	94	94	92	97	94.25
（三）子口茶上段	95	96	95	95	95.25
（四）本身茶中段	100	100	100	100	100
（五）打雨茶中段	96	98	93	96	95.75
（六）子口茶中段	97	95	98	94	96
（七）本身茶下段	99	99	99	98	98.75
（八）打雨茶下段	94	96	94	93	94.25
（九）子口茶下段	93	93	97	91	93.5

审查结果说明：

（1）各试验茶之形状与色泽比较如下：

	形状评语	色泽评语
（一）	略粗	黑而油润
（二）	略粗条索扁圆粗松	灰色而不油润
（三）	略粗又粗细脱节	褐灰色不油润
（四）	紧细匀称有白毫	黑而油润调和
（五）	条索扁圆多块状	灰色不油润
（六）	条索扁而成片	褐灰色不油润
（七）	下脚太细碎	黑色略油润
（八）	条索扁圆而细碎	灰色不油润
（九）	条索稀少欠饱滞多扁片而细碎	红灰色而枯滞驳杂

（2）各试验茶之品质比较，均以中段茶多量配合者品质最优，下段茶多量配合者除子口茶外，均较上段茶多量配合者为良好。

（三）试验结果讨论

A.一批茶叶品质之良窳，可由本身茶配合数量之多寡加以决定，至少本身茶之数量能与打雨、子口二茶数量相等或过之，始可增优全批茶叶品质。否则本身茶数量配合过少，其优质特性，必受打雨、子口二茶影响，而趋于平淡或低降。

B.至于各筛号茶间之拼和茶量之配合以中段多量拼者为宜，然实际上一批茶叶内之上、中、下三段茶量之多少，须视毛茶原料而异，其毛茶优者，中段茶量自可增多，反之毛茶较次者，其上、下二段茶之数量必趋增加，故茶叶拼和数量之配合，一方面亦须与毛茶制造取得联系。

C.拼和茶量之配合，又可视所需成茶之品质对象而定，如拼和优级茶，可应用中段茶多量配合，但拼和次级茶，则可应用上、下两段茶多量配合调和之，此等均须依据实际之需要，加以考虑。

六、撮要及结论

（一）撮要

一、红茶之原量分级拼和，犹如绿茶（珠茶眉茶）之分别花色，对于目前红茶制造之改进，似为一简便之方法。盖以吾人对茶叶制造改进之希望，不外乎增优品质与提高经济价值，而红茶分级试验，即具有如是之效果。茶叶品质之增优乃系纠正以往一批茶叶混合优劣品质未达适度拼和之缺点，藉品质之增优，茶叶之经济价值自可提高，但所注意者，盖分理之优级茶（较对照为优）之茶叶数量需占全批茶叶60%以上，始可如愿。至于所述四种分级方式，应依实际需要酌予应用。当依据茶叶形状粗细分级时，须注意其过粗过细之弊，又依茶叶质地轻重分级者，须注意其圆身打雨茶之质地虽重而品质低次之关系，宜剔除另立一级，或拼入次级茶，或与依茶叶形状长圆分级者联合进行，又以品质单位茶分级拼和之方式，以应用于创设分级茶厂后似较适宜。

二、茶叶之分级，主要目的，在分理其茶叶品质——色香味之等级，故直接依据茶叶品质项目（色香味及叶底）试行分级，在理论上似较为合理精确，其分级试验之结果，原则上与前述原量分级拼和者相似，亦可使成茶提高品质与经济上之价值。但目前之问题，即在茶叶之品质（色香味）未能与茶叶形状配合而应市场需要，如此类分级茶专供分级茶拼堆原料，可称佳品。故此类分级方式，在本文内叙述者，虽较为肤浅，但可预测其未来对茶叶分级上必有重大之发现与贡献。尚须加以深邃精密之研究，至于本试验由分级方式之应用，以香气与叶底二项品质为分级依据者，似较为宜。

三、茶叶分级拼和工作，欲收宏效，应在未拼和前先明了各种茶叶本身之特性及相互间之拼和性质，始可应付裕如，此类茶叶拼和性质，经试验求得初步结果，综合为两种——调和作用与异变作用，由此吾人对茶叶拼和可依据调和作用之性质，使一批茶叶品质趋于固定、平稳。又依据异变作用，可防优茶之劣变，同时亦可补救劣茶品质使之变优，至于茶叶品质之固定，须注意使各拼和茶间减少拼和性质之差度，使各茶品质接近而齐一，然亦应与毛茶制造联系进行，又获知茶叶拼和性质，在茶叶分级上似亦属一重要关键，本试验仅得一初步结果，尚待继续举行精密之研究。

四、茶叶之质与量，在拼和上关系密切，以各茶间拼和数量配合之多寡，直接可使各茶品质之性质改变，又为求进一步之分极拼和当非以原量分级拼和之方式为理想，在本试验内所述结果，虽以中段茶多量拼和方式为上乘。但此因制造与经济上之关系，该中段茶多量拼和方式，仅可应用于优级茶叶之拼和，对次级茶仍须应用上、下两段茶叶调和配合之方式，又对本身打雨子口三单位茶之数量拼和，其优级茶，宜增多本身茶，减少打雨与子口二茶，反之则可应用于次级茶之拼和。

（二）结论

综上各试验之讨论结果，已可对照目前旧有茶厂之茶叶拼和实情，而明了分级之价值与需要性，但吾人运用茶叶分级拼和之方式，实尚属于间接性质之分级工作，如能直接改变目前制茶方法将分级工作移入初制与精制过程中，必可得更大之分级效果，此即分级工作能始于各产地之初制，继而精制，然后创设分级茶厂负责其分级拼和与包装，而至出口外销，但应注意者，乃须利用制茶与分级机械之襄助，遂可固定每年分级茶叶之标准，更可使茶叶经营渐趋于集约化，不致再陷于散漫性质的手工业时代。

《茶业研究》1943年第1卷第2—3期

一
九
四
四

谈祁门红茶的制造

平　原

祁门红茶是我国输出茶叶中最受国际欢迎的一种，战后我们若想以土产换取外汇，则祁红的制造，是不可忽视的。

祁门红茶产于安徽南部的祁门县，和至德、浮梁、贵池、石埭等县。这些地方都是高山峻岭，海拔在二百六十六公尺，早晚多雾，湿度常在百分之九十以上，中午亦超过百分之七十，此是最适于茶叶生长的气候，当春茶萌芽的时候，就饱受雾露的滋润。茶芽的蕴养极深，自早晨开始，雾气由浓而薄，日光由弱而强，茶叶藉其光线作用的程度循序渐进，茶叶的柔软状态，能保持较长，所以叶汁醇和，滋味芳香。又因这些地方的土壤多为沙质，排水优良，而且土中含有丰富的磷、钾等化学要素，因此该区就成了植茶的必然环境，而祁红之品质优良，亦与此种地脉有关。祁门红茶的采制，共分采摘、萎凋、揉捻、发酵、烘焙五步手续。

（一）采摘："要想茶的品质好，唯有采得嫩，摘得早"。逢到谷雨前后，茶树的新芽由叶脉中生出，渐渐生长，便成新枝。新枝最初发生的叶子，叫托叶（或鱼叶），叶尖钝而小，鱼叶发生后，即继续生长新叶子，等到有了一芽二叶的时候，便可以动员全家老少采摘，摘满一筐或一袋之后，便背下山来萎凋。

（二）萎凋：这是红茶制造过程中最初的工作，把鲜叶在茶树上采下以后，就把它摊开，目的在减少新叶中一部分水分，松弛细胞中的紧张状态，减少组织界的涨力，使达到揉捻的目的。萎凋的时间，约费十八小时至二十四小时，如果空气潮湿，那么就要增加萎凋的时间，甚至要摊开到两日以上，普通茶户也有采用日光萎凋的，也有采用室内萎凋的，方法不一。

（三）揉捻：这是制茶的第三步手续，目的在使萎凋后的生叶细胞中含有的一切物质，曝之于空气中，使其变化，一方面使其线条紧凑，整饬形状，因此，萎凋以后的生叶尚须用力揉捻而达到上面所说的目的。一般土法，都由脚揉，虽然此法太不卫生，今人看了难以满意，但用脚力量较大，揉量较多，用手揉虽较干净，但量少费时多，所用脚力无从计较，要大量生产，用手揉实在不够，为了节省时间，还是脚揉的多。

（四）发酵：红茶之所以变红，全由发酵而成。揉捻为发酵的初步，使茶叶内的液汁，曝露空中，使变成身骨浓厚，水色红艳的茶叶，适度与否，全靠发酵的结果怎样。所以发酵在制造过程中，为最需要。如果以香气为制茶目的，发酵时间不过三小时（包括揉捻），如以身骨为制茶目的，发酵时间至少要四小时以上，好坏以茶农的经验和技术的优劣为转移。

（五）烘焙：生叶发酵到了相当程度加以制止，以防过度发酵变劣。普通多撒于篾箪上，曝于太阳下，但须经□火，烘焙到手握能碎时，红茶制造的工作才算告成。

《工业月刊（西安）》1944年第9期

一九四六

胜利前后的茶叶业

巴 玲

茶叶，向为我国主要输出品之一。据茶叶界的统计，抗战以前的茶叶外销，每年约在六十万公担左右，挽回的漏卮，实在也不在少数。

"八一三"抗战军兴，茶叶的外销，受到了严重的打击。尤其自太平洋战事发生后，茶叶对外的销路，根本断绝。一般的制茶厂，也纷纷闭歇，制茶的工人，有的改营小本经纪，有的仆仆风尘，过单帮的生活，有的既不善经商，又不能走单帮，而致聊倒于饥饿线上者，亦有之。这实在是茶叶业最不景气的时期。

胜利以后，各业复员，茶叶为我国外销的主要货品，自然也在积极筹备复业之中。但是，一方面因为物价飞涨，茶商经济困难，力能恢复旧业者，亦只十二三家而已。他方面，更因抗战期内山农挖茶植粮，致茶叶的产量，只及战前十分之二，欲求恢复战前的生产量，实在不是短时间内所能实现的。

据茶叶界中人语笔者：战前外销的茶叶，最著名的为祁门红茶，婺源珍眉，平水大帮珠茶，以及杭州的龙井，狮峰等。制茶的工厂，以上海一埠而论，计有六十余家左右。每家的雇用工人十余人，其工人工资，除供给膳宿外，每日的大洋七角左右。如今，生活日高，工人的工资，除了供给膳宿之外，至少须在法币千元左右。然而，以此浅浅之数，欲维持每个工人的家庭生活，实在也是一件不容易的事呢！

现今，为发展茶叶业的对外贸易计，该业很希望政府当局，除国家银行举办茶叶贷款（该一步骤业已进行）外，协助下列数项：

（一）自民国三十年以后，茶叶外销中断，茶商一蹶不振，茶农更是困穷不堪，产量锐减，希望政府，速予救济。

（二）茶叶为对外输出大宗之一，过去因茶商墨守成法，不加改良，而政府亦无暇顾此，致茶叶外销，由第二位而逐步下降。今后，应上下合作，改良制作，以谋复兴。

此外，若茶华业公会组织之应力求健全，同业间的应切实团结合作，以及制品之切忌粗制滥造，亦为胜利后的茶叶业，所应注意的几件事。

《申报》1946年4月8日

华茶外销三大障碍

成本过高，势必无人问津，须以集体力量，联合经营。

（本报讯）兹承中国茶叶协会理事长寿毅成氏告记者称：目前华茶出口贸易，有三大障碍：①价格问题。目前茶农计算茶价，均以米价为标准。设粮价高，而茶价低，茶农以无利可□，将不摘茶叶。故无形中米价与茶价，已发生联系作用。②运费问题。国内运输困难，运价高昂。③利率问题。目前国内利率高翔，即以最近成立之东南产茶区之茶贷而言，亦须月息四分半，再加手续费一分半，共为月息六分。而战前茶贷，则仅年息七厘至八厘。以最近日本之情形而言，亦仅年息二厘。此次茶贷，浙皖赣三省，共达七十亿元。此于恢复战后农村经济，厥功殊伟。按预定计划，本年内浙江省之平水区可产茶十六万箱，遂淳区可产茶三万五千箱，温州区可产茶二万箱；安徽省之屯溪区可产茶十二万箱，祁门区可产茶七万五千箱；江西省之宁州区可产茶四万箱，赣东区可产茶一万箱。此外，福建全省约可产茶十四万箱；湖南、湖北两省约可产茶三十万箱。以上共计约九十万箱。

惟既有产量，务必进一步准备其外销步骤。以目前世界茶叶产销情形观之，日本产茶，因战事影响，已较战前减缩五成，而我国则不过三成，实为急起直追之良机。又，美国原与英国订有购买印度、锡兰茶叶之商约，现已宣布不再续订，因此美人深望能多购华茶。且此次战事，美军足迹遍历华印及菲律宾等地者，多至六百万人以上。此批兵士以缺乏咖啡饮料，已习惯饮茶。返美后盛赞华茶之优美，为我国红绿茶作义务之宣传，故我国红绿茶在美不愁无销场。惟过去我国绿茶最大市场为北非洲，祁门红茶最大市场为英伦，茶砖则多销苏俄。在抗战初期，华茶百分之七十，均系运俄易货。

故外销方面，应有精密计划，整齐步骤，以图久远。而减轻生产成本，允属首要。例如祁门红茶之美国市价，每磅不过美金五角。最近虽涨至五角七分，而我国祁门红茶销美成本，每磅至少须美金一元左右，相差达一倍之巨。故即使各国有意承购，亦将因价高而乏人问津。寿氏认为减低生产成本，第一须联合国内各茶商，组织中国茶叶出口贸易联营公司，以集体力量，同一步骤，联合经营，集中运销。一方面延揽专才，购买新机器，以科学化方法，设实验农园，及精制茶厂，以便大规模生产精良茶叶；一方面更望政府对全国茶业，有一不变之国策，使茶商、茶农于产销方面，俱有所遵循，而向健全及有计划之生产途径迈进。

祁红产价高，谈判不易接近

安徽祁门出产之红茶，据产区消息，今年新货业已上市，目前已装抵杭州，惟因采制及一切缴用异常浩大，故成本殊足惊人。近日，买户虽趋前向货主谈判，惜双方各自喊价，是以迄今尚未获得圆满解决。其他花色，莅沪尚称蝉联，但执货人心鉴于产区茶价，并未稍廉，以致一味坚守。而本街店庄及苏州等地，受不能随心所欲之影响，态度咸怀观望，交易大为减色，市势沉静异常，价格方面，大致稳定。至于洋庄茶市，连日本市茶商积极谋闻朗之道。刻下，午昌安徽新华、震和等数家，续有在开工赶制中，于日内即拟报关出口云。

中信茶商会谈，谋与苏联易货

中央信托局为挽救华茶危机，积极展开新计划，侧重向苏联方面作以货易货推动。茶业界人闻讯，莫不喜形于色。据悉，中信局当局将于今日召集茶商代表，包括茶商协会及输出业公会重要负责人，作初步计划之商讨。对于品格、货价、付款期限，均有所论及。昨晚各茶业巨子均已事先分头准备，如今日讨论，获有圆满结果，茶商方面则以迅速方法办理，以货易货方案，以期将茶业难关，作局部打破，而对整个艰困，自可渐抒。至于已经制成，其成本值有廿七万万元，装有一万五千箱之祁门茶叶，于前日下午三时，召开之输出业同业会议中决定，分电各茶号，限十日将二百余种茶样，分别派员，携带来申，还交中国农民银行验看云。

祁红喊价过高，行盘不易成议

祁门红茶，今年新货，虽由震和茶栈等装运抵沪，惟在成本与一切缴用浩大下，货方喊价甚高，每担竟达六十万元左右。据出口行家消息，日前欧美等国需求甚亟，惜因价贵，□敢问津。刻下注裕家及华茶公司，尚有验看，但卖户如能让步，属□胜者办就后，拟试销海外。此外，做工优良，茶汁与叶底，俱无霉味之，中档陈抽珍、陈珍眉等花色，洋庄问津犹劲，同时连日印商不□扒吸之台湾细红茶，交易亦有，市势复再晋级。至于红绿茶内销，依然未减。

《申报》1946 年 8 月 18 日

成本太高交通不便　茶销无从发展
茶商希望政府收买或津贴

（本报讯）昨日，中国出口货展览会、茶叶座谈席上，据若干茶商向记者表示，以目前国内新茶之成本计，实无法推展外销。缘国外茶叶市价，约较国内新茶成本价低廉三四成不等。兹姑以祁门红茶为例，目前新茶成本，高档货每担约四十六万元，中档货约卅五万元。然目前本市红茶市价，高档货每担约十三万元，低档货七万余元。惟此项红茶，多属民国卅年至卅三年间之陈货，与新茶不能相提并论。而一般茶农，以战后茶价与粮价腾涨之比例，相差甚远。故大多弃茶植粮，以致茶叶产量锐减。估计现在之产量，尚不到战前产量百分之四十。以此次东南区茶贷七十亿元之产茶计划言，产量亦仅及计划中之三成。

出口方面，战前我国茶叶每年之输出量，约为一百万箱。惟本年七个月中之总输出量，尚不足五万箱。据称，我国东北蒙疆一带，对茶叶之需要颇殷。设非交通阻滞，东南区此区区之产量，内销尚不够应付，固毋须仰恃外销。然目前因制就之新茶成本，照预定估计，相去过远，故各茶商虽得到低利之茶贷，惟运用茶贷所制就之新茶，均告呆搁。闻此次工商请愿团晋京时，茶商方面亦曾提出请求政府采取贴补政策，使华茶得以出口，或照新茶生产成本，予以收买。各茶商且表示，目前政府似可从进口物资（如原棉等）所获之利益，拨出一部分，以贴补茶叶之出口，以资救济云。

茶商希望津贴

新茶仍不够本，陈茶确沾利益，工资、茶箱俱要求涨五成。

（本报讯）昨据上海市茶叶输出业同业公会理事长唐季珊氏语记者称，此番政府调整汇率后，对陈茶之出口，确有相当帮助，对新茶则尚有相当距离。盖新茶之生产成本，实太昂贵。据告，目前英国对我中上陈货祁门红茶之限价，为每磅三先令；美国对我红茶限价，每磅为美金五角七分，头号珠茶，每磅为四角八分。现因新茶生产成本，超过此项限价达二倍之巨，故汇率虽经提高六成，对新茶外销价格折算后，仍属昂贵。渠力主新茶之外销，应由政府采取津贴政策，俾能予茶商实际之援助，充实各茶商力量，争回原来销路及国际市场。

至由政府收买一事，唐氏认为，以货易货结果，茶商原有国外主顾，均将消失，故不如津贴办法之为佳。据唐氏称，此次调整汇率，最先受惠者，厥为手中尚握有陈茶存货之各茶商。而出口商无货在手者，则仍不能获利。且美国进口商，自闻汇率调整后，已来电请求减低茶价。而茶业各工人，近又要求增加工银五成，装茶之箱只，每只亦拟增价五成云。

产销价相差太远
新祁红无法出口　英派代表来沪商讨

顷据业中人称，英国对于色味香俱佳之本年度祁门新红茶，颇有需要。惟彼地粮食当局，茶叶限价，犹未取消。闻趸售每磅最高三先令，零售每磅四先令十便士。而我国本年度祁门新红茶，货方生产成本，每磅约合七先令强，是以出口迄今无望。但上周，英国粮食部曾派 F.A.Briston 白兰司登氏来沪商讨。当时我茶商推代表□景伟、唐季珊、朱衍庆诸君，陈述一切，兹悉白兰司登氏咸表同情，并允诺致电，要求宽放限价。如能实现，则僵若死灰之本年度祁门新红茶，或有复燃之望。

又讯，目前本市英商洋行向国外兜售之高档陈祁门，刻下均接得复电，嘱即装运。故昨日市上首由怡和洋行扒进四百箱左右，系震和、由南、慎原、华成等售出。此外，如仁记洋行及午昌茶叶公司等，亦均有进取，价颇俏秀。其他各茶，则交易仍稀，过程赓续疲软。

《申报》1946 年 12 月 1 日

中国农民银行召集明年度茶贷会议
拟订明年全国茶贷计划

中国农民银行，为扶持出口业，平衡国际收举，本年曾先后举办各种茶贷。惟仅有屯溪、平属、温州等三区，而福建、云南、湖南、湖北、江西、四川诸省，亦属产茶区域。该行为鼓励出口起见，决于明年扩大举办茶贷，全国普遍办理，特于昨（一日）在沪召集三十六年度茶贷会议。除检讨本年度茶贷业务外，并商讨明年度普遍办理茶贷计划。其讨论之重要课题，计有：（一）三十六年各区生产量估计；（二）三十六年度收购毛茶各区贷款额度之配合；（三）三十六年度农贷生产贷款之配合；（四）出口问题。其余议案，则为收购手续、仓库、运输等多件。此次会议以后，即就各议题拟订一明年度茶贷具体办法，报请核准后，再付诸实施。明年度之计划，对茶业之生产、收购、运输、出口各方面，均予贷款，并分：（一）生产贷款，即贷与生产之茶农；（二）收购制茶贷款，即贷予收购之制茶厂商，精制成品；（三）运销贷款，即贷与贩运之茶商，分做押汇押款；（四）出口押汇，即贷与出口之茶商，由出口口岸运至国外之贷款。是项贷款，作一速环性之运用。目前茶叶出口最大之困难，厥为成本过高，而高利贷又为一绝大原因。祁门红茶目前之成本，每担约为五十余万元，其黑市利息之负担，则几及四分之一。平属、屯溪等处，亦莫不然，欲打开国外之销场，减轻成本，实为最大之关键。又据茶业界权威谈，减轻成本，利息仅属一端。他如人事之管理，无谓之浪费，亦系增加成本之因素，尚望同业本身切实检讨，在政府及农行苦心扶助下，共图生存，挽救危机云。

《申报》1946 年 12 月 3 日

皖南茶叶之种植与制造之经过及产量之大概

江匀安

　　我国产叶之区，几遍全国，而出口者，惟湘鄂之红茶，是谓两湖茶，浙江之绿茶，是谓平水茶，安徽之红茶，简称祁红，乃祁门所产，为出口红茶之冠。其中包括江西浮梁县，安徽至德县，统称祁红。因祁门、浮梁、至德三县毗连，土质相等，其中以祁门西乡所产者，尤为杰出。安徽绿茶，简称屯绿，系多数集中屯溪制造，故有此称，包括休宁、歙县、婺源、黟县等处所产。大抵产红茶区域，土壤均为红土，微含砂渍，茶树以植于山巅高岗者为上，因其土地不肥沃，故叶底极薄，叶张不大，易于搓揉，使之成为条线，植于山巅者，使之常受雾气，故含天然香味，植于平原者，香气差而叶底厚，味太浓厚。种茶初步，为秋末冬初之交，将茶子种于山陬有阳光之沃土中，须次年春夏间才得一二寸长，略施菜饼粉培养，秋末分秧，植之高岗，每树距离约五尺，每年春末冬初施肥二次，芟草三四次不等。务使茶树周围，野草不生，易受雾露，便能滋长。第四年期，方可采摘，一届采摘之期，每年均须采摘一次，如其不然，茶树又会胀枯，次年反不抽新芽，摘过之后，施肥一次，冬间施肥一次，均用茶饼粉，冬间并将茶树以稻草绳束之使紧，不任细枝张开，以御风雪，次年雨水节后，为之松弛。红绿茶均是一样，采摘之期，大抵为谷雨节前后，一交立夏节，叶张便硬，而且粗燥，制茶手续，红绿各有不同。

　　红茶制法，为采下之青叶，先将其摊晒于筬席上，受太阳微曝一二十分钟，在曝晒时须频频翻动，使底面均受曝过，再将青叶至于圆桶中，桶为对径二尺，上下一样，高二尺二寸，茶上覆以棉絮，如是一小时许，茶即变为红色，再由人工将鞋袜脱去，洗净双足，赤脚立于桶中，以双脚搓踏使成条线，踏过之后，茶汁流出，水分太多取出向太阳中曝晒十分钟，又纳入桶中，覆以棉絮，半小时后续用双脚搓踏半小时，再晒十分钟，即成茶坯售于茶号，约为茶坯二斤半，制成净茶一斤，茶号收得茶坯之后，即时置于筬制烘笼上。以木炭无烟火烘之，约三四小时不等，烘之手续，非具有相当经验者不克担任，烘之程度，过量即含焦气，不足即香气无以表现。烘成之后，置于布袋中，轻轻捣成小枝条线，放于风车中，将茶末扇去，扇下之茶末，名曰花香，扇过之茶再由女工拣去茶梗，待多次制成之茶，烘制完成，统统撒于大空场中，细加和匀，名曰打均堆，均堆打过，再烘二三十分钟，乘热时装入铅锡制之罐中，用锡焊好封口，外罩木箱，加以茶号之商标纸方称完成。最繁重之工作，厥为烘茶，是以红茶号一旦收茶，均是日夜不息，因天气温和，如不急急烘焙即潮茶有变馊酸之可能，设一变质，即成劣品无人愿购矣。

绿茶制法。系将采下之青叶，把露水晾干，（休婺二县系晾干，黟县歙县系微晒名曰晒坯）置于锅中，锅灶内烧以炽盛之火，视锅中将烧红时茶才放入，以双手在锅中和炒，待茶叶悉已炒软，取出置于篾制之茶板上，由工人双手搓揉，茶汁随由茶板隙中漏去，搓成条子之后，再入锅中炒干，是谓炒青毛茶，售与茶号，加工筛制，大别之，为粗细二类。粗细之中，又分正副货，如抽心、珍眉、虾目、蔴珠四种，为细茶之正货。特贡、圆珠二种，为粗茶之正货。贡熙一种，为粗茶之次正货。针眉、秀眉二种，为细茶之副货。眉熙、副熙、眉蕊三种，为粗茶之副货，均由制茶工人，用筛或风车分出之，茶号收下毛茶时，筛出粗细之后，再下锅焙过，焙时约三十分钟，每一工人，可焙两锅，每锅约茶一斤，锅下生以木炭无烟火，热度不及炒茶时之高，双手和焙，一手一锅，片刻不停，茶经热焙之后，条干缩紧，取出再筛，分晰种类，如此手续，须经三度，方可完成，始打均堆，装罐入箱。惟装箱时不必再焙，大略言之，每毛茶百斤，可制抽心五斤，珍眉八斤，特贡十斤，贡熙二十五斤，虾目、蔴珠各五斤，圆珠八斤，针眉十斤，秀眉五斤，眉熙五斤，副熙、眉蕊各三斤，茶末二三斤，此类分晰并无一定标准，视毛茶中所含何种材料居多或视其时正货抑副货之畅销，而加选择焉。

祁门红茶每碗约二钱，用开水泡开之后，茶汤成深红色，香气扑鼻，饮之入口时，初微涩味，未片刻即回甘，性能解渴俏食，行销于英美，彼邦人以之代替咖啡，味尤过之。

屯溪绿茶泡汤时，一如红茶之分量，色呈浅绿，香气扑扑，味微涩，旋即回甘。红绿两茶，同具消食解渴，振奋精神。泡汤时均一望澈底，洁无纤尘，除茶叶本身外，绝无浑浊不清之概，均是显示洁净，未藉任何靛料以增颜色耳，绿茶细货销于美、英、法、加，粗货销于苏联、土耳其、秘鲁。

红茶茶末花香，往时均售于俄商阜昌洋行，以蒸气微蒸，用机器压成茶砖，运销于苏联，蒙古接壤间。以上三种，均为出口华茶，在战事以前，皖南区年产红茶五万余箱，每箱约重七十市斤，绿茶十二万余箱，粗茶每箱约重四十八市斤，细茶约重五十五市斤，花香约六千市担。此外，另有一种内销绿茶，约年产十八万市担，系包括太平、石埭、泾县、宣城、宁国、旌德六县所产，名曰烘青。其制法与出口之外销茶不同，乃将青叶于篾制之烘笼中烘软搓条，其他制法，亦不及外销茶之繁复，仅将其梗、籽、末三次分出，即已完成，其种类一曰毛峰，系茶树在谷雨前十天初抽之芽，摘下时芽上微有白毫，长不过二三分，只须烘干，不用搓条；一曰雨前，系谷雨前节摘下，惟无白毫，须经搓过成条；一曰家园松萝，系谷雨后立夏前摘下，叶底较厚，且大，则为普通茶，均行销于鲁、津、平及东北长江流域。战事起后，各港口相继沦陷，致失出口之路，销场为之一蹶不振，农村既少收入，生活又复日高，迫不得已，将植茶地区之茶树砍去，改种高粱、玉米，以资糊口。高岗之茶，虽未砍去，因无销路，不去芟草施肥，亦多枯萎，今战事已告结束，而茶之生产锐减。估计今年产量，出口祁红至多不出一万箱，屯绿至多四万箱内销。十万市担诚皖南一大损失，亦农村之大不幸也，设有长期巨额贷款，贷诸农村则三年后或可恢复旧观焉。

《海光（上海）》1946年第10卷第4期

祁门红茶农行再贷款　茶商运抵上海后即行办理

（联合征信所沪讯）祁门茶商业以销路滞结，高利贷难于负担，将呈请经济部转中国农民银行再举办茶贷。顷悉，农行已允办理，惟该地农行新分支机构，如祁门茶商将红茶运抵上海后，可即行办理押款。据悉，该地茶商于收购时，农行已予贷款，多时一部资金系茶商自筹，此次再请贷款，实缘于高利之苦，故农行再予贷款，予以扶助，数额视该商等之需要而定。

《征信新闻》1946年第62期

祁门参议会电陈救济茶叶四项办法

祁门县参议会为本年外销祁红请求中央救济，电陈下列四项办法：（一）免征货物税及利得税。（二）特饬中农行减免贷款利率。（三）速令中信局办理茶叶收购。（四）因汇率过低市价不足生产成本部分，恳予贴补俾资挹注。

《金融周刊》1946年第7卷第42期

出口消息

（一）祁门本年茶叶产量不丰，而制茶号社不下四五十家，各号竞购之下，山价因而抬高。湿毛茶茶号收价二十四两秤，每担最高价为九万元，祁门茶业改良场收价每市担最高为五万五千元。祁门市上干毛茶数量甚少，尚不及湿毛茶之十分之一，最高价每市担为十一万元。

（二）The American Import Company 战前曾大量进口中国之各项手工产制品，该公司正积极筹备恢复中美贸易，愿与中国出口商取得直接联系，该公司地址为□。

（三）□为美国之大毛皮商，□函本所属介绍中国之毛皮出口商取得业务上直接之关系，有意经营毛皮出口者，可送函□接洽。（述明由本所介绍）

（四）美国□和□，前者为大药品制造商，后者为大药材进口商，皆对中国药材极感需要。有意经营药材出口者可送函□及□直接接洽，或出本所代转。

（五）顷由本所伦敦代表处转来与该处经常保持接触之羊毛及蛋制品商甚多。如有意对英经营羊毛及蛋品出口者，本所可提详细名录，以供参考。

《进出口贸易消息》1946 年第 117 期

安徽茶叶善后救济

——复兴"祁红屯绿"的外销事业

安徽大江南北的山岳地带，产茶特丰。皖西的"六安茶"，皖南的"祁红屯绿"在国内外市场上都是很负盛名。战前常年产量不下八十万市担，价值五六千万元。抗战初期，尚能维持不坠，换取外汇物资，对于国家及国民经济，有重大的贡献。自廿九年起，陆路交通日形梗塞，海道又被敌人封锁，于是运销无路，产制脱节，广大的茶园，竟失却经济价值。茶区缺乏粮产，茶农为生活所逼，不能不以全副力量去兴种杂粮，哪里还有力量去顾及茶园呢！因此茶园里面，杂草丛生，茶树衰萎，最惨的是把茶树连根掘去，改种杂粮，这真是"医得眼前疮，剜却心头肉"！

安徽分署早已注意这个问题，因为在农忙时期，来不及办理。现在秋季农闲，正是发动茶农复兴茶园的好机会，于是拟了一个茶园善后救济计划及实施办法，并与祁门茶业改良场，安徽省农林局分别签订合作办法。依照这合作办法，可以调用大批的技术人员来办理这件工作。这与行总所指示办理工振原则，工振应尽量与有关机关合作办理，各分署仅处协助地位，正相符合。

计划要点为：

（甲）整理方法。分为（一）中耕除草，（二）移植归并，（三）剪枝三种，每种整理茶树二十丛，各给面粉一斤。皖南皖西各整理全面种四分之一，共需面粉约四千公吨，工作人员九十人。以三个月计个共需津贴法币约三千万元。

（乙）工作原则采取以工代振。工作程序因茶区广大，物资有限，须划区分期，次第推进。工作推进，必须深入农村，以茶农为对象，贯彻寓救济于善后的积极政策。

（丙）组织。由安徽分署组织皖西皖南两复兴茶园工作总队，下分若干区队。总队设总队长一人，副总队长一人，区队各设区队长一人，队员若干人，统由分署向有关茶叶机关调用。

（丁）划区分期。皖南第一期办理祁门、至德、歙县、休宁等四县重要茶区，皖西第一期办理立煌、六安、霍山等三县重要茶区，统以三个月完成。预计收益，皖南明年祁红可增产箱装正副成茶一万二千担，屯绿一万八千担，合计三万担。以目前上海市价每担三十万元计，共值九十亿元，如运往国外，约可售得美金三百万元，此为全部收益。至于茶农方面收益尚未计算在内。皖西共有茶农六十万人，今年整理四分之一茶树，则受益茶农当在十五万人以上，预计明年至少可增产三万市担，以目前市价每担二十五万元计，收益即达七十五亿元。安徽分署以区区三千万元的现金，处理四千公吨的面粉，动员地方茶叶农业方面九十个技术人员，应皖省西南两个山区待救茶农的急需，还能收得上述的善后效果，这不能不说是本分署"工振原则"实际运用的一大成功。

祁红在伦敦磅售四先令半

伦敦茶市购买人对华茶品质，虽仍存挑剔心理，但对既到未到之华茶，求胃颇显良好。刻祁门茶普通花色，已售至每磅三先令十便士，品质较佳者，竟高至每磅四先令六便士。

《闽茶》1946 年第 1 卷第 10 期

武夷祁门茶树品种之调查与研究（续）

叶鸣高

（乙）品种地理志

茶树品种标本采集地点之风土与生长情形足资记述者，为调查研究者所重视，因藉此可补充对某一号株所受之自然环境之影响，而为选种与分类所借镜，因土壤、地形、气候与其他人为之条件，对树形叶质品质之关系密切，选种后举行品种比较试验，意在除去各品种间之土壤气候之差异，而选种之前尤需明悉其母株所在地之特殊地理气候等之天然因素也。

本调查之地点主要为祁门与武夷山，兹分述二地涉及品种采集地域之风土气候者如下：

A. 祁门。

祁门茶区分为祁红产区与祁绿产区，二区之茶树以制造茶类之不同，茶树产地之情形亦迥异，又因采摘方式不同，致使茶业生长情形显著不同，第同属一县境内气候无殊焉。

祁门县在安徽之南部，境连至德、浮梁、婺源、黟县以上诸县均产红茶，而以祁红为名，其著名产红茶，乃七十年前始有商人以制红茶之法传入，盖七十年前原属绿茶区也，今尚存之绿茶产区，有祁门东乡凫溪口及婺源二地，产外销绿茶品质绝佳，冠全国各有名家，产区称《四大名家》。

祁门茶区之地理气候为适宜茶树生长之环境，其境内之山为黄山山脉，自至德而东盘结而为历山，昌江二源出焉，西源为历溪，为红茶制造中心，历口即在其滨，东源大洪水自祁门城经平里而西会西民，合流为昌江，入浮梁县境水流所经岗岭层叠，山谷间均产红茶源祁门城外之凤凰山，为祁门茶叶改良场总场所在，其茶园开辟于民国二十四年（1925），民国三十年采集之标本中，祁场者即采于斯，茶苗之生长高者已达二公尺，栽植于梯级茶园，土壤为砂砾质黄土，排水甚佳，无遮荫树木间植。

平里为前农商部于民四年所创立之安徽模范种茶场，历经沧桑，至今仍存，亦红茶之生产中心之一。茶园多在山谷间，沿溪者称洲茶，制红茶宜于高山，平地较劣，作者虽居平里数月，惟平里之标本及采集，仅于平里塔坊间之一凉亭前采一号，即为塔坊1，其地为山坡路侧垦植之地，下临昌江土质轻松向阳。

历口在祁门之西三十公里，当历山之麓历溪之滨，气候湿润，晨昏云雾弥漫，为茶树最优良之产地，历山去此约四十公里，所产之茶品质尤高，即历口周围之茶区多垦山植之，自下至顶均植茶树。间有油桐杂植，第以采摘方法与平里城场相同，即嫩芽连嫩枝摘下，故树势多不高大。

凫溪口绿茶区，在祁门东乡约三十公里。以产外销绿茶著名，称"四大名家"，其地滨新安江上游之率水，茶园均在冲积土上，广不及半公里，而狭长约五公里，率水清澈碧绿，每年雨季水涨，山洪暴发，泛滥于洲茶园上一二日。水退残留冲积土壤一层，含多量之腐植及矿物质，故甚肥沃，近江而较低之园泛滥所及之地较高者为肥沃。故"四大名家"之地以此分等级。"四大名家"：1.杨村，2.杨树林及上、下福州，3.根坦，4.李坑口。其中杨树林以香气，胜杨村茶以水色清，根坦以做工好，李坑口以产量多著。

凫溪口之茶树□为洲茶，因江流所经水气蒸发，低地云雾甚浓，亦极合茶树生产之条件。

绿茶园中多杂植乌桕为荫覆树，湿气甚重，叶多硕大深绿，因采摘时有养标之习惯，茶树多在三公尺以上。

B.武夷山。

武夷在茶叶产地中历史最为悠久，不独我国在宋朝已有苏轼、范仲淹、朱熹、蔡襄等学者之诗歌赋词，歌颂茶与山水，即植物学家林奈，亦曾以武夷名中国茶，迨清乾隆间罗泊特福庆（Robert Furtune），亦曾亲至武夷，著有茶区游记（注三），证明红绿茶系制造方法之不同，而非品种异殊，英印茶树创开之始曾命戈登自武夷输入茶籽，则武夷山之茶叶在世界茶叶史上更非其他产地可以比伦。

关于武夷山茶区之地理，清董天工氏《武夷山志》言之綦详，近人对于茶区之土壤调查有宋达泉、沈梓培（注四）、俞震豫、毛金生、唐耀先等（注五），王泽农（注六）诸氏之报告，武夷山之茶叶调查有林馥泉氏（注七），郑兆菘（注八）等之报告，毋烦复述，惟作者曾在武夷山调查三四年，于该山之地理茶树原产区更多涉足，其与本文有关而为前人所不及者约略叙述，以求明白。

武夷山周围达一百二十华里，九曲之水自星村流入，曲折萦回而分之为山南山北，山南之庆云岩，附近为元高兴子久住，创设御茶园故址，惟今已荒芜，南山诸岩之茶品质不及北山。

北山茶以三仰峰以东，山脉向东驰，山谷间溪涧东流汇入崇溪，北边黄柏溪以北九曲以北之间，边岩之气候与山外气候近而茶质较逊。山内之茶区以水系分为（一）广宁坑（二）慧苑坑（三）牛栏坑（四）倒水坑（五）九龙窠大坑口等五坑，茶园均在岩谷间，岩石风化后残积土多为砾砂壤土，质地轻松，酸度适宜，PH为5.□—5.8，盐基饱和度上层约为76%，底层约为57%，底层代为换□量较低，而代换盐基量两倍于表土，排水情形佳良，因悬崖削壁，狭谷深涧，故日照温度湿度颇多参差，形成微域气候与山外异殊，复因雨量丰沛，日照强烈，故山巅岩之风化强烈，山巅甚少植茶，山谷山麓之茶树多砌石成坛，以防冲刷。因山巅岩石之风化土壤以雨水之冲刷而崩坠，与岩面土壤中涵蓄之水向下浸润，土壤中含无机质与有机质丰富，故名业所在地多在石壁之下，其根深入岩隙可引浸润之水分，《茶经》云"上者生烂石，中者生砾壤，下者生黄土"。武夷茶产地多上中二者，本调查之茶株在上述之五坑内者有：（1）碧石佛国属广宁坑。（2）慧苑岩，水濂洞幔陀峰属慧苑坑。（3）竹窠岩天井岩兰谷岩属倒水坑牛栏坑。（4）马头岩天心岩九龙窠属大坑口。

在坑外者清源岩，莲台。

兹将各岩之茶树标本号码名称及其他一切调查所得者分述如下：

（1）清源岩。位于武夷山之西北角，为武夷肩背之地，山峦夹叠，岩石荫森之处曰金鸡洞，谷长约一公里，正南北向林木蔚然，石壁夹立，广约五十公尺至百公尺，四时水自水壁下潜，土壤灰色轻松，富于养料。每日日照仅一二小时，气候冷湿为武夷各岩最寒处。

10025 金鸡姆在金鸡洞梯地之中央。

10026 水金姑在金鸡洞上高处有油茶一株，该株在其下二级左角边，东西南皆山坡，惟北面开阔。

10028 在金鸡洞对面一阶坛上。

10027 清源岩之东幔云岩之南，高峰削壁之下地曰磐石者，为武夷山脉之北端，海拔约五百公尺名□石角，在一大石块之旁。

（2）碧石岩。三仰峰向西伸展，约二公里而为莲花峰，莲台峰，其东麓谷地，称大□湾，为碧石茶园所在地。碧石茶园，原为碧石寺产，以兵燹寺归县有，故其茶丛之名称无人能道者，就其大丛而经现包头周吉亮指为名业者，采取数号，而以碧石名之者，有：10□3；□003。

碧石东沿广陵坑，至龙峰之□，有地名袴脚窠，为向西之麓地，海拔约三百公尺，名丛有：

10045 不知春，其丛大，生势旺盛，萌芽迟，故名。

（3）佛国岩。佛国岩在北山之北路，白花岩之北，俗名牛屎坪，以岩东面形状绉叠如牛屎堆然得名，岩壁约五十公尺，坪在岩脚，广约一亩，自广宁岩而西北，约一公里许，即有悬水如带，广可尺许，更上为岩厂地势高约海拔二百公尺至四百公尺，名丛有：

10021 金锁匙，在厂背岩壁脚下，由厂南小径绕道而上，上午向阳下午即阴，地高爽，而不湿润，枝叶茂盛，其果实四粒方型，叶色浓绿。

10022 不知春，在佛国岩，悬流之西深谷中，地低洼而阴湿，以发芽时期甚迟，制茶时他种均已完毕方始可制，盖已在夏至时，故名为不知春，品质甚佳。

10013 竹丝，与不知春为邻，叶型狭长，五月十二日已采。

10030 苦瓜，在不知春之北，高一级之梯坛角荫蔽处，叶绿波状，叶淡绿色，顶芽有白毫，幼嫩叶略带金属光泽，微呈黄绿。

（4）水濂洞。水濂洞一名唐曜洞天，悬岩百尺矗立天表，珠泉从崖颠飞起，状如垂簾，冬夏不绝，有珠簾外厂与珠簾中厂二厂，茶树品种自安溪水吉等地由崖主林小细购入，水濂洞茶树之栽植及品种之引入在民国五六年间，至今已卅年，故其树已达固定之高度，因栽培历史较短，故名丛少，品质园之同名者各数十株。（注：本岩调查承外厂主林小细先生之指示始得获识基本之品种，惜先生于卅一年夏积劳而逝，作者甚为惋惜）

（5）慧苑岩。自三仰峰巅东瞰可见慧苑坑如线，自赤石入武夷经霞滨岩火焰峰之后，地势稍高，气候顿凉，即可见水自两壁垂下。近火焰峰一面有钓金龟、不知春、□上三丛。

10091 □上，在火焰峰下，其南为石壁，下临石阶道路，路之北有一大石块之坛，角为10092不知春所在。

沿路数步有壁泉下泄，仰望壁上有茶坛，上植茶一株，枝叶墨绿即钓金龟10033，高踞火焰峰之北壁，海拔约百公尺，其旁飞泉出足下，积为深潭，该丛如垂钓者端坐岩上然，日照少其南十步为慧苑坑，溪涧气候清凉。

沿溪而上数百步，过狗洞，板桥，拾级而登为北斗，北斗在火焰峰下，有大石罗列如北斗星，其地当慧苑坑之中心，气候温和，名丛有：

10090 大红袍，其地在北斗下石坛之边缘，树生长不良，其嫩叶色红。

10063 石观音，叶片大，其旁介大石故名。

缘溪向西南行过溪谷地稍广，溪之北有：

10041 白瑞香，树丛生有主干十余并立，高二公尺余，望之如天竺，丛与附近诸小丛迥异。

10060 白鸡冠，在慧苑之水口，乃名丛而非安溪之品种。

10062 玉兰，在慧苑之水口高一点八公尺，幅二点四公尺，叶内折，边缘平，三十三年十一月九日开花。

上四丛之地均为砂砾质，其与邻株环境了无差别，而白瑞香丛特大，最与他株之性状不同。

水口溪之南有水杨梅一株，未及调查。

慧苑坑东岸越一坡，有大谷地，处火焰峰之西，玉桂峰鹰嘴峰之北，自三仰峰来之山脉中，崩裂为一隙，留香洞汇倒水坑之水贯注于慧苑坑，山脉绵互而东，为火焰，幔陀峰，慧苑岩之上下鬼洞茶山即为该山脉环抱其中，名丛有：

10069 白鸡冠在鬼洞，该丛斜对火焰峰中之一石筑门墙，当鹰嘴之正前，四周特为石切坛方三公尺至易辨。

10068 太阴在鬼洞之中部，距白鸡冠10069约一百五十公尺，在沟之南梯田中央，其山峙立如屏障，不见阳光，故名为太阴。

10067 太阳在太阴之正北十公尺，隔沟以阳光充足故名，自此沿沟而东折而南，越小坡至上鬼洞前有：

10070 月桂芽微紫树高大，在坡下谷地之第一大丛，当坛之西角，过此坛为□。

10071 铁罗汉在坡下近沟之平谷地第二大丛，其东有五小丛，五月十四日采（民卅三年）。

10072 千年松由谷下上南坡折而东，一边为沟，一边为山边之茶坛，有高大茶株数株，为千年松所在，地当正鬼门口。

10073 正太阴在坡上，自千年松折回向西有较高一茶坛，地数级，其第二层之边缘南北二大丛中间之小丛为正太阳与正太阴所，在南为太阴。

10074 正太阳。

（注：作者于调查时承慧苑包头陈诗协指示此二丛为正本故 10068 与 10067 非正本，第以过去已调查之记录不能割去故仍存之）

10075 黄龙，自千年松沿路向东至同一坛之边界，其东南角一株，叶大而圆即为黄龙树势披张。

10076 铁罗汉自黄沿坡而东越二丛即为铁罗汉，其地位与千年松密迩，为高大之树而叶亦大，林馥泉氏调查报告会纪之。

由路再上一级为正鬼洞口，盖其地有大石斜倚下空故名鬼洞，其背有：

10077 肉桂在路之南边。

再东进上一层路之北坛有：

10079 大红袍。

路南坡上数级有：

100□0 金观音与 0□18□ 铁观音二丛混合为一，铁观音叶黄绿色，另一株为金观音，据云二丛均不甚佳。

10□80 在 100□3 之东□一三角坛地，名过山龙，芽黄绿色，再东上高数十级

路之北茶坛有：

10084 醉海棠，醉海棠之花梗细长而枝叶扶苏高可三公尺，树姿绰约如处子，微风摇枝如醉美人，以此得醉海棠之名。

更上至最后第二级中央为：

10085 叶小树矮名瓜子金。

至此慧苑岩上鬼洞尽矣，惟上鬼洞有一岔谷距 10077 仅数十步三角地带有：

10078 石角与清源所产者同名矮小，生长不良。

火焰峰之南壁立千仞，峡谷中有 10036，盖 10066 之不见天，乃误采此株，在其东一株炬西坛边之第三丛叶较大。

幔陀岩在慧苑坑口，当火焰峰之东麓，其岩上无名丛而有高脚乌龙，水仙，梅占，佛手，诸品种，毋须详志。

（6）牛栏坑。牛栏坑在慧苑坑之南，自幔陀有路可达，南为杜葛寨，北为幔陀峰，广一百至三百公尺，长约一公里，气候凉，雨后杜葛峰壁水飞溅而下，濛濛如

细雨，谷甚窄，山高阴冷。

10056 水金龟在兰谷岩茶厂之下阶道之南，林馥泉氏曾详言之。

10039 瓜子金在兰谷岩下有石砌之坛地极凉阴。

牛栏坑以上地势高起，盖在火焰峰天心峰之间，自此水一面往东为牛栏坑，一面往西即倒水坑，倒水坑者谓水逆流也，倒水坑至流香涧前与竹窠岩之水流会为流香涧，向北流入慧苑坑。

（7）倒水坑。天井岩所在，其谷狭如天井故名，名丛在天心峰之北麓有：

10055 吊金钟在天井岩厂之东约半公里，位于石壁之上，高出地面三十公尺，其地尚宽，阳光充足。

10049 水红梅在吊金钟之北，沟涧旁平坛之中，某附近茶树高低与此丛相似，该株以嫩芽叶为红色故得水红梅之名。

10056 过山龙在马弄之东侧山坡，坡之东即九龙窠，植于距地五十公尺之狭坛上，枝干甚老。

（8）竹窠岩。竹窠岩在三仰峰北麓，麓右为长窠及义窠，左为茅东窠，长窠起自竹窠南麓，分支谷向南为义窠，直向东为绵长之谷地，水源发自三仰之麓，东流贯川其间，至谷口北折入流香涧。竹窠之地深幽高爽，土多砂砾质，西屏高山，日照较少，长窠之西为大仰脚，海拔约三百公尺，长窠最后海拔约五十公尺，名丛有：

10024 铁罗汉在长窠之西端，最后一梯地之北角外边，北为竹窠石壁脚，土砂砾质，水自岩壁浸润故得地独厚，其地广约一百公尺，平坦宽阔能受阳光，惟下午为三仰峰所蔽，故荫。

10043 金钱在茅东窠之中，段茶坛之东，南角有二丛同名枝柯相接。

10042 柳条在金钱之西，约二百公尺梯地之中央。

10040 苦瓜在竹窠岩厂之后数百步竹林边，地势海拔约二百公尺。

（9）大坑口九龙窠。大坑口在天心峰杠葛寨之南，马头岩之北有名丛：

10088 白牡丹在乌龟石之西北，海拔约四百公尺，树植于向阳一坎地，植株高二公尺，幅二公尺，叶淡绿色，茎白绿色，后紫赭色，枝叶柔软，该丛最高之时达四公尺，采摘时须登梯，潮州茶商七家每岁平分此茶，殊为名贵。作者采集之时曾三莅其地，而未得花果标本，惟已繁殖于茶研究所名丛园（在温室旁）。

（10）九龙窠。三仰之中脉天心象鼻峰在其西，马头峰障其东，谷狭而长，丘陵起伏，地势高爽，一水曲折萦回而成涡。谷自天心起约二公里长，谷口有涧，积水绿漪，谷内云雾常住，雨后自石壁下滑，幽褐之石壁如流汗之巨牛，名丛有：

10044 大红袍，在九龙窠之西端山坡，其旁石壁流泉四时不绝，地当山坡梯级坛地第二级二行第二株（北→南）。

大红袍之真伪常为人所迷惑，近年过甚之宣传使其名浮其于实，尤以天心岩永乐禅寺为游武夷者所必经，以此远近咸知其名，惟寺僧多秘不肯使人知其正本所在，恒以膺者指引游客，以此达官贵客所知者亦为假大红袍，真正能尝大红袍者甚少，如斯人云亦云。作者调查该丛藉多年包头周吉亮君之助，得见此株，此株与林馥泉氏所见是否相同，尚待考证，作者观察之结果认为有下述之理由足证其真本。

茶树之生长以树为灌木性或乔木性而异，如乔木则主干大，而年龄之大小可由干之巨细而辨焉，灌木性异斯，以灌木之主干丛生，其茎不能长成巨大之主干，故老者多枯，自根抽出之新枝更生而代之，其树龄之大小视其丛棵之直径大小可以判别，因如初植一株主干一枝，枯死四周新围之干，故丛棵占地加大，再老外缘再生，至愈久而愈大。

大红袍之历史悠久至少六十龄以上，故其丛今已直径广约一公尺，周及三公尺有老干十余茎。

九龙窠内名丛仅一，其他在天心峰之西象鼻峰之前，地名竹山窠，名丛有三：

10050 不见天在象鼻峰之北，竹山窠最西之谷地，最后第二坛，谷广约五公尺，东西北三面石壁数十公尺，故阳光少，名为不见天固宜，树高大，3.8×4 m，叶黄绿色，枝绿树型舒展。

10048 大红梅在同地最后第一坛中，树势高大，3.9×4 m 芽红色，中脉绿，叶向后反卷，正面饱满，嫩枝栗色，成色赭色，枝平衍，其地位于竹山窠最后一梯坛，谷中高约海拔二百公尺，石壁之南有水流下流。

10051 雪梨在大红梅东一段阶梯之边缘。此树花甚多，芽白色，枝淡绿色，老叶墨绿色，树势披张。

作者调查之时常就一丛之地位简单绘一地图志其号码，今就存者附之于后，俾后之来者有所凭藉焉。

（注三）Fortune, R. A jonrney to the tea countries of China; including Sung-Lo and the Bohen Hilis, London. 1852.

（注四）宋达泉、沈梓培——福建建瓯建阳邵武崇安之土壤，民国三十一年（1942）十二月。

（注五）俞震豫、毛金生、唐耀先、陈德霖——福建崇安水吉邵武茶区之土壤，福建省地质土壤调查所土壤报告第八号民三十三年七月。

（注六）王泽农——武夷茶岩土壤，茶叶研究第二卷 No.4~6 Apr.juno.

（注七）林馥泉——武夷茶叶之生产制造及运销福建农茶业第三卷民三十二年三月。

（注八）郑兆苌——崇安武夷山茶树品种之初步调查报告（1932）未刊稿。

五、茶树品种之形态考察与统计分析

茶树品种之分类，必以其形态上有无区别为准绳，若所考查之器官项目多，及所调查之植株多，仅凭观察则形态上有显著差异者少，而类似者众，不能得正确之结果，斯以将各部分器官必先详细测量，然后统计之，则在分类学上或有助益。

甲、营养器官

茶树之营养器官如株丛大小，枝叶之形状，差异显著者与否？可以测量及统计之数字观之，今详述之。（待续）

《闽茶》1946 年第 1 卷第 8—9 期

武夷祁门茶树品种之调查与研究（续）

叶鸣高

乙、高度与节间长短

茶树丛生者为灌木，单株直立者为乔木亚乔木，为分类学者所注意，近国人如祁门茶业改良场场长胡浩川氏尝谓中国茶树原系乔木大叶种（注一），作者以为茶树经人工栽培，年年采摘，可使树型抑制成灌木状态，苟就其高度及采摘方式详加调查，参以节间之长短则虽不能判断今日之各种茶树品种何者为乔木，何者为灌木，然亦相差无几矣！

茶树高度之调查记录系野外实测者，其中武夷山之名丛，其树龄至少在三十龄以上，外山传入之品种亦约在二十年以上，茶树生长之情形已详于产地之地理志，同植于一地而高下悬殊者不乏其例，各株丛高度幅度单株者列为表（3），同一品种以无性繁殖，测量株数不等列为表（4），简单分组成表（5），据统计之结果可分为（1）矮灌木最高在一公尺以下者，（2）灌木最高二公尺，（3）灌木或小乔木最高三公尺而有主干者，（4）乔木最高达四公尺以上。

幅度之测量数字不齐，大多幅度小于高度，或等于高度，间有分枝习性不同树势披张者，则幅度常大于高度，如矮脚乌龙是。

在栽培上及试验上茶丛之大小可为决定株行距离之准绳，距离过宽则空隙大而产量少，过窄则相互联接发生生长竞争，故试验时之株距以二至三公尺为准。

注（一）：万川通讯1941年——P.5—8胡浩川——中国茶树原是乔木大叶种。

表（3）　43株茶树高度幅度表

号码 Field NO	品种 Variety	高度 Height(m)	幅度 Width(m)
10001	水仙	2.2	1.9×2.1
10002	水仙	1.62	1.7×1.7
10003	奇兰	1.7	1.7
10005	桃仁	2.35	
10007	肉桂	1.8	1
10008	肉桂	1.3	
10009	矮脚乌龙	0.99	1.5
10010	梅占	2.2	
10014	佛手	2.5	2.25×3
10015	水仙	3	3
10016	瓜子金	2	2.95
10019	黄龙	1.4	
10024	铁罗汉	1.84	3
10025	金鸡姆	0.7	
10028	红梅	0.6	
10029	奇兰	2	
10032	莲台茶	2	
10038	钓金龟	3	
10039	瓜子金	1.4	2.1
10040	苦瓜	1.8	
10041	白瑞香	3.5	
10042	柳条	2.9	
10043	金钱	3.2	

号码 Field N O	品种 Variety	高度 Height(m)	幅度 Width(m)
10044	大红袍	3	
10045	不知春	1.8	
10048	大红梅	3.9	4
10049	水红梅	1	
10050	不见天	3.8	4.2
10055	吊金钟	2.2	2
10056	水金龟	2	
10057	过山龙	2.1	
10059	肉桂	3.2	
10064	慧苑菜茶	2.5	
10066	不见天	2	2.2
10067	太阳	2.2	3×2.6
10068	太阴	2.2	2.7×3.2
10069	白鸡冠	1.7	2.3×1.5
10070	瓜子金	1.2	2.3
10078	黄袍	2.3	
100□□	竹丝	1.8	
10030	苦瓜	1.7	
10062	玉兰	1.8	2.4
10063	石观音	2	4
10071	铁罗汉	3.3	2.29
总计 43 号			

表（4） 茶树品种高度统计表

品种	测量株数	平均高度(公尺)±P.E	平均幅度 M.±P.E
水仙	5	3.6±0.7842	
乌龙	15	0.928±0.1383	
黄龙	7	1.33	1.389
奇兰	12	1.627±0.1925	1.22
桃仁	17	2.7±0.2526	

　　由表（4）足示乌龙为矮性灌木，黄龙、奇兰为灌木，桃仁为亚乔木，水仙为乔木。

表（5） 茶树高度分组表

组距	品种号码							
1 m	1009	10025	10028	10049				
1.1—2m	10039	10040	10045	10066	10060	10070	10063	
2.1—3m	10062	10003	10007	10008	10010	10024	10029	10032
	10064	10067	10068	10078	10081	10001	10010	10014
	10038	10042	10044	10055	10057			
3.1—4m	10041	10043	10048	10050	10059			

　　由分组表所示，矮乌、红梅、水红梅为矮性灌木，奇兰等十六株为灌木，水仙梅等十三株为亚乔木，白瑞香等为乔木。

表（6） 102株茶树节间长度之变量分析

品种株号	节间长度(cm)重复次数										品种和	平均数(cm)
	1	2	3	4	5	6	7	8	9	10		
10001	0.7	4	6.2	5	2.9	3.8	5.2	5.4	2	2.2	37.4	3.74
10002	1.7	2.2	3.1	2.3	1.6	4	4.3	1	2	0.7	22.9	2.29
10015	2	1.7	2.8	3.5	2.8	2.5	2.2	1.7	4	4	27.2	2.72
10003	0.8	0.7	0.7	0.6	1	1	0.8	0.7	0.2	0.6	7.1	0.71
10004	1.2	0.8	0.6	0.5	0.6	1	1.2	0.7	2	1.7	10.3	1.03
10020	2.9	2.8	3.1	2.7	3.1	2.2	2	3.6	3.6	3	29	2.9
10005	1.6	1.8	1.1	1.8	1.5	0.6	0.9	1.1	1	1.5	12.9	1.29
10006	0.9	1.2	0.8	1.5	1.2	1.3	1.5	1.2	1.8	1	12.4	1.24
10007	3	3.5	3.9	2.5	5.1	4.5	2.4	1.9	1.7	2.2	30.7	3.07

品种株号	节间长度(cm)重复次数										品种和	平均数(cm)
10008	1.1	1.2	0.7	1	0.7	1.5	2.2	3.7	2.3	3	16.9	1.69
10009	2	2	1.5	1.2	2.3	2.3	1.4	1.3	1	1	16	1.6
10010	1.7	3.5	1.7	2	1.5	1.6	0.7	3.7	4.2	4	24.6	2.46
10011	0.6	0.8	0.4	0.6	1	1.2	1.0	1.1	1.2	1.5	9.4	0.94
10012	2	1.8	1.7	1.5	1.6	0.8	2.2	1.2	2	1.2	16	1.6
10014	4.5	2.3	3.5	4	3.5	4	4.7	3.5	3	2.5	35.5	3.55
10017	2.3	2.5	2.1	3.2	3.1	3.6	2	1.7	2.5	2.1	25.1	2.51
10052	1.1	1	0.7	1.8	1.6	0.9	1.7	3.2	1	0.9	13.9	1.39
10019	1.4	1	1.6	2.1	3.1	0.7	1.1	0.8	1.5	2	15.3	1.53
10021	1.3	2.2	1.2	1.8	1.1	2.3	3	3.2	2.5	2.1	20.7	2.07
10022	0.7	1	1.2	0.8	1.1	1.5	1	1.3	0.9	1.2	10.7	1.07
10024	0.7	1.5	2	1.2	1.5	3.6	2	2.6	2	1.5	19.4	1.94
10025	1.7	2.2	0.8	0.8	1.5	1	1.2	0.6	0.6	0.9	11.3	1.13
10026	1	1	0.7	0.7	1.3	2.2	2.7	1.8	1	1	13.4	1.34
10028	0.4	0.3	0.4	0.5	0.3	0.6	0.7	0.5	0.5	0.9	5.1	0.51
10032	3.6	3.3	1.2	0.8	0.9	0.7	0.9	1.1	1.1	0.5	14.1	1.41
10033	2	2.8	2.5	2.0	2.8	1.8	2.2	2	1	1.2	20.3	2.03
10034	0.84	0.6	0.92	2.2	1.8	2.5	2.5	1.5	2	2	16.86	1.686
10036	0.8	0.5	1	0.4	0.7	0.3	0.3	0.3	0.4	0.7	5.4	0.54
10037	1.1	3.2	1.3	1.2	1.6	2.2	2	2.7	2.9	1.2	19.4	1.94
10038	5	4	3.5	2	3	3.2	4.5	3	2.2	5.4	35.8	3.58
10039	1.2	1	1.5	0.8	0.3	1.6	1.3	1.4	1.1	1	11.2	1.12
10040	0.8	2.6	0.4	0.3	1.2	0.7	0.6	0.5	0.9	0.6	6.6	0.66
10041	1.5	2.8	2.1	1.7	1.2	1.4	0.7	0.7	0.5	1.2	13.8	1.38
10042	1.2	1.4	1.7	1.8	2.4	3.3	1.2	0.8	1.1	1.4	16.3	1.63
10043	1.7	1.2	2.2	4	2.3	2.6	5.8	2.5	3	3.7	29	2.9
10044	1.4	0.8	1.2	0.6	0.7	0.8	0.8	0.7	1	1.2	9.2	0.92
10045	0.5	0.5	1.1	1.4	0.5	0.4	0.4	0.7	0.3	0.4	6.2	0.62
10047	2.2	1.7	1	2.1	1.2	1.5	1.8	1.7	3.9	2.8	19.9	1.99

品种株号	节间长度(cm)重复次数										品种和	平均数（cm）
10048	0.7	2.3	1.8	2.6	3.2	3.1	3.4	5.5	2.2	1.7	26.5	2.65
10049	1.8	0.4	0.4	0.5	0.7	0.6	0.6	0.4	0.4	0.8	6.9	0.69
10055	2.2	2.4	2.1	2.1	1.4	1.5	1	1.3	0.8	1.2	16.	1.6
10056	1.2	1.9	1.2	0.6	0.2	0.8	0.5	0.5	0.8	1.3	9	0.9
10057	0.7	0.7	0.5	2	2.1	1.5	0.7	0.7	0.5	0.3	9.7	0.97
10059	1.0	1.2	0.6	0.7	1.5	1.2	1.3	1.4	1.3	1	11.2	1.12
10064	0.5	0.7	0.6	0.7	0.2	0.7	2	1.5	1.5	0.2	8.6	0.86
10066	0.9	1	0.3	0.7	0.9	1.1	1	1.4	2	2	11.3	1.13
10068	1.1	0.9	0.7	0.6	1.1	1.1	0.8	1	0.5	1.5	9.3	0.93
10069	6.9	2.7	3	3	3.2	3.6	4.1	1.4	1.2	1.1	30.2	3.02
10060	0.5	0.5	0.9	1.1	1.4	1.1	1.2	0.4	0.6	0.4	8.1	0.81
10061	0.6	1.7	0.8	1.6	1.4	1.3	2	1	1	1.4	12.8	1.28
10062	1.7	1.6	0.8	1.2	1.5	0.9	1.7	1.1	1.3	2.3	14.1	1.41
10063	1.3	2.4	3	3.2	2.3	4.5	4.3	2.2	3	2.4	28.7	2.87
10070	2.3	2.7	2	1.5	2.3	2.2	1	3	2.5	2.5	22	2.2
10071	2.2	3.5	3.8	2.3	2.7	2.3	2.5	2.8	2.9	1.7	26.7	2.67
10072	2	2.5	1.4	1	1	1.6	1	2	1.4	1.3	15.2	1.52
10073	2.2	4	2.2	2.3	2.7	2.5	…	1.2	1.8	2.6	24.6	2.46
10074	4	3.7	1.9	2	2.6	2	4.6	3	2	1.1	25.9	2.59
10075	2	2.9	3	3.2	2.5	2.6	2.3	1.8	1.7	1.2	23.2	2.32
10076	1	2.3	2.5	2	2	1.6	2	1.5	1.2	1.3	17.4	1.74
10077	2	3.7	3.6	2.6	2.3	1.4	3.4	1	1	0.7	21.7	2.17
10078	2	2.2	2.1	1.2	1.4	0.9	1.4	2	3	1.7	17.9	1.79
10079	2.2	4	3.2	2.1	3.6	2.5	2	2.7	2.6	1.8	26.7	2.67
10084	1.6	1.2	0.4	0.3	0.2	2	2	2	1.5	1	12.2	1.22
10089	1.8	2.2	2.2	2.3	2.5	1.6	2.2	1.6	2.2	1.7	20.3	2.03
10090	1.3	0.7	1.1	1.7	2	2	2.1	2.5	0.7	0.8	14.9	1.49
10091	2.6	1.8	1.5	1	1.3	2.9	3	1.9	1.7	3.6	21.3	2.13
10092	0.5	0.6	0.7	0.8	2	0.6	0.7	1.2	1.6	1.5	10.2	1.02

品种株号	节间长度(cm)重复次数										品种和	平均数(cm)
10101	1	1	1	1.6	1.5	2.7	2.7	2	1	0.7	15.2	1.52
10102	2.7	2.3	1.6	2.1	3	4.8	3.2	2.1	1.8	1.7	25.3	2.53
10103	2	3	4	2.5	2.7	1.8	2.1	2.4	3.3	3	26.8	2.68
10104	2.7	3	2.5	3.2	2.3	1	2.7	3	2.6	3.2	24.2	2.42
10105	4	3	2.7	1.5	1	1.2	2	1.5	2.2	1.6	20.7	2.07
10106	4.2	2.1	2.6	1.6	1.6	2.7	2	2.3	2	2	23.1	2.31
10107	1.5	2.1	1.7	2.1	2.5	1.2	2.2	2.1	1.6	1.5	18.5	1.85
10108	1.6	1.5	1.3	1.5	2.3	3.5	2.5	2.4	1.7	1.4	19.7	1.97
10109	3.2	2	2.2	1.3	2.1	2.5	2.5	1.9	3	2.5	23.2	2.32
10110	2	1.5	0.7	1.2	1.2	1.1	1.1	1.1	1.7	1.1	10.7	1.07
10111	2.4	2.5	2.2	1.5	1	1.5	1.5	1.4	2.2	2.8	12.9	1.94
10112	3	3.6	3.5	3.1	3.7	1.5	3.1	2.2	1.9	2.5	28.1	2.81
10113	3.2	3	2	3.9	2.5	2.4	1.5	3	3.8	3.5	28.8	2.88
10114	2	1.6	1.6	1.1	1	1.6	2	1.5	1.5	1.6	15.5	1.55
10115	4.1	4.5	3.3	3.2	2.5	2.5	4	4.4	3.5	2.9	34.9	3.49
10116	1.6	1	0.1	1.6	1.2	1	1.1	2.1	2.5	2.2	15	1.5
10118	3.5	3.5	2.7	3	3	2.8	2.9	3	2	2	28.4	2.84
10119	3	1.1	0.6	0.3	1	1.1	0.9	1	1.7	1.5	12.2	1.22
10120	1.8	1.6	1.3	1.7	1.5	3.5	2	2.4	3	1.6	20.4	2.04
10121	2	1.6	3	2.5	2.1	1.1	1.5	1.6	1.9	1.8	19.1	1.91
10122	1.5	1.5	2.7	2.3	2	1.5	1	1.8	1.8	1.4	17.3	1.73
10123	4.5	4.5	2.4	2.7	2.3	1.6	1.4	3.2	3	1.2	26.8	2.6
20002	3.9	3.1	2.2	5	3.5	3.1	3	3.1	3	3.1	33	3.3
20003	5.1	4.9	3.5	4.7	3.8	6.1	7.7	3.2	5.9	3.5	48.4	4.84
20004	3.8	3.7	3.9	3.6	3.3	2.7	3.2	1.4	1.7	1.8	29.1	2.91
20008	1.9	1.2	1.5	1.6	1.7	3	2.3	1.8	2.5	2	19.5	1.95
20014	3.6	4.4	3	3	2.1	2.3	2	2.9	3.5	3.3	30.1	3.01
20009	2.1	2	0.9	1.8	2.9	2.2	2.4	3.5	3	2.5	23.3	2.33
20010	2.4	2	3.7	2.8	3	2.8	3.7	3.9	3.2	3	31.5	3.15

品种株号	节间长度(cm)重复次数										品种和	平均数(cm)
20011	4	3.5	2.2	2.5	1.9	2.4	3	3.1	3.2	3	29.8	2.98
20013	4.5	4.2	3.7	1.8	1.7	1.5	3.2	3.7	4.8	3.7	32.8	3.28
20015	2.7	1.3	2.6	2.4	2.6	2.5	1.6	2.8	1.3	1.2	21	2.1
20018	2.1	2.5	2	2.5	2.4	3	2.3	0.9	1.8	1.6	21.1	2.11
20021	2.7	2.2	1	1	1.5	1	1.5	2.5	1.5	1.2	16.1	1.61
每重复和	209.44	214.6	191.12	194.3	196	204	213.5	201.3	196.3	183.2	2004.36	全数平均1.965
每重复和平方	43865.1136	46053.16	36526.8544	37752.49	38416	41861.16	45582.25	40521.69	38533.69	33562.24		

一九四七

政府收购茶叶，茶商希望旧历年前解决

关于茶叶业请求政府收购茶叶，出口外销，经数度接洽，迁延月余。兹由政府接受，收购全部运沪茶叶五万八千担，祁门红茶六千担，屯绿茶一万四千担，平绿茶三万六千担。价格方面亦经商定，计祁红中心价每担五十万元，屯绿中心茶价□十万元，平绿头批中心价三十三万元。惟茶叶业方面，希望政府立即收购，并要求先付价款九成，因所有外销茶，均已向中农以七折抵押，所付仅需二成，其余七成由中农扣除。惟政府方面，只允先付八成。昨日茶商与负责此事之中农代表，再度洽商，惟须经当局核定。目前茶商方面，丞盼当局在旧历年关之前解决，以清偿积欠云。

又，外销茶由政府委托中农收购后，将由中信局办理出口，或外易货云。

《申报》1947 年 1 月 12 日

茶叶押款，农行贷出一百二十亿元，中信局收购价格尚未决定

中国农民银行举办之茶叶押款，原分自资及茶贷加工两种，押款额各核定六十亿，共为一百二十亿。现是项押款额，业已全部贷出，而自制加工部分之茶叶，尚有陆续运来者。该行为扶持茶业，决继续办理，押款额可能为三十亿，正与中央银行洽商转质押手续中。该行此次所办之茶叶押款，最初限于屯溪、平水、温州、祁门等四区，继增加两湖、宁州、福州等三区，故押款额一再增加之后，犹不敷用。关于上项押款茶叶，由中信局收购，决无问题。惟收购价格，与茶叶品级等，尚待有关各方一度会商后，始能作最后决定。

《申报》1947 年 1 月 25 日

扩大举办茶贷，本年总额逾百六十亿，
中农行即办实物农贷

农民银行为救济茶业，本年度决扩大办理茶贷，不只限于苏、浙、皖一隅，全国产茶区，均将一律举办，俾适应茶业需要。是项办法，已于去年该行召集之茶贷会议后决定。顷悉，该行正根据所订办法，逐步推进。该行现以茶叶即届长成期间，各茶厂正准备收购，因已着手开始办理茶贷事宜。浙、皖两省产茶区域，如祁门、平水、温州、屯溪等处，该行所属之分支行处，已分别办理茶厂登记。按其登记收购毛茶之多寡，再决定各厂贷款之数字，开本年度茶贷总额，在一百六一十亿以上。

《申报》1947年1月30日

茶叶轮出商公会讨论外销办法
决议仍请政府出价收买

（本报讯）本市茶叶输出商业同业公会，为讨论如何推销卅五年度华茶外销事宜，特于昨日下午二时起，假宁波同乡会召开临时会员大会。出席会员代表七十余人，由理事长唐季珊任主席。讨论至六时许，始告散会，结果决议三点：（一）去年所收茶叶，仍请政府收购。各种茶叶之中心收购价格，祁门红每担一百一十八万八千元，陈绿每担九十五万元，平绿六十七万元，并要求收购期限，最长不得超过两个月。（二）组织茶叶输出推销委员会。如政府决定收购，则协助政府推销输出，否则，则自行设法输出。（三）如政府不允收购，则原有农民银行之贷款，望能再展期三个月至六个月。同时要求按原贷额加贷四成，以便抵充外销费用。

《申报》1947年2月21日

挽救华茶外销亟须自谋改善

（本报讯）顷据某茶业巨子称，我国出口大宗之茶叶，终因国内生产成本高于国外售价，致外销迄无起色。而吾政府当局对于华茶，业所关怀，除施以贷款等种种善策外，并将对美汇率，自二〇二〇元数度调整至一二〇〇元。查国内茶价，虽跟踪各物扶摇直上，然若干种茶叶价格，目前已能与国外接近，但货方则仍一味居奇扶持，不忍割爱。最近英国各地，鉴于华茶采制方面，墨守陈法，出品既不一致，售价反而奇昂，为补救急需起见，已纷纷转求他国。综观此种情形，我国茶商如再不自谋挽救之道，外销恐将濒于绝境矣。

《申报》1947 年 2 月 25 日

祁红卖户居奇

僵持多日之祁门红茶，昨日市上依然未见展开，良以英商出口行，虽仍与卖户磋商，惟货主售意成不放宽，陈中祁门每担坚售五十万元，而进购者给价则为四十四五万元左右，因此成交与否，尚在酝酿中。其他花色，仍以销往非洲之抽珍、珍眉等绿茶，脱手活跃不衰，行情亦颇稳定云。至于各式内销茶，本街店庄及苏州帮，频趋注视，惜供求失调，遂呈清闲之象。

《申报》1947 年 2 月 25 日

茶叶收购价格，央行不愿变更，新方案碍难考虑

（本报讯）茶商代表孙晓邨、胡陆之二人，昨为卅五年度华茶外销事，赴中央银行访谒业务局长林凤苞及副局长李筱庄。孙氏等以上次本市茶叶输出业公会临时会员大会议决，要求政府按新侬格收购一节，央行表示不能考虑。故昨又提出茶商方面所洽议之书面新方案，决定仍请央行照去年所定收购价格（初期平水茶每担卅三万元，二期廿七万五千元，三期廿三万元，屯绿茶每担四十万元，祁门茶每担五

十万元），办理收购，央行须先付价值全部，日后输出所得利益，则按央行二成、茶商八成之比例共分。孙氏等提出该项方案后，经洽商一过，央行当局仍认为无法考虑。缘央行立场认为，收购卅五年度外销华茶，早经双方洽议成案，彼此且已交换文件，故唯有行收购原案。如输出后果有利益，其分配办法，亦应由央行决定云。

《申报》1947年3月1日

茶业收购问题希望早日解决

政府曾于去年阴历年底，饬中央银行收购茶叶，以舒茶商艰困，并核定收购中心价格，历时两月有余，迄未实现。转瞬清明节届，新茶登场，陈货未销，新货将如何发展。此项问题，非仅茶叶业本身引为焦虑，即关心国际贸易者，亦甚关怀。据茶业方面称，最近正式市面，祁门一百万元至八十五万元，平绿五十一万五千元至四十六万元，宁红六十一万元。主办当局既不允要求加价，似可任令具有销售能力之茶商，备款□取，押款茶业，免得迁延时日，呆滞搁置云。

《申报》1947年3月5日

收购外销华茶问题昨已获得解决方案

仍照原定价格收购，但由中信局给予打包贷欸百分之一百二十。

（本报讯）三十五年度外销华茶之收购事宜，几经茶商与当局洽商，未获结果。昨日下午三时，洽谈在中央银行总裁室重行展开。出席有中央银行副总裁刘攻芸，业务局副局长邵曾华、李筱庄，中央信托局沈熙瑞，中国农民银行王伯天、周纪曜，茶叶协会寿景伟，茶叶输出业公会孙晓邨、叶世昌，东南区茶场联合会吴觉农，平水区陶振声，屯绿区洪泾五，祁门区陈受百等。经三小时之讨论，终于获致最后之解决方案。惟尚待□由行政院核定后，方能施行。预计因此而收购之外销华茶，总额将达十万担，内包括洽妥押款之茶叶八万担，及未洽妥之茶叶二万担。

昨日决定之方案，仍系维持中央银行之收购原案。惟按原定收购之中心价格，即平绿卅万元，屯绿四十万元，祁红五十万元，由中央信托局以打包放款之方式，给予百分之一百二十之贷款。该项贷款，应先偿付各茶商在中国农民银行七折作押之茶贷。至茶叶之推销事宜，则决由中信局与各茶商合组联营推销委员会。中信局负监督之责，设法使所有茶叶，在三个月内推销完毕。推销所得利润，按茶商七成，中央银行三成之比例分配之。

《申报》1947 年 3 月 13 日

卖方脱货求现，祁红交易展开

英商需求不战之祁门红茶，连日因吐纳双方态度倔强，久乏正式成交。昨市晨开后，即在一般调剂资金之货主，相率吐出中。买户趁机撤压，结果交易虽告展开，市气则频露软化，行情猛挫不已。他若各式外销绿茶，除陈久多年之次货，目前片□难以脱手外，余如三十四年及三十五年度之花色，求者仍未敛迹，惜吃价亦紧，致成议欠畅，犹少升降。红绿茶内销，依然处于狭溢庞围内，人心终平。

《申报》1947 年 3 月 14 日

农行举办茶贷，根据三项原则

中国农民银行举办之茶叶贷款，茶商咸认限制过严，请求放宽。据该行负责人谈称，此次举办茶贷，根据三种原则：一、导游资入生产，二、减低成本，三、加高生产速率。预计本年度茶叶总产量约在五十万担至六十万担之间。但迄目前止，已向该行请求贷款之茶商茶厂，有一千六百余单位，总计其产量竟有一百五十万担之多，其中恐有不实。故该行规定，凡绿茶能产三百担之茶商，及红茶能产一百担之茶商，始可申请贷款。又，为顾及生产速率，由各该商先以成本购买毛茶商，然后再由该行贷予茶贷，作改装及运销之用。凡产量少之茶，可合并请求贷款，对不足产量之茶商，则一概不贷。目前开始贷出者仅祁门一地，其他尚在审核产量中云。

《申报》1947 年 5 月 7 日

烘青喊价再挺　新祁门成本不轻

查徽烘、珠兰、大方等各种内销茶，自天津帮胃纳开朗后，交易步趋佳境，人心亦咸带坚化。价格方面，依然巩固。惟卅五年徽州烘青，市上存底业将告罄，卖户售意较紧，喊价再向前进，是以市气独告上挺。洋庄茶市进购者，赓续袖手旁观，致过程虚浮如故。兹悉：刻下午昌、华茶等公司，对于去年度平水大帮，颇有复动之势，惜出价异常□吝，每担仅为卅四五万左右，但货方因成本关系，谈判难获顺利。

又讯，在国际市场占有重要地位之祁门红茶，迩来已届产新之期。闻产区茶商，正在积极布置中，但今年因一切开支浩大，故货方由毛茶制就箱茶，再加连沪之水脚等费，成本匪轻。顷据业中人云，本市每担至少须售二百万元，始能微博蝇利云。

《申报》1947年5月8日

华茶外销困难重重，输出业开紧急会议，
拟就产销计划希中农采纳

华茶输出业同业公会，前日在该会召开紧急理监事联席会议。出席理监事唐季珊等十余人，讨论陈茶处理，及中农办理茶贷条例苛繁等重要议案。

（一）对客岁陈茶，仍由政府拆资收购一节，与金融当局磋商结束，未如理想。经商议今后进行方针，决将去岁七万担茶集中后，由茶叶联营公司，会同该业，于今日看样估价，弃其不合出口标准者，余均由该公司业务委员会联合外销。押款部分，仍拟要求政府尽量拨予。（二）本年度中农行承放八百亿元茶贷，所定条例苛繁，茶商殊难接受，决会同茶叶联营公司，拟就本年度会国茶叶产销计划，要求农行依照是项计划，修订本年度茶贷办法。惟农行以难于更动为辞，当由全体理监事即席议决，将华茶外销困难，诉之舆论界，并推定委员起草告社曾人士书，定明日假银行公会招待新闻界。

据关系方面透露，目前外销茶在国际市场交易情况，日趋恶劣，经营出口商极盼政府多方协助。茶商因去年陈茶无法处置，利润一点，已愿暂置不论外，至少须使茶商略获保障。各地茶行对本年制茶，迄今犹裹足不前，且茶叶内销无望，市场沉寂，市价回入平疲。在此制茶之初，即遭遇此不利境遇，经营者不免胆寒云。

又据中农行戴圣理称，政府对外销茶向极关怀，扶植甚力。月来各地物价波动剧烈，而华茶价格未见提高，此因出口无法展开之故。茶商或已损失不赀，金融当局可以考虑收购，但拟限于祁门、平水、温州三地产品。茶贷办法，容有过严，乃有鉴于去岁茶贷办理经过不善，而不得不如此做者。新任轮广会陈副主委，在抗战期间，曾任贸易委会主委，办理收购茶叶，为数至巨，故陈氏必能尽力解决外销困难云。

《申报》1947 年 5 月 19 日

战争烽火烧萎茶芽

"祁红""婺绿"，向来是皖南徽州山国里的两朵姐妹奇葩，在国际茶叶市场，很占有相当地位的。祁、婺、休、歙等县的农村经济，几全赖它两朵奇葩来维持调剂着。休、歙、婺恃茶为活的人民，要占全邑人口十分之五，祁门恃茶为活的，更占人口之十分之八。这两朵红绿奇葩，大之关系对外贸易，挽回国家的入超；小之关系一县金融，茶农生命，它的重要性，是不难想象而知了。

自抗战烽火，燃烧着欧亚两大洲，茶叶市情，受着战争的影响，去路完全绝塞，店庄内销□花茶的出路，也随之日薄□嵫。犹之生产货品，找不着上门主顾，开商店的，势必至关门大吉。今日望明日，接着搁置了五六年，这朵受不着雨露滋养的奇葩，自然地谢枝衰萎了。

《申报》1947 年 7 月 15 日

茶容蓬首修草丛中

去冬皖南茶区，为挽救征茶的凋敝，曾熟烈地实行了一次复兴茶园的整理工作。记得祁门茶场场长胡浩川先生在工作队座谈会上说："它到祁门产茶丰富的西南两乡，参观茶园，所到之处，大多数地方是，只见蔓草，不见茶园，有的地方茶树，全为修草遮蔽，必须爬山细看，始能辨别出是茶丛。"胡场长更说得好："本年的祁门红茶，无论在茶商或茶农方面，以所得赶不上物价，分析祁门本年的成本和可能售的价格，已成为不亏而亏，亏而不亏的现象，这个现象，可以拿'表面红热，骨□阴冷'，八个字形容尽之。"

细味他上面两段谈话，真是一针刺到茶业界的底层，将祁门茶业形态原形的和盘托出。祁红既衰敝到如此田地，向与祁红比肩姐妹的休、歙、婺绿茶，在同病相怜中，其支离吟苦的情形，则又何能例外？

胡场长为皖西六安人。民二十七年，皖赣红茶运销委员会移驻屯溪，胡兼该会秘书。记者承婺源茶业公会推派驻屯代表，得知他接长祁门茶场十余年，平日致力茶业的改进，颇费苦心。胡氏生长茶区，工作茶区，对茶业的兴革，当然了如指掌。去冬，皖救分署办理茶贷，得胡之助力尤多。

《申报》1947 年 7 月 15 日

中信局收购陈茶，茶商请提高收价

拟推派代表四人晋京请愿。

关于由中信局收购去岁七万箱陈茶事，该局前已核定，为祁门每担最高收购价为七十二万元。惟茶商方面，再向主管当局，要求提高收价未果，已于日前呈文行政院等有关部院，胪陈困难，请求复核。

茶商所要求者，为按照中信局核定价格，增加百分之五十。因近日茶市向荣，各级茶叶皆上涨二三成不等，故实际上双方相差价格约为三成。华茶输出业定周初召开大会，拟推代表四人晋京请愿云。

《申报》1947 年 7 月 21 日

输广会今讨论收购新茶价格

政府当局为谋发展茶叶外销，在推广会督导之下，由中央信托局负责收购。兹悉输广会定，今日举行执委会议，讨论本年新茶收购价格等问题，决定后即由中信局开始收购。

据悉，本年各地新茶，茶商采购来沪者，六万担左右，大部由中农银行承做押款。迄昨日为止，该行新茶押款总额为三百亿，均将由政府收购后，输出外销。至去年押款陈茶，目前仅祁门茶因到期而由中信局收购，其余则因收价问题尚有争议，故至今悬而未决。

《申报》1947 年 8 月 2 日

新祁红茶难获成交

莅沪多时之本年度祁门新红茶，连日吐纳谈判，虽仍络绎，惟卖户坚持，每担非得三百万元尤不忍割爱。而据进方意见，如在关内，尚有胃纳。依现状观察，暂时恐难获得成交。其他花色，本街店庄及客帮，续有垂询，尤以低挡陈红茶为甚，做开行情，则一致□站有劲。至洋庄茶市，进出依然两稀，过程岑静非凡。

《申报》1947 年 8 月 3 日

中信局收购新茶决按成本计算

中央信托局现正筹备收购三十六年度新茶，收购原则，决定按照成本计算。按三十五年度陈茶现已开始收购，收购价格系根据海外之价格而定。祁门定为七十二万一箱，海外之价格较国内为低，故收购价格亦较低。今中信局为体恤商艰，将三十六年新茶，由茶叶公会提呈成本计算书，经该局加以审核调查，再加上合法之利润，而订定收购价格。故新茶收购之价格，可较以往高多。本年度茶产较去年为多，据茶叶商方面表示，倘中信局订定收购价格较高，彼等有利可图，产量尚可能增加。目前运沪者，可押予农民银行。迄昨日止，农行已接受押款之箱茶，达五千余箱云。

又悉：三十五年度之陈茶，现已全部被法商永兴公司收购，故中信局收购极少云。

又讯，昨日内销茶，依然动而乏整，致交易平庸。价格方面，虽在卖户扳抬中，亦难进级。迨至收市，终呈坚稳之象。至于外销茶，仍因进出两稀，全日经过沉静，大致与前相仿。

《申报》1947年8月14日

结汇率公布后，外销茶喊价上升

所有在沪存货已可全部出口。

据悉，自外汇新办法公布后，外销茶市况，顿现活泼气象，喊价均见上升。据该业公会唐理事长季珊称，依照新订市价汇率，所有在沪存货，已可全部出口。惟本年度新茶，由于过去经验所得，产地价格往往随汇价升涨倍数而递增，故将来是否能顺利出口，尚难逆料。而国外售价，亦难保其不跌价。惟茶商方面，虽遭受历次打击，然其振奋精神，始终坚定不移。本年度产茶数量，确较去年为多。祁门红茶已制成者，达三万余箱，正络续运沪中。其他，如平绿可达八万箱，屯绿亦在数万箱。此项茶叶，虽大部获得中农行贷款，然因其成本高昂，本身垫款仍巨。如红茶成本每箱需二百万，而所得贷款，自三十万至六十万元不等，大部仍赖自己资力云。

又讯，各种内销茶，卖户虽仍不多，但本街店庄及客帮之去化，广续乏畅，情况以供求平衡，起伏俱狭，收市结果，多呈盘旋之状。

《申报》1947年8月20日

茶市坚稳

内销茶昨授受仍佳，情势坚盘如故。至于洋庄茶市，日前安徽茶叶公司及震和茶栈，送交英商出口行验看之本年度祁门茶样，闻刻下卖买双方正在积极磋商中，而成交与否，犹难预卜。他若外销绿茶，供求则告失调，市气今静而不热络。

《申报》1947年11月29日

祁门茶市暗淡

祁门红茶，经两旬来各乡动员采制，头期新叶，早告过市。前经准备开场之茶号，格于本年农行茶贷办法，须俟毛茶收购后，方可贷放加工，对上市之新茶，大多乏资收购，不得不停止经营。总计全县自资力能开场之茶号，不满十家，市价每斤由七千落至二千，市势极为暗淡。预料本年新茶成箱数额，当较三十五年度有减无增。祁参议会以新茶惨落，农商交困，已电屯农行，迅速拨放茶贷，以维茶市。

《商业月报》1947年第23卷第6号

奖励出口换取外汇
国行收购去年度祁门红茶

茶叶出口贸易，由于成本及外汇相差过巨，久陷停顿状态。最近政府为奖励出口换取外汇起见，特令中央银行负责收购三十五年度之祁门红茶，其办法乃由中央银行以较市面略高之价格收进，经专家分别品定等级及其国外市场之价格，然后以能合于输出之价格拨交中国茶业联营公司，委托各出口茶商输出。惟政府规定各出口茶商，须切实保证其于购得此项茶叶后之四个月内，将其输出，方能申请承购，闻中央银行此次收购之茶叶，为数颇巨，输出后能换得大量之外汇，对于目前之财政不无裨益云。

《征信所报》1947年第394期

中信局收购茶叶　祁红屯绿平绿价格已洽定

（联合征信所沪讯）以次经中信局呈准收购之茶叶，其收购问题已与茶商初步洽定，计祁门中心价每箱为五十万元，屯绿中心价四十万元，平绿中心价廿八万元，惟祁红仅收购六千箱，尚余五十箱，屯绿一万四千箱，尚余二三千箱，茶商方面以中信局未能收购部分应为何分配尚待磋商。又茶商为迅速偿还政府茶贷及一部分高利借款起见，盼该业公会与中信局将祁红屯绿平水分为三集团，个别办理，以期敏捷，而免牵连，闻中信局方面亦以原则既定亟欲茶商□速办理俾□一月底前开始收购。

《征信新闻（南京）》1947年第111期

新祁门红茶上市　每担二百四十五万元

本年度之新祁门红茶，首批已经到沪，品质较去年为佳，惟开价稍昂，每担二百四十五万元，华茶公司已购进二十余箱，闻此项茶叶尚有大批正在运沪途中，不日即可抵达。届时价格可望下挫。

《征信所报》1947年第400期

祁红一万四千箱　怡和洋行拟全部购进

去年度茶商抵押于中国农民银行之祁门红茶一万四千余箱，因茶商于四联总处指定之日期内，并未至中信局申请政府收购，故农民银行已将该项茶叶全权移交中信局处置，本市英商怡和洋行拟按政府收价七十二万一担，将此项茶叶全部购下，经前日输出推广会会议商讨论后，原则已经通过，惟对价格方面，希略予提高，并决定由中信局研讨华商与外商合购办法，又输广会委托中信局收购之冰蛋第八批，计二千二百七十五万吨，该项收购价格较前略高，因原订合同规定有上下，现该会已决定停止，于秋凉后再行收购。

《征信所报》1947年第420期

卅六年度新祁红开盘　每担约售二百万元

茶市自外汇新办法实施后，因国外商人暂时取观望态度，故外销反趋呆滞，三十六年度之新祁门红茶，于昨日开盘，由汪裕泰购进数百箱，每担价约二百万元左右，至于其他绿茶，各出口行择廉购进，惟成交数量不多。

《征信所报》1947年第445期

安徽区芜湖分局三十六年度茶税概况

曹启庚

一、茶区之分布与产制运销

本省茶叶，无论质量，皆为全国之冠，绿茶以六安、霍山、太平等处为主要产地，而红茶则以祁门为著，本分局辖境仅有宣、郎、广、宁、泾五县产有绿茶，除宣城一县产量较多，品质亦较佳外，其余四县，不仅产量有限，抑且质地粗劣。战前运销华北平津冀鲁一带，总计最高产量每年曾达一万一千余市担，中经八年抗战，上述五县均曾沦陷，尤以宣、郎、广遭敌盘踞最久，人民相率流徙，茶山泰半荒芜，胜利后因交通工具缺乏，大部分逃亡茶农，仍未及时返乡，以致乡村劳力极端贫弱，而主要销售市场之华北，更因匪乱，社会经济不景气，购买力降低。茶农受此客观环境限制，形成成本高昂，茶价低落之畸形状态，所制茶叶既向外运销，甚感困难，而茶农亦无力采撷，货弃于地，荒芜实多，故本年度实际茶叶采制成品数量，勉及战前之三成，其战前战后产量及产区销售市场如下表：

附表一

战前战后产量比较表

县别	战前年产量（市担）	三十六年度调查产量(市担)	产区	销售市场	备考
宣城	6000	2500	华阳、溪口、黄渡、团山	冀鲁	质地较佳
泾县	2800	550	湧溪、石井坑、茂林、铜山	冀鲁	质地较佳
郎溪	2000	300	东岸、虹龙甸	冀鲁	质地粗劣
宁国	300	300	碧溪、飞鲤桥	冀鲁	质地粗劣
广德	200	无	笄山、双溪	冀鲁	质地粗劣
合计	11300	3650			

二、筹备与稽征

茶税虽系上年十月一日开征，惟当时茶泛已过，税收甚少。本年新茶登场，一切稽征业务，均无成规可资参照，实际上与开办无异。本局于二月下旬，即开始计划，尊奉署令指示应行注意及办理事项六点，规定办理，首先调查辖境产茶县份及地区，并估计本年各县产量。原拟举办之茶农茶田登记，嗣因各县产茶之区，多为共产党出没地带，以致各派往之税务人员均无法深入实地工作，遂不得不因地制宜，另谋其次，当即着手于各经营或兼营茶叶之商号行栈，及承运或经纪商人之登记及未税存茶登记等事项，迨三月底此项工作，均已大致完成。复根据办理之成果，编订辖属产茶县份本年四至六月份茶税应征分配数及希望数一览表，分饬各该县处遵照，其详细数字如下表：

附表二

本年调查产量及四至六月份应征分配税收数字表

县别	等级	调查年产量	本年四至六月份分配税收数	本年四至六月份希望税收数	备考
宣城	甲	900	90000000	120000000	
	乙	1600	78400000	104000000	
泾县	甲	50	5000000	67000000	
	乙	200	9810000	13000000	
	丙	300	7500000	10000000	
郎溪	乙	120	5880000	7840000	
	丙	180	4500000	6100000	

县别	等级	调查年产量	本年四至六月份分配税收数	本年四至六月份希望税收数	备考
宁国	乙	100	4920000	6500000	
	丙	200	5000000	6700000	
广德			7280000	9770000	
合计		3650	218290000	350910000	

嗣以辖属产茶县份之产区既嫌散漫，而数量又皆不足驻场标准，但于茶季期间，各产茶县份办公处之业务，必较繁重，原有人员自属不敷分配，乃决定自四月份起，由非产茶县处，分别业务繁简，抽调得力人员，派往产茶县处协助，并为配合得宜运用灵活起见，复规定所有派往各县处人员之工作，得由各该办公处主任，参酌实际需要，统筹调度，以一事权。旋于四月中旬，复由分局遴派熟习业务及地方情况人员，分往各产茶县份督导稽征，以期加强工作效率，同时因茶税开征未久，各纳税义务人对于制度规程，似亦未能彻底明了。故一再告诫各经征人员，于工作态度务求和蔼，法令解释必须详明，以期把握时间，顺利推进，复按各县地形及运输路线，择定重要地点及集散市场，指派常驻税务员办理查验工作，并经延饬各外勤人员，对于查验手续，应力求简便，不得稍涉苛扰。故茶税征收期间，一切业务推进，尚称顺利，茶叶纳税数量，亦尚湧旺，惜因人工昂贵关系，所产茶叶多不加拣选，即行运销，以致毛茶较多，税收未能达成希望，所有四至九月份征收茶税金额及完税茶叶等级数量如下二表：

附表三

完税茶叶等级及数量表

县别	等级	四月份	五月份	六月份	七月份	八月份	九月份
宣城	甲	140	0	0	0	0	0
	乙	2730	5025	644	150	0	0
	丙	17700	130569	94762	38055	26750	20255
	毛茶	25250	13565	0	0	33540	5093
泾县	甲	62	16	0	0	0	0
	乙	3425	25544	2079	505	1070	100
	丙	1050	23050	31054	23050	15480	20148
	毛茶	0	6840	0	0	0	0

县别	等级	四月份	五月份	六月份	七月份	八月份	九月份
郎溪	乙	267	300	615	0	140	0
	丙	1830	3260	1430	105	1540	1150
	毛茶	4744	33998	12460	16175	3768	140
	茶梗末	1176	0	0	0	580	1240
宁国	甲	0	0	0	0	0	0
	乙	901	4504	4275	3005	890	190
	丙	998	2654	3245	2080	2168	2057
	毛茶	100	0	0	0	0	450
广德	甲	0	0	0	0	0	0
	乙	0	0	0	0	0	0
	丙	100	0	0	130	260	0
	毛茶	2000	600	120	0	0	0
合计	甲	202	16	0	0	0	0
	乙	7323	35373	7613	3660	2100	290
	丙	21678	159533	130491	63420	46198	43610
	毛茶	32094	55003	12580	16175	37568	5683
	茶梗末	1176	0	0	0	580	1240

附表四

征收茶税金额表

（单位：千元）

县别	四月份	五月份	六月份	七月份	八月份	九月份
宣城	9186	36461	24006	12656	16510	11472
泾县	1987	18979	8782	1386	5863	9361
郎溪	1064	4362	3776	2618	1921	801
宁国	666	2870	2995	2640	1382	1259
广德	218	60	39	43	72	0
合计	13121	62732	39598	19343	25748	22893

《税务半月刊》1947年第2卷第6期

一九四八

茶商讨论货款问题
本年外销箱茶可达卅六万市担

中国茶业协会鉴于本年度茶贷问题，关系重要，特于昨日下午二时，召集上海茶输出业同业公会、上海市茶行商业同业公会及第一二□区制茶工业同业公会、□浙皖赣各产区代表，在本市银行俱乐部开会，商讨对于各茶商由请茶贷数目，及（甲）生产贷款，（乙）见箱贷款，及（丙）定货贷款各项利弊，均详加讨论。由该会理事长寿景伟主席，当经公□寿景伟、孙晓村、朱惠清、曾雨辰、唐季珊、宋启范、方君强、吴觉农、黄燕堂等九人，拟其切实办法，再与主管输出贸易及茶贷金融各方面，洽商一切。至五时许，始宣告散会。

（又讯）据茶业界有资格人士估计，本年度外销箱茶，可达卅六万市担，包括红茶九万市担，绿茶十五万市担，台茶十二万市担。依照目前外汇市价推算，全部出口，可换取二千余万美元云。

（又讯）据中茶协会预计，本年度各区茶产量如下：平水绿茶七万担，祁门红茶一万担，温州红茶七千担，河口红茶三千担，屯溪绿茶三万担，福建绿茶二万五千担，又红茶二万五千担，及其他产区数量万担，共计二十四万一千担。收购价格，每担若以五石米计，每担米以三百万元计，全部资金共需三万六千余亿元。

《申报》1948 年 3 月 12 日

本年茶贷业务，茶商提供意见

茶叶为我国重要出口之一，本年度政府举办茶贷业务，早由中国农民银行拟具详尽计划书，将在明日（廿二）四联总处召开之理事会中核定。据此间中国茶叶协会、上海茶业出口同业公会及第一第二区制茶公会暨上海茶商公会等，综合之意见：（一）本年度外销茶叶生产资金，估计成本总值，由茶商自资百分之十，政府贷款百分之九十，配合办理。（二）政府贷款部分，请顾及实际需要，将三十六年度办法，酌予变更。即本年度茶贷，应请改为分四期贷放，并依成本总值比例，分配如左：一、第一期贷放收购毛茶贷款百分之四十（连同茶商自资百分之十合为百分之五十）；二、第二期贷放加工贷款百分之二十；三、第三期贷放运输贷款百分之十；四、第四期贷放抵押贷款百分之二十（即照成本总值百分之九十办理）。（三）抵押贷款期限定为三个月。如遇市面停滞，或出口价格不能符合时，得展延二个月。到期遇必要时，得请政府全部收购，以保障茶商应得之合法利润。（四）箱茶抵押利息，照三十六年度成例，以三分计算，并准由茶商同业两家连环担保。至本年各区茶叶生产数量预计，可达廿五万三千市担（台省乌龙台红总产量与此数相等），包括祁门红茶二万二千市担，屯溪绿茶三万五千市担，婺源绿茶一万五千市担，遂安淳安开化绿茶八千市担，平水绿茶七万五千市担，温州红茶七千市担，温州绿茶七千市担，宁州红茶一万市担，河口红茶三千市担，玉山绿茶五千市担，福建红茶二万五千市担，福建绿茶一万五千市担，湖南红茶二万市担，湖北红茶五千市担。

《申报》1948 年 4 月 21 日

茶贷提高十倍，未邀当局核准

（本报讯）记者顷晤安徽茶叶公司韩总经理，据告全国合作社物品供销处，日前派员趋前磋商。本年度祁门各合作社所制就之红茶推销事宜，结果祁门沙湾合作社，业经获得协定，并推派马希白来沪主持一切，闻不久即有蔓额到货。

又悉：此间茶叶公会，前曾电请四联总处，将本年度茶贷提高十倍，每担为法币八千万至一亿元，并请将限期宽限至三个月一案。迨因当局实施经济管制紧急政策，未蒙核准，惟茶商则以茶叶不特有关外销，抑且足以影响国内生产，故刻下拟推代表晋京，有所请示，同时对茶贷利息，亦图减低。

昨日茶市，内销茶依然平稳若苦。至于外销花色，则在货稀需活中，一致秀色可人，脚地亦颇巩固。

《申报》1948 年 9 月 9 日

茶季谈皖茶

本报通讯员　董　敏

皖南为茶叶产区，尤以"屯绿""祁红"驰名国内外。早些年代独占外汇大宗，至今仍是有地位的出口特产区。十年来，战乱频仍，农村经济凋敝，商业日渐萧条，倚茶为生的四十万茶农，以及茶商、茶工，一年生活，全恃茶季挣取。但是制运商缺乏资金收购毛茶，茶农无力采摘粗揉，况摘下无有受主。自抗战期间即仰赖政府贷放经营，一年不贷，一年荒废。加之，过去施贷期间延宕，款到时过，直接影响了产量品质。同时，政府贷款对象以茶商为主，大多未曾直放茶农，形成中间经手人剥削煞价的不良现象。茶市关系皖南经济金融至大，每年农历清明节前后，茶泛期于焉开始，中秋节前，为结束运销时期，其间约历二百天，占全年时间五分之三。麦地翻浪，油菜花盛放季节。今年茶季已届，茶农、茶商期待茶叶贷款，犹如大旱之望云霓，地方官署徇各界请求，电催有关国家银行，迅即宣示今年茶贷方案，简化贷放手续，把握时机，以求产量不因而蒙受影响。

皖南产茶区域甚广，制运则以屯溪、祁门两地为枢纽点。内销各省及外销欧美茶叶，制造装潢，各不相同。今年外销茶总产量及产区数字，估计如后：

（一）屯绿区：休宁四万箱，歙县二万箱，婺源二万箱，绩溪四千箱，黟县二千箱，祁门五千箱，旌德二千箱，太平二千箱，泾县二千箱，共计十万〇二千箱，每箱以六十斤计算，合六万一千二百担。（二）祁红区：祁门二万箱，至德三千箱，贵池二千箱，共计二万五千箱，每箱以五十斤计算，合一万二千五百担。总计外销红绿茶七万三千七百担。

一、生产成本

本年红绿茶生产成本，据茶界估计：（一）绿茶在厂成本估计，每担以银元一百五十元累算，共需九百一十八万元。（二）红茶在厂成本，估计每担银圆二百元，需二百五十万元。红绿茶总成本，共需一千一百六十八万银元。如以七折贷款，共需八百十七万六千元。贷款种类与时间，共分"初制""复制""运销"三种。屯绿初制贷款，宜在"谷雨"以前贷放，复制在"立夏"前贷放。运销于复制后半个月后贷放。祁红应在"清明"前，贷初制款项，复制贷款于"谷雨"前，贷放复制贷款后半个月，施放运销贷款。红绿茶贷，初复制占十分之四，运销占十分之六。据茶业界的请求意见，计（一）本年茶贷，应请中央贴放委员会暨省政府，立即宣示贷款方案及日期。（二）简化手续。（三）中央茶贷未放之前，应请省府饬省银行先举办信用贷款。（四）皖西茶区业务已经停止，请省府将上年贷款基金，移作本年皖南茶业区扩大贷放之用。（五）请省银行会同贷款之国家银行，合组茶叶贷款团，争取时效，共同施放。以上既为茶业界的意见，不过是代表茶商一方面。虽他们未曾说明应该贷给茶商，照以往的现成例子，贷款银行因茶商有组织，有固定厂址，又致于影响还债限期，并可派员驻厂坐督。反过来说，茶农分布乡间，人多散漫，又无健全组织，合作社只有一块招牌，可是政府贷款本意，原是使茶农、茶商均沾其利。贷款一股脑儿交给茶商，表面为提高他们的购买力，其实挑茶上门的茶农，往往因成色、品质的计较，卖钱不够血本，除了忍痛吃亏，别无办法。因了这种钳制，茶农愤而改业，荒废茶园的很多。改善贷款方式，似乎是应该改进的，否则一仍旧贯下去，茶农不种茶，茶商无茶可做，国家银行纵不必再贷茶款，但在外汇上的损失，总是很大的漏洞。

二、品茗杂话

皖南出产的茶叶，除了红绿茶出国外，内销的清茶，大概大家都知道它，且可说是人人都需要的吧。不过皖南的地方很大，有高山，有低山，有平原，有肥地，有瘦地，当然出的茶叶有好的，有坏的。现在新茶转眼即将上市了，笔者也在本谈来谈谈。

皖南的清茶，最好的产地，首推太平县、泾县，是地产出的茶叶，列于雨前茶，颜色葱绿，其叶肥厚大而直扁，向太阳光看，内藏有暗毛。用开水泡，其芬芳的香气，遂着热气浮起，茶汁色清似湖水一般。第二，宁国县、绩溪县的地方，所产的雨前茶，叶瘦小，色绿而放黄，根根是尖。其毛峰触目可见，日久退绿变黄，现出黑斑，泡而喝之，香味亦佳。不过以舌舐之，颇觉涩嘴，比较太平泾县茶，稍次一点。第三，青阳县所产的雨前茶，叶卷如铁丝，其形弯曲猴环，毛峰浮于其尖头，颜色黑里藏暗绿，泡喝亦甚可口，较宁国产的茶叶，又要次点。但是地茶叶很出名，因为"九华山"的和尚，常以此茶赠给朝山接绿的香客，所以外埠卖的青阳茶叶，即说"九华毛峰"的美名，其实并不是珍贵的茶叶。最次要算宣城边区产的茶叶，其叶看觉颇嫩，用水泡之清汤寡水，喝进口无味，不但没有香气，且青草气异常难闻。但此处新茶出的最早，说不定清明前就会长出来。因为它产于平原，易受到阳光晒暖，和春天雨水调和，再加冀灰肥料，因此算它发芽最早。凡是经营茶商的店家，都不收这种货，所以新茶一登场时，这时就是茶贩机会到了。于是，就到这些边区平山的茶农家买来，在街头巷尾喊着："卖新茶叶，卖新茶叶……"往往人们见其叶好看，买回家去，泡了一喝，即知道不好喝，下次即不买了。

《申报》1949 年 5 月 17 日

本年新祁红即将运沪献新

（商品调查所讯）安徽祁门所产之红茶，因色香味三者俱兼，故深得国内外重视，而本年度新贷，在种种原因中，延至目前尚未正式上市。兹悉：刻下已有一部分复制完竣，不久即将莅沪献新，并闻本市安徽茶叶公司等，业已接得彼地茶商交邮局汇寄之贷款，据称货品尚可，但索价颇为高昂，每担达一亿元外。揆诸原因：我国茶叶在国内之价格，大都根据米价，现在每百斤茶叶约值白米二石左右，而再经加工复制及一切缴用，运费等，其成本至大，贷方不忍轻易割爱。

《商品新闻》1948 年第 8 期

祁红市态趋坚　执主不忍割爱

（商品调查所讯）本年度祁门红茶，在采制成本激昂下，执主售意，本亟坚化，而今日市上，更萌不忍轻易割爱之势。据悉：该项花色，历年销往土耳其为数亦颇可观，兹据连日报载，彼地需茶殷切，且吾当局业已转知全国商联会，具报价格与数量，故频将此间茶商带俏，态度迭转坚化，至于向销北非之珍眉等绿茶，亦因持者居奇，供应凋零，但输出商畏高，依然犹豫，致市程续以进出两稀，交易不多，形势岑静不变。

《商品新闻》1948 年第 24 期

要闻简报

（商品调查所讯）英商频加青睐之本年度祁门红茶，终因存底空虚，更以安徽茶叶公司等积极向产区搬运之货，尚未抵达此间，致买户无异缘木求鱼，交易暗淡无神，而过程炫耀非凡，其他花色，亦有货稀需活之象，惟炒青及烘青两档毛茶，土庄制茶厂感于复制外销茶之缴用异常激昂，故态度咸怀观望，目前仅内销零星去化而已，形势独乏变卦。

（商品调查所讯）中农行信托部，今日结付收购三批面粉，第九次付款，每袋按□千六百万元计价，明日上午，将决定最后结价。据悉：三批收购面粉四十三万一千二百包中，无锡各厂，承制十余万包，因现钞□绌，迄未付款，将迟延结束，本市明日可望全部交货，由中信局转运华北□□。

（商品调查所讯）中央银行发行局，顷通函各分行处及各代兑行局对五千元券亦按二千五百元以下券办法，一律收兑。

（商品调查所讯）本市春茂钱庄于昨日上午有一客户解入本票廿二亿，当向该庄□取半数本庄本票，余则提取现款，至票据交换时，发生退票，经按址追查客户，渠料并无其人，显系伪造本票，现正查究中。

《商品新闻》1948年第34期

祁红露锐　绿茶亦坚

（商品调查所讯）兹悉：畅销北非为大宗之珍眉、针眉等绿茶自新华茶叶公司，首先获得彼地准予加价之复电后，闻目前午昌茶叶公司等均接得宽放茶价之函件，因此胃纳渐旺，频频蔓延，市况无异燎原野火，不可收拾，惜终受存底空虚之影响，颇难满足欲望，交易展开不多，而过程俏俐益甚，至于祁门红茶，亦在有求缺供中潜势静中露锐。

《商品新闻》1948年第35期

祁红一批准备包装出口屯绿平水输往北非美洲

（商品调查所讯）本所记者顷访安徽茶业公司韩经理，据告：本公司为争取海外市场，建立皖茶直接外销基础起见，自创立以来，均以此点为唯一目标，故除上年度输出祁红、屯绿外，而刻下又与国外磋商祁红一批，价格方面，均已谈妥，不久即拟准备包装出口。其他各输出商，连日俱在复制装箱中，但大半系屯绿及平水绿茶居多，且以销往法属北非为主，闻美洲等地，亦有去化。

《商品新闻》1948年第59期

祁红屯绿问津接踵　出价未足交易仍滞

（商品调查所讯）洋庄茶市：祁门红茶及屯绿等，协和、怡和、永兴各洋行既有□前问津，同时鼎丰、新华、华茶公司等华商出口行，亦颇青睐，而执主仍以产区毛茶步坚，心思跟俏，大都抱定未达其理想价格时，咸不轻脱，是以交易依然狭隘，形势则更稳固。兹据业中人谈：递因国外需茶殷切，茶商心里无不笑颜逐开，惜本年产量并不甚丰，且以产价日益猛晋，致出口殊乏整额。

《商品新闻》1948年第75期

祁红英伦销活　屯绿非洲青睐

（商品调查所讯）刻据某茶叶权威人士谈称：祁门红茶向以畅销英苏两地，蔚为大宗，但苏联贸易，已由我国政府以货易货，故目前本市输出商均以英伦为唯一去路。最近海外对于该项花色，需求虽亟，惜市□空虚，趋势续有粥少僧多之憾，成交奇狭，而市气甚俏，至于屯绿等外销绿茶，非洲更形青睐，然持者亦以货稀坚售，过程异常□静。

《商品新闻》1948年第78期

祁红屯绿一批即将外销北非

（联合征信所讯）顷自关系方面获悉：我茶叶外销北非一带，需要仍殷，惟际此青黄不接之时，实无可大量输出，最近将有一批祁门红茶，屯溪绿茶售非。

《征信新闻》1948年第674期

茶叶茶量锐减

祁红由八万箱减至二万五千箱。

平绿由二十万箱减至五万五千箱。

（现经社讯）我国茶商业已面临重大危机，据茶输出公会负责人告记者：由于国内外茶叶销路不畅，致使各茶商存茶不能脱手。抗战胜利后，政府当局为协助茶叶复兴，三十五年春□□举办贷款之规定，当时，共贷出茶款五十余亿，该年内各产区箱茶运沪者，计祁红二万箱，平绿三万箱，温州红绿、宁红等各千余箱。去年度因为外销茶商资金被冻结，茶叶出口受□□外汇影响，加之各茶商资力不足，而据有资金之商人多不愿投资茶叶，致各产区茶叶收购□□大减，如以祁红平绿为例。民国二十五年，祁红生产量为八万箱，三十五年为二万六千箱，至三十六年已减为二万五千箱。平绿，民国二十五年为二十万箱，三十五年为七万箱，至去年已减至五万五千箱，抗战前后生产量已大为悬殊，近二年来更有减少趋势。民国三十六年到沪箱茶虽多，向中国农民银行办理抵押，但以二个月为限。但茶叶出口主要视国外销路而定，如英国限额，非洲非有许可证不能进口等情形，茶商存茶多无法售出。其中困难，该负责人复称：第一，由于内地制茶工资均以米价折算，成本甚高，对外无法竞争。第二，外销茶虽有免税之规定，但办理免税手续，极为烦杂，各厂商尚须缴纳营业税，内地厂商尚有征特产税者。欲茶叶增加销路，政府必须予以贷款协助，使茶商有资金大量在产区收购，有资金运送至国内外市场，减低运输费用，豁免各地捐税等。

《现代经济通讯》1948年第44期

茶叶新货到沪，炒青温红祁门已上市

茶商资金短拙，茶贷太少。

制造草率，品质比去年低。

（现经社讯）今年新茶炒青温红皆已上市，炒青市价每担二千一百万至二千二百万，温红每担作一千六百万至一千七百万，屯绿平绿无到货，祁红已有到货，但尚未有大量上市，市价未有作用，估计在四千万左右。据某茶叶业□等称：今年新茶品质大抵较去年为低，盖茶商皆短于资金，无力经营，制造草率在所难免，而茶贷数目太少，杯水车薪，无济于事。报载茶贷每担已增为八百万，但据某茶商称：事实上茶商所得贷款数目仍只四百万，而祁红已达四千万左右产地，屯绿毛茶已建每担二千万，茶贷数目之无济于事。由此可见，国外销路，屯绿过去每磅四角，自结汇证明书办法公布后，已□下落趋势，闻最近有一批茶叶出口成交共三角左右，国内结汇证明书价过低，国外市价下落，这正表示茶叶输出前途未容乐观。

《现代经济通讯》1948年第171期

一九四九

祁门的茶叶

胡浩川

关于茶叶的种类，在休宁只有绿茶与青茶，可是在祁门，除了上面以外，还有红茶、安茶。如果红绿茶不能做，可以做青茶，青茶不能做，可以做安茶。红茶是慢性的杀青，绿茶是急性的杀青，如将慢性与急性杀青合起来，即名为乌龙茶。

战前的中心标准，大约数目有四万五千担。在三十年以前，三万箱至七万箱，茶灰茶梗，约占百分之十，加上绿茶，一共只有四万五千担左右，五万担不到。战前祁门人口十万，现在据说只有七万人，这也许是茶叶产量减少的原因。其实茶叶与政治经济分不开的，因为产量太少，各乡村大不如前，如果茶业好，乡村学校，一定办得很好，经济活跃，政治进步。

许多人以为著名的茶叶是祁红屯绿，其实不然，红茶固然是祁门独步，绿茶也是祁门东乡凫溪口的四大名家所产为最佳。祁门红绿茶，品质全美，完全由于色香味三者俱备，他县的茶叶，有色无香，有香无味，不能三者俱备。其次，说到品质优美的原因，由于祁门气候变化大，尤其是乡间，城里的变化小，所以比较差。栽培适应泥土好的茶叶，都在山头上，制造工夫，比较好的，最讲究，在中国时要算祁门凫溪口了。凫东乡的绿茶，泡起来青枝绿叶，西南乡的红不红，绿不绿。

祁门山多田少，食粮不足，所以利于种茶，究竟有什么好处呢？我认为：一、土地易得，同时租税甚轻。第二，茶叶种植之后，生产能力，持续悠长，它的生命，可以活到两百年，如果把它砍了，还可以再发。第三，便是常年栽培，调剂劳力，它能不违农时，不与种稻的时间发生冲突，而且摘茶的，不分老弱幼小，都能够工作。第四，是自然灾害很少，经营安全，不同其他农作物一样，受旱灾水灾的损害。

祁门茶叶不振，内在原因，即本身原因，产销经营，全不合理，外在原因，即另外原因，受世界大战影响，因为战后外国人也穷，无力购买，销路不畅。

祁茶产销经营，是怎样的不合理呢？我认为：第一，是农业的栽培，工业的制造，及商业的贸易，都嫌规模太小，本县产区，七万棵只有渚口，三四万只有文伦新安。至于制造方法，大都恃太阳晒萎，如遇着阴雨，便没有办法，其实太阳晒是不及阴摊的好，各茶商制造茶业设备大都简陋不堪，茶商制茶力量太少，所以加工开销，不合划算。第二，茶农没有组织，并非全不知合作的真义。缺乏坚忍远见的领袖人才，茶价在物价波动中，比较落后，实为妨碍产销的重大原因，因为其他农作物的利益比较厚，大家都舍此就彼，产量因此锐减。第三，从事茶叶加工和运销经营的茶商，也没有比较密切的联系和合作，如祁门乡间，大都用二十五两大秤来收购毛茶。因此，步调不一致，颇引起产区贸易市场的脱节。

当前茶叶经营，应该怎样改善呢？我认为非一二人弄得好，须要群策群力，先把我的意思说出来。第一，茶农采用合作方式，茶商采用联营方式，扩大产销规模，促进产销合理化，商农均有利益，才能发展。第二，茶农生产茶叶，目前即不能达到完全自制自运自销的一贯经营，最低限度红茶也应有初制加工的设备，同绿茶一样由茶农烘干，待价而沽。第三，无论精茶买卖，均应成立公开市场，那个出高价，便那个买去，并且向国外直接推销。

（编者按：本文作者胡浩川先生，系祁门茶叶改良场场长。胡君为我国茶叶专家，对茶叶素有研究，极有经验，承为本期撰此名贵作品，我们深致谢忱！）

《国产月刊》1949年第2期

后　记

本丛书虽然为2018年度国家出版基金资助项目，但资料搜集却经过十几年的时间。笔者2011年的硕士论文为《茶业经济与社会变迁——以晚清民国时期的祁门县为中心》，其中就搜集了不少近代祁门红茶史料。该论文于2014年获得安徽省哲学社会科学规划后期资助项目，经过修改，于2017年出版《近代祁门茶业经济研究》一书。在撰写本丛书的过程中，笔者先后到广州、合肥、上海、北京等地查阅资料，同时还在祁门县进行大量田野考察，也搜集了一些民间文献。这些资料为本丛书的出版奠定了坚实的基础。

2018年获得国家出版基金资助后，笔者在以前资料积累的基础上，多次赴屯溪、祁门、合肥、上海、北京等地查阅资料，搜集了很多报刊资料和珍稀的茶商账簿、分家书等。这些资料进一步丰富了本丛书的内容。

祁门红茶资料浩如烟海，又极为分散，因此，搜集、整理颇为不易。在十多年的资料整理中，笔者付出了很多心血，也得到了很多朋友、研究生的大力帮助。祁门县的胡永久先生、支品太先生、倪群先生、马立中先生、汪胜松先生等给笔者提供了很多帮助，他们要么提供资料，要么陪同笔者一起下乡考察。安徽大学徽学研究中心的刘伯山研究员还无私地将其搜集的《民国二十八年祁门王记集芝茶草、干茶总账》提供给笔者使用。安徽大学徽学研究中心的硕士研究生汪奔、安徽师范大学历史与社会学院的硕士研究生梁碧颖、王畅等帮助笔者整理和录入不少资料。对于他们的帮助一并表示感谢。

在课题申报、图书编辑出版的过程中，安徽师范大学出版社社长张奇才教授非常重视，并给予了极大支持，出版社诸多工作人员也做了很多工作。孙新文主任总体负责本丛书的策划、出版，做了大量工作。吴顺安、郭行洲、谢晓博、桑国磊、祝凤霞、何章艳、汪碧颖、蒋璐、李慧芳、牛佳等诸位老师为本丛书的编辑、校对付出了不少心血。在书稿校对中，恩师王世华教授对文字、标点、资料编排规范等内容进行全面审订，避免了很多错误，为丛书增色不少。对于他们在本丛书出版中所做的工作表示感谢。

本丛书为祁门红茶资料的首次系统整理，有利于推动近代祁门红茶历史文化的研究。但资料的搜集整理是一项长期的工作，虽然笔者已经过十多年的努力，但仍有很多资料，如外文资料、档案资料等涉猎不多。这些资料的搜集、整理只好留在今后再进行。因笔者的学识有限，本丛书难免存在一些舛误，敬请专家学者批评指正。

康　健

2020 年 5 月 20 日